直埋供热管道工程设计

（第二版）

王　飞　主编

王　飞　张建伟　王国伟　梁　鹏　编著

中国建筑工业出版社

图书在版编目（CIP）数据

直埋供热管道工程设计/王飞主编. —2版. —北京：
中国建筑工业出版社，2014.11（2023.6重印）
ISBN 978-7-112-17497-3

Ⅰ.①直… Ⅱ.①王… Ⅲ.①埋地敷设-供热管道-
工程设计 Ⅳ.①TU833

中国版本图书馆 CIP 数据核字（2014）第 269772 号

本书在总结多年研究成果、工程设计方法及工程经验的基础上，系统
阐述了预制热水保温管直埋敷设的各种力、作用特点及其计算；直管道应
力验算特别是大口径管道的应力验算方法；变径管、弯头的应力验算方
法；大折角应力验算附表；三通分支的工程设计方法。系统阐述了有补偿
敷设和无补偿敷设的充要条件、两种预热安装理论；简要介绍了无沟敷设
技术。工程设计实例篇章有助于贯通全书内容。

本书可作为供热行业工程设计人员、工程施工和工程管理人员等的参
考书，也可作为高校建筑环境与能源应用工程专业、热能与动力工程专业
的选修课教材。

责任编辑：齐庆梅
责任设计：董建平
责任校对：王雪竹 赵 颖

直埋供热管道工程设计
（第二版）
王 飞 主编
王 飞 张建伟 王国伟 梁 鹏 编著
*
中国建筑工业出版社出版、发行（北京西郊百万庄）
各地新华书店、建筑书店经销
霸州市顺浩图文科技发展有限公司制版
北京凌奇印刷有限责任公司印刷
*
开本：787×1092毫米 1/16 印张：17 字数：424千字
2014年12月第二版 2023年6月第八次印刷
定价：**45.00**元
ISBN 978-7-112-17497-3
（26263）

第二版前言

从 2007 版到 2014 版，经历了整整八个年头。八年来，本书作为国内唯一一部专业书籍，为城镇供热直埋热水管道的直埋敷设提供了理论和技术支持，受到集中供热战线工程技术人员的青睐。为了满足供热直埋热水管道直径增大（已经达到 1400mm），八年来，我们科研团队进行了不懈的努力。在总结八年来的研究成果和工程经验，以及国内外供热直埋热水管道敷设技术的基础上，对 2007 版进行了大篇幅修订。

本书和 2007 版相比，增减的内容包括：增加了强度理论；增加了大口径直埋管道直埋敷设的相关计算；增加了预热安装平均应力理论和循环中温理论；管道壁厚及预热安装的安全性理论；增加了无沟敷设，顶管和拖管技术及工程实例。增加了固定墩微量位移计算理论；增加了变径管应力验算理论；增加了纵断图设计；增加了大口径管道设计实例；删除了弹性分析法；删除了管网初调节篇章。

和 2007 版相比，修订的内容包括：修订了摩擦力计算公式；修订了折角处理技术和折角计算理论；修订了相关附表附图。

从 1999 年发布第一部《城镇直埋供热管道工程技术规程》CJJ/T 81—1998 到修订后的《城镇供热直埋热水管道技术规程》CJJ/T 81—2013 经历了 15 年。本书第一版为正确实施 CJJ/T 81—1998 提供了理论和技术支持；2014 版也必将配合 CJJ/T 81—2013 的实施，为提高城镇供热直埋热水管道敷设技术作出积极贡献。

本书中，绪论，第一章的第三节，第二章、第三章的第一节和第三节，第四章的第一、第三、第四节，第五章的第一、第三节～第五节，第六章，第七章的第二节～第四节，第八章，第九章的第二节～第六节，第十章中的第二节～第五节，第十一章中的第二节、第三节，第十二章的第二节、附录等由王飞编著；第一章的第一节、第二节，第二章、第五章的第二节，第七章、第九章、第十章、第十一章、第十二章的第一节由张建伟编著；第十三章由王国伟编著；第十四章、第十五章由梁鹏编著。全书由张建伟、王飞统稿。

谨以本书献给我的导师——供热先驱贺平教授！

第一版前言

为了满足城市集中供热管网直埋敷设的工程需要，特别是工程设计人员、工程施工人员对直埋敷设基础理论以及设计方法的渴求，增进了解城镇直埋供热管道工程技术内涵，整体提高供热管道直埋敷设的设计质量，减少固定墩、补偿器用量，降低工程造价，增加管网的可靠性和使用寿命，在本科教学讲义的基础上，结合工程实践经验整理编著而成。

本书力求总结、归纳、剖析国内外先进的直埋敷设的设计理论和经验，形成较为完整的直埋敷设的理论体系。将直埋理论和工程实践、知识性和实用性融为一体。内容翔实，便于初学者深刻理解直埋敷设管网独有的受力特性，熟练掌握供热管网直埋敷设的设计方法、安装方法。针对管线走向，快速合理、经济可靠地进行工程设计。根据所讲内容，灵活处理施工过程中遇到的形形色色的具体问题。

编著过程中基本遵守现行《城镇直埋供热管道工程技术规程》CJJ/T 81—98，但是由于工程实际中直埋敷设管道规格已经发展到 $DN1000$，所以增加了大口径的内容。附表中的数据考虑了一定的安全余量，并经过工程验证，是安全的，工程设计可以参考使用。

本书以预制保温管为主线，第一、第二章介绍了预制保温管制造及性能要求；第三章介绍了预制保温管在工程中的直埋横断面布置方法并分析了垂直荷载以及垂直稳定性；第四章分析了预制保温管直埋后和回填砂的摩擦系数来源及摩擦系数变化规律；第五章至第八章重点阐述了直埋管道的轴向作用力和应力验算方法以及特殊角度的工程处理；第九章详述了直埋管道的附件及节点工程处理方法；第十章总体阐述直埋管道的安装方法；第十一章介绍了工程设计流程及工程设计用到的特征参数。第十二章概括介绍了管网的初调节方法，供设计人员在设计管网系统时考虑初调节方法采用相应的阀门配置；第十三章介绍了直埋管道工程设计实例，对全文知识进行融会贯通。最后给出附图、附表，供工程技术人员设计和施工采用。

本书绪论，第一章中的第三、第四节，第二章、第三章、第四章中的第一、第三节，第五章中的第一、第三、第四节，第六章，第七章中的第二至第四节，第八章，第九章中的第二至第六节，第十章中的第一、第三、第四节，第十一章至第十三章，附录由王飞编著；第一章中的第一、二节，第二章、第三章、第四章、第五章、第十章中的第二节，第七章、第九章中的第一节由张建伟编著。

在编著过程中研究生傅梦贤、陈志辉、韩静、韩艳、张文奏、王慧萍、王妍等同学为本书成稿做了很多辅助性工作，对此表示衷心感谢。

本书编著过程中得到了太原市热力公司设计院院长李建刚、张旭鹏、刘晓敏、张鹏的大力支持，在此谨致谢意。

作者虽竭尽努力，但由于时间、精力和水平，不妥之处，在所难免，恳请读者批评指正，提出宝贵意见，以便今后修订、补充。

谨以此书献给我的导师——供热先驱贺平教授。

王 飞

2006 年 12 月

目　　录

绪　　论

一、供热管道地沟敷设存在的问题

总结几十年供热管道地沟敷设的经验和教训，可以得出地沟敷设主要存在的问题：

（1）地沟供热管道常用的保温材料，如岩棉、珍珠岩、矿棉等材料多数防水性较差或者就是吸水性材料。这些保温材料在地沟内经水浸泡或者在热湿作用下，不仅降低了保温效果，而且年年需要维修。钢管处于热湿环境中，缩短了使用寿命，增加了供热成本。

（2）保温外护结构采用缠绕包扎方式，接缝多，热损失大。据工程测试，一般接缝处散热量约为其他部位散热量的 5 倍左右。在潮湿环境下，采用 24 号铅丝捆绑保温结构，铅丝很容易锈蚀断裂，引起保温层脱落，增大了管网的热损失。根据对运行三年的供热管网（珍珠岩保温）的测试，热损失高达 25% 左右，每千米温度降达 10~20℃，远远超过国家规定的热网允许指标，能源浪费严重。

（3）由于地沟敷设供热管道的挖沟、砌沟、管道安装、管道保温、地沟回填等施工工序均在现场进行，施工人员劳动环境恶劣，施工周期长，对城市交通影响大，工程造价高。

（4）据有关资料介绍，每年新建供热管道地沟大约需运走土方 4.5 亿 t，运进砖灰等建筑材料 2.4 亿 t，往返运输上述土方和建筑材料，需用 4t 位载重汽车约 1.7 亿车次。大量运土的汽车造成了交通堵塞、路面毁坏、尘土抛洒、尾气污染和噪声污染，给城镇环境带来很大的危害。

因此，从节约能源、降低造价、缩短工期、环境保护、提高社会效益等方面考虑，传统的地沟敷设供热管道方式必须予以改革。

二、国内集中供热发展规模

2013 年，住房和城乡建设部办公厅对我国北方 15 个省、市、自治区，共计 140 座城市集中供热管网进行了调查、分析和统计，包括北京、天津、河北、内蒙古、辽宁、吉林、黑龙江、山东、河南、陕西、甘肃、青海、宁夏、山西、新疆等 15 个省、市、自治区和上述省、市、自治区的地级市，以及单个供热系统供热面积达 $100 \times 10^4 \, m^2$ 以上的县级市。1981 年，全国集中供热面积仅有 1167 万 m^2，管道长度为 359km，到 2005 年，全国集中供热面积 24.21 亿 m^2，管道长度为 8.61 万 km。截至 2010 年，全国集中供热面积 43.57 亿 m^2，管道长度为 13.92 万 km。近两年集中供热发展更加迅速，2011 年，全国集中供热面积 47.38 亿 m^2，管道长度为 14.74 万 km。2012 年，全国集中供热面积 49.2 亿 m^2。

我国集中供热经过 30 多年的发展，已经具有相当大的规模，走出了一条中国特色的发展道路，集中供热能源也由单一的燃煤向以燃煤为主，燃气、地热、太阳能等多种能源发展。

三、供热管网现状及问题

1. 管道问题

管道老化、材质低劣、施工技术落后是造成管道事故频发的主要原因。由于部分城市供热企业长期亏损，缺乏更新改造资金，一些供热管网已严重老化。东北一些集中供热发展较早的老工业区，如齐齐哈尔、长春、哈尔滨等城市的老工业区，部分管网已运行了30年以上，问题尤为突出。早期敷设的供热管道由于技术和工艺的限制，大部分采用管沟和架空敷设，保温管材质量差，加上供热运行温度较高，工作环境恶劣，年久失修，保温层脱落和管沟进水情况普遍，管道腐蚀严重，常常发生泄漏和堵塞事故。

调查资料显示，运行时间在15年以上的供热管道占26%。由于建设时间较早，这部分管道大部分采用管沟和架空敷设方式，技术落后，再加上运行时间长，维护管理不善，问题尤其突出。管沟敷设供热管道长度占34.3%。管沟防水质量差，地下水和地表水渗漏使得管道泡水，热损失严重，也是较大问题之一。有的企业为了降低造价，使用了低质产品，加之施工质量控制不严，导致许多供热管道在建成后几年内就事故频发，发生最多的事故就是管道泄漏和堵塞。

例如：2008年2月12日，乌鲁木齐市由新天胜热力公司负责供暖的天池路原百货公司一栋家属楼，因二次供热管网爆裂被迫停暖。2008年11月13日，青岛市南区汶上路与单县路路口地下暖气管道爆裂，事故由管道阀门故障引起。2008年11月27日，青岛市长白山路北段管网仪表井内突然冒出大量热水，原因是西线供水主管道焊口发生断裂；2008年11月29日，开发区源江路有清水冒出，原因是回水管道焊口开裂，致使原计划修复11月27日事故后恢复供热的时间延迟一天。2010年10月26日，地处哈尔滨市道外南新街与振兴街交叉路口的哈尔滨物业供热集团华能公司所属的一根供热支干线爆裂，导致大网失压，道外区和道里部分区域数万居民停热。2011年3月20日11时左右，北京西城区中友百货大楼门前西南角发生供热管线破裂事故，热水涌出地面。2012年11月30日下午，哈尔滨发电厂热源出口约150m处发现管道泄漏，哈尔滨发电厂及其集团下属的热力公司停止水网运行开始抢修。2013年12月6日上午，郑州市紫荆山路与顺河路交叉口西北角一处热力管道发生爆裂。

2. 阀门问题

阀门故障包括泄漏、锈蚀、关闭不严等。以前的热网阀门主要采用法兰连接的闸阀、截止阀、蝶阀，由于供热管道存在较大的热胀冷缩变形，经常会在法兰连接处产生泄漏。闸阀、截止阀还由于其固有的缺陷，常出现因腐蚀阀杆断裂、无法启闭等问题。

例如：2008年10月31日，热力管线试运行期间，青岛海晶化工厂门前马路下的热力管道爆裂，炸开3m长路面，原因是阀门或补偿器故障。

3. 补偿器问题

补偿器的作用是补偿管道变形，减小热应力，其出现的问题随采用的补偿器种类不同而不同。早期采用的套筒补偿器密封不严产生泄漏，而现在大量使用的波纹管补偿器由于应力腐蚀而产生泄漏和爆裂，一旦发生事故就会造成大面积停热。

例如：2008年11月23日，青岛市开发区太行山路与黄浦江路交汇处管线漏气，开挖后发现补偿器自然爆裂。2008 年 12 月 2 日,青岛市朝城路 22 号附近暖气管道爆裂导致地面塌陷,停在此处的一辆轿车受损,原因是暖气管道的补偿器漏气。2008 年 12 月 16 日,青岛市闽江路与福州路交界处的供热管道发生破裂,造成道路开挖,原因是补偿器出现漏水。2013 年 11 月 26 日,太原市和平南路太原十六中西门往北约 100m 处,热力管道补偿器漏水。

4. 支架问题

支架出现的问题主要是由于设计不当或锈蚀造成的,支架破坏会给管网安全带来很大的隐患。

四、直埋供热管道工程技术概况

为了解决供热管道地沟敷设的种种弊端,国外的一些技术发达国家,如瑞典、芬兰、丹麦、德国等早在 20 世纪 30 年代就开始研究和应用直埋敷设代替地沟敷设的供热方式。在丹麦、芬兰,全国 90%以上的供热管道采用直埋方式。冰岛仅有十几万人口的首都雷克雅未克,采用直埋供热管道的总长度达 591km。瑞典、芬兰、丹麦、德国、意大利等国都有一个或几个专门生产预制保温管的工厂,理论研究和产品开发进展很快。他们采用了渗漏报警检查系统,增强了直埋供热管道的安全性。丹麦的 I. C. MOLLEC 公司和瑞典的 ECOPIPE 公司,是目前世界上两个最大的生产预制保温管的厂家。这两个公司年产 DN20~DN1200 的预制保温管分别为 1100km 和 800km,其产品远销美国、欧洲、非洲等十几个国家。

我国科技人员早在 20 世纪 50 年代就开始了填充矿渣棉、预制泡沫混凝土瓦块等保温材料的供热直埋热水管道施工。但是因为防水性差、管道外腐蚀严重、使用寿命短等问题,供热直埋热水管道技术一直进展缓慢。

20 世纪 80 年代我国的供热直埋热水管道技术掀开了新的一页。沈阳、佳木斯、北京、大庆、黑河、阜新等地采用聚氨酯泡沫喷涂保温,外缠玻璃丝布、涂沥青的方法进行供热直埋热水管道敷设。到 1984 年,我国供热科技人员通过考察学习、引进吸收,使供热预制保温管技术和直埋技术有了长足的发展。哈尔滨、鸡西、天津等地分别从丹麦、瑞典等地引进数十千米预制保温管。哈尔滨建成一座年产 200km 的预制直埋保温管厂。天津大学和天津建筑塑料制品厂联合研制了氰聚塑直埋保温管,并在国内一些城市应用了数百千米。北京市煤气热力设计院等单位还进行了"热力管道直埋敷设实验研究"、"热力管道无补偿直埋敷设实验研究",并完成了"热力管道无补偿设计与计算"的论文。哈尔滨建筑工程学院、中国矿业大学北京研究生部、沈阳市热力设计院等单位对直埋管道的力学性能、设计原理、施工技术措施等进行了系统的理论研究和施工实践。哈尔滨建筑工程学院"某些国产直埋敷设预制保温管道力学性能实验小结",中国矿业大学北京研究生部"直埋供热管道力学性能分析研究"等研究生课题,达到了国内先进水平,为国内广大设计人员提供了理论依据。1993 年,哈尔滨建筑大学(现已并入哈尔滨工业大学)和沈阳市热力工程设计院共同完成了建设部八五期间研究项目"热力管道直埋技术的完善与配套"的科研课题,对国内生产的三个典型的预制直埋保温管厂的产品进行了摩擦系数等性能的测试。

1999 年,中华人民共和国行业标准《城镇直埋供热管道工程技术规程》CJJ/T 81—

1998 发布并实施。标准本着"技术可行、先进、可靠、经济合理"的原则，吸收国内外相关标准中的精华和研究成果编制而成。该标准适用于管径不大于 500mm 的直埋供热管道工程。

2000 年，中华人民共和国行业标准《高密度聚乙烯外护管聚氨酯泡沫塑料预制直埋保温管》CJ/T 114—2000 发布并实施；2001 年，中华人民共和国行业标准《高密度聚乙烯外护管聚氨酯硬质泡沫塑料预制直埋保温管件》CJ/T 155—2001 发布并于 2002 年正式实施。

2002 年，太原理工大学和太原市热力公司共同进行了"大口径预制直埋供热管摩擦系数的实验研究"，测试直埋供热管道十几公里，管径从 $DN600 \sim DN800$，历时三年，获得了 $DN600 \sim DN800$ 直埋管道和砂土的摩擦系数，为大口径预制保温管道进行直埋敷设提供了实验数据。

2007 年，太原理工大学王飞教授与太原市热力公司教授级高工张建伟合作编著了《直埋供热管道工程设计》。本书总结、归纳、剖析了国内外先进的直埋敷设的设计理论和经验，形成较为完整的直埋敷设的理论体系。将直埋理论和工程实践、知识性和实用性融为一体，为初学者深刻理解直埋敷设管网独有的受力特性，熟练掌握供热管网直埋敷设的设计方法、安装方法，针对管线走向，快速合理、经济可靠地进行工程设计提供了技术支持。

2010 年发布，2011 年实施了修编后的中华人民共和国行业标准《城镇供热管网设计规范》CJJ 34—2010。该规范适用于供热热水介质设计压力小于或等于 2.5MPa，设计温度小于或等于 200℃；供热蒸汽介质设计压力小于或等于 1.6MPa，设计温度小于或等于 350℃的城镇供热管网的设计。修订后增加了街区热水供热管网内容，列为该规范第 14 章。

2012 年发布，2013 年正式实施了中华人民共和国国家标准《城镇供热管道保温结构散热损失测试与保温效果评定方法》GB/T 28638—2012。标准规定了城镇供热管道保温结构散热损失测试与保温效果评定的术语和定义、测试方法、测试分级和条件、测试程序、数据处理、测试误差、测试结果评定及测试报告。该标准适用于供热介质温度小于或等于 150℃的热水、供热介质温度小于或等于 350℃的蒸汽的城镇供热管道、管路附件以及管道接口部位保温结构散热损失测试与保温效果评定。

2012 年发布，2013 年正式实施了中华人民共和国国家标准《城镇供热预制直埋保温管道技术指标检测方法》GB/T 29046—2012。标准规定了预制直埋保温管道技术指标检测的术语、保温管道外观和结构尺寸检测、保温管道材料性能检测、热水直埋保温管道直管的性能检测、热水供热保温管道接头的性能检测、热水供热保温管道管件的质量检测、热水供热保温管道阀门的性能检测、保温管道报警线性能检测、蒸汽直埋保温管道性能检测、蒸汽直埋保温管道管路附件质量检测、蒸汽直埋保温管道外护管防腐涂层性能检测及主要测试设备、仪表及其准确度、数据处理和测量不确定度分析、检测报告等。该标准适用于供热预制直埋热水保温管道和供热预制直埋蒸汽保温管道技术指标的检测；供热管道的各类预制直埋管路附件以及直埋管道接口部位技术指标的检测。

2012 年发布，2013 年正式实施了中华人民共和国国家标准《高密度聚乙烯外护管硬质聚氨酯泡沫塑料预制直埋保温管及管件》GB/T 29047—2012。标准规定了由高密度聚乙烯外护管（以下简称外护管）、硬质聚氨酯泡沫塑料保温层（以下简称保温层）、工作钢管或钢制管件组成的预制直埋保温管（以下简称保温管）及其保温管件和保温接头的产品结构、要求、试验方法、检验规则及标识、运输与贮存等。该标准适用于输送介质温度（长期运行温度）不高于120℃，偶然峰值温度不高于140℃的预制直埋保温管、保温管件及保温接头的制造与检验。

2013年修编，2014年正式实施了中华人民共和国行业标准《城镇供热直埋热水管道技术规程》CJJ/T 81—2013。原标准已不能满足现阶段工程实际的需要。结合直埋管道工程中的经验和教训，并吸收国内外相关标准精华和研究成果编制而成。该标准适用于管径不大于1200mm的直埋供热管道工程。

五、预制保温管直埋敷设的优点

经过20余年的应用证明，供热直埋热水管道敷设具有良好的社会、经济效益，主要表现在以下几个方面。

1. 工程造价低

据有关部门测算和对部分单位工程统计，双管制供热管道，一般情况比地沟敷设可以降低工程造价25%（玻璃钢保护层）和10%（高密度聚乙烯保护层）左右，见表0-1。

地沟敷设与直埋敷设供热管道经济技术比较（*DN200*）　　　　表0-1

	热损失	标准耗煤	工程造价	维修费	使用寿命	施工周期	施工难度	占地面积	遇障碍物	遇水处理
直埋敷设	1	1	1	1	4	短	小	小	少	施工降水
地沟敷设	2.53	2.53	1.06	6.36	1	长	大	大	多	作防水处理

2. 热损失小，节约能源

由于直埋保温管采用聚氨酯硬质泡沫塑料作为保温材料，其导热系数比其他普通保温材料低得多，保温效果提高4~8倍，见表0-2。

保温材料导热系数　　　　表0-2

	聚氨酯硬质泡沫塑料	石棉毡	泡沫混凝土	水泥矿渣棉	岩棉玻璃棉	膨胀珍珠岩
导热系数[W/(m·℃)]	0.015~0.035	0.116	0.128~0.395	0.081~0.101	0.074	0.081
密度(kg/m³)	60~80				<150	120

聚氨酯硬质泡沫塑料吸水率低，小于10%，这是其他保温材料不可比拟的。低导热率和低吸水率，加上保温层外面防水性能好的高密度聚乙烯或玻璃钢保护壳，解决了传统的地沟敷设供热管道"穿湿棉袄"状况，大大减少了供热管道的整体热损失。

据天津大学建筑设计研究院测试"氰聚塑直埋供热管道"的热损失，和用普通保温材料保温的直埋供热管道比较，热损失降低40%~60%。

据北京煤气热力设计院测试结果，采用聚氨酯硬质泡沫塑料保温的保温管是采用沥青珍珠岩、水泥珍珠岩瓦作保温材料的保温管热损失的25%~40%。

根据太原市热力公司的测试，聚氨酯硬质泡沫塑料保温管，每10km降温1~2℃。

据天津市自来水公司所统计的直埋和地沟敷设热损失比较及折合煤耗的平均比例为

1∶2.53，直埋敷设比地沟敷设减少耗煤量约 40％。20 世纪 90 年代全国每年供热耗煤约 1.27 亿 t，如果能降低耗煤 20％，则全国每年可节标煤 2540 万 t（相当于两个特大矿务局年产量）。

3. 防腐、绝缘性能好、使用寿命长

预制直埋保温管聚氨酯硬质泡沫塑料保温层牢固地粘接在钢管外表面，阻止了空气和水的渗入。因为硬质聚氨酯泡沫塑料的发泡孔都是单独封闭、互不连通的小圆孔，闭孔率很高，因此它的吸水率很低。同时高密度聚乙烯外保护层、玻璃钢外保护层等均具有良好的防腐、绝缘和机械性能，因此也能起到良好的防腐作用。所以只要管道内部水质处理好，保温管道使用寿命至少可达 30 年甚至更长，比传统的地沟敷设寿命提高 3～4 倍。

在地下水位高的地区，地沟敷设供热管道由于地沟内积水，甚至夏季也浸泡在水中，保温层极易被水泡坏，再加上地表水的盐碱腐蚀，年年需要维修。不仅热损失剧增，增加了供热成本，而且缩短了钢管的使用寿命。直埋管道整体性好，只要做好接口保温就可有效地解决地下水位高及地沟敷设供热管道防水的困难。工程实践证明，直埋供热保温管可以在河床底部直埋穿越。

4. 占地少、施工快、有利于环境保护和减少施工扰民

直埋供热管道不需要砌筑庞大的地沟而只需开槽，因此大大减少了工程占地，减少土方开挖量约 50％，减少土建砌筑和混凝土量 80％，减少沟土外运量 50％以上。同时保温管制造和施工开槽同时进行，保温管只需在现场焊接和现场接头保温，因此可以大幅度缩短工期。

由于减少了砖、水泥、砂石、余土等的运输，从而减少了施工过程中汽车尾气排放量、扬尘量、噪声排放量，保护了环境。

由于缩短工期，减少了管沟施工过程中对居民出行的影响，缩小了施工过程对道路交通的影响。

总之，供热管道采用直埋敷设与地沟敷设相比，有不可比拟的优越性，具有显著的社会效益、经济效益、节能效益，这些优点是城镇集中供热管网直埋敷设得以大力推进的有力保证。

第一章 预制直埋保温管

直埋供热管道可以在施工现场保温，也可以在工厂预制，运抵现场。但工厂预制可以控制生产环境，确保工程质量。钢管在工厂保温以后，再运送到施工现场，组对焊接，进行安装。

若预制直埋保温管的结构不同，直埋管道设计原理和方法也因此而不同。工厂预制保温管和现场发泡外护玻璃钢保温管相比，总体质量有较大的差别。所以采用的敷设方式和使用场所也应有所区别。本章重点介绍三位一体的工厂预制保温管和现场发泡外护玻璃钢保温管的技术性能和规格。

第一节 预制直埋保温管类型

1. 按保温层构造分类

（1）单一型：热媒温度适用于150℃以下的供热介质，其中普通型适用于120℃以下的供热介质，高温型适用于120～150℃的供热介质。此类预制保温管的保温层由单一保温材料——聚氨酯硬质泡沫塑料构成，外护保温层保护壳，如图1-1（a）所示。

（2）复合型：适用于高温供热介质。此类预制保温管的保温层由两种保温材料复合而成。保温层、保温层的保护壳和通过热媒的工作钢管，它们不能粘接在一起。内层为新型耐高温保温材料，如离心玻璃棉毡、复合硅酸盐、玻璃泡沫，外层用聚氨酯硬质泡沫塑料进行复合制作，如图1-1（b）所示。

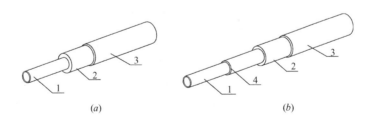

（a）   （b）

图 1-1 预制保温管

（a）单一型保温管；（b）复合型保温管

1—工作管；2—聚氨酯保温材料；3—保护壳；4—耐高温保温材料

2. 按保护壳材料分类

（1）高密度聚乙烯塑料（俗称夹克）保护壳。

（2）玻璃纤维增强不饱和聚酯树脂塑料（俗称玻璃钢）保护壳。

（3）采用其他材料的保护壳，如螺旋焊接钢管、直缝焊接钢管、波纹管等。

3. 按保温管加工场所分类

（1）工厂预制保温管：预制保温管在工厂进行加工制作。

（2）现场预制保温管：这种产品是为了节省供热管道工程造价，20世纪90年代应运而生的一种简易的直埋供热管道。钢管运送到施工现场进行发泡保温，保温后缠绕玻璃钢保护壳。

4. 按保温层和热媒钢管的结构形式分类

（1）脱开式保温管：保温层和钢管之间涂一层低熔点的涂料，如低标号沥青、重油等。它受热后熔化，管道可以在保温层内自由伸缩，绝热层和回填砂土保持静止状态。这种脱开式主要用于高温复合保温管，如输送蒸汽的预制直埋保温管道。

（2）整体式保温管：钢管、保温材料、保护壳三部分牢固地粘接在一起，形成一个整体结构。当钢管受输送介质温度升高热膨胀时，绝热层随之一起膨胀移动。整体式保温管主要用于热媒温度在130℃以下的场合。

第二节　预制直埋保温管构造

预制保温管主要由以下四部分组成。

（1）工作管：根据输送介质的技术要求分别采用有缝钢管、无缝钢管、双面埋弧螺旋焊接钢管。

（2）保温层：采用硬质聚氨酯泡沫塑料。

（3）保护壳：采用高密度聚乙烯或玻璃钢。

（4）渗漏报警线：制造预制直埋保温管时，在靠近钢管的保温层中，埋设有报警线，如图1-2所示。一旦管道某处发生渗漏，通过警报线的传导，便可在专用检测仪表上报警并显示出漏水的准确位置和渗漏程度的大小，以便通知检修人员迅速处理漏水的管段，保证热网安全运行。

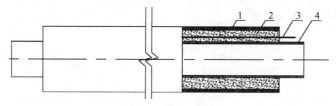

图 1-2　预制保温管报警线

1—保护壳；2—保温层；3—报警线；4—工作管

第三节　预制直埋保温管性能

预制保温管的生产执行国家标准《高密度聚乙烯外护管硬质聚氨酯泡沫塑料预制直埋保温管及管件》GB/T 29047—2012。现将其主要技术性能分述如下。

一、工作钢管的技术性能

工作钢管的性能应符合以下要求：

（1）工作钢管的尺寸公差及性能应符合相应的标准规定；

（2）工作钢管的材质、公称直径、外径及壁厚应符合设计要求，单根钢管不应有环焊缝；

（3）发泡前工作钢管表面应进行预处理，去除铁锈、轧钢鳞片、油脂、灰尘、漆、水分或其他沾染物；

（4）工作钢管外表面除锈等级应符合相应的标准规定。

二、保温层技术性能

保温层采用聚氨酯硬质泡沫，其性能应符合表 1-1 的规定。

聚氨酯硬质泡沫性能要求　　　　　表 1-1

性能	指标	试验方法	备注
密度	≥60kg/m³	按 GB 6343—1986	
抗压强度	≥0.3MPa	按 GB 8813—2008	
导热系数	≤0.033W/(m·K)	按 GB 3399—1982	在 50℃下
耐热性	120℃	见注	
吸水性	≤10%	按 GB 8810—2005	

注：1. 耐热性试件 50×50×50（mm），精度±0.1mm。恒温箱96h，温度120±2℃，体积变化率不大于2.4%。

2. 国内一些单位的改性脲酸酯硬质泡沫耐热性能名义上可达150℃，实际上在山西省一些城市使用或试验测试中，耐热温度最高在135℃以下。

三、保护壳技术性能

1. 高密度聚乙烯保护壳

（1）高密度聚乙烯硬质塑料保护壳性能指标见表 1-2。

高密度聚乙烯硬质塑料外护管性能指标　　　　　表 1-2

性能	指标	试验方法	备注
密度	≥940kg/m³	GB 1033—1986	
拉伸强度	≥19MPa	GB 8804.2—2003	
断裂伸长率	≥350%	GB 88004.3—2003	
耐环境应力开裂 F50	300h	GB 1842—1999	
纵向回缩率	≤3%	GB 6671.2—1986	

（2）外护管应为黑色，其内外表面目测不应有影响其性能的沟槽、不应有气泡、裂纹、凹陷、杂质、颜色不均等缺陷。

（3）外护管两端应切割平整，并与外护管轴向垂直，角度误差不应大于2.5°。

（4）保温管任意位置外护管轴线与工作钢管轴线间的最大轴线偏心距应符合表 1-3 的规定。

外护管轴线与工作钢管轴线间的最大轴线偏心距　　　　　表 1-3

外护管外径（mm）	最大轴线偏心距（mm）	外护管外径（mm）	最大轴线偏心距（mm）	外护管外径（mm）	最大轴线偏心距（mm）
75≤D_C≤160	3.0	400<D_C≤630	8.0	800<D_C≤1400	14.0
160<D_C≤400	5.0	630<D_C≤800	10.0	1400<D_C≤1700	18.0

2. 玻璃钢保护壳

玻璃钢保护壳技术性能应符合表 1-4 的要求。

玻璃钢保护壳技术性能要求　　　　　　　　　　表 1-4

相对密度	抗压强度 (kg/m²)	抗拉强度 (kg/m²)	抗弯强度 (kg/m²)	耐酸碱盐 24h	不饱和聚酯性能
1.8～2.3	2200	3000	2950	无变化	性硬、刚性大

四、渗漏警报线装置的要求

由于装设渗漏警报线装置投资较高，目前国内直埋保温管使用警报线装置的城市很少。但是检漏是供热直埋热水管道预防事故、缩短事故维修时间、保证安全供热不可或缺的技术措施，随着国民经济实力的增强必将投入使用。根据国外资料，装设警报线装置应注意以下几点：

（1）导线应平行布置，在任何地方都不能交叉；

（2）导线应尽量拉直放置，接头应牢固；

（3）导线在任何位置都不能与钢管相接触；

（4）警报线之间、警报线与钢管之间合适的电阻值应大于 500MΩ；

（5）报警线材料及安装应符合 CJJ/T 81—2013 的规定。

五、高温型预制复合直埋保温管技术性能

1. 高温型预制复合直埋保温管的结构

目前高温型预制复合直埋保温管的结构基本采用脱开式结构。

复合保温管的保温层由轻质耐高温无机保温材料如泡沫玻璃、复合硅酸盐毡、玻璃棉毡等和选择性聚氨酯硬质泡沫复合而成。根据不同介质温度，内层耐高温无机保温层采用一层或两层。保护壳采用螺旋钢管、高密度聚乙烯管或玻璃钢。

保护壳应保证具有良好的抗压、防水及抗腐蚀功能。

工作管应能在保温层内随温度自由滑动，因此为了减少摩擦阻力，在工作钢管和内保温层之间须涂无机减阻层（如低标号沥青、重油等）。管道两端头处设专门端面密封结构，以保证整个管系密封防水、防腐。

如果无机耐高温材料含有水分，须采取排除水分措施，防止因汽化而产生"放炮"现象，以保证供热管道安全运行。

2. 高温型预制复合保温管技术性能

工作管、保护壳技术性能同前述。保温层（无机隔热材料）和减阻剂技术性能见表 1-5。

高温型预制复合直埋保温管无机隔热材料性能　　　　　表 1-5

性能	微孔硅酸钙	硬质泡沫玻璃	复合硅酸盐毡
密度(kg/m³)	180～220	130～160	≤200(干)
抗压强度(MPa)	0.5	0.6	0.5
抗弯强度(MPa)	0.3	0.5	0.5

续表

性能	微孔硅酸钙	硬质泡沫玻璃	复合硅酸盐毡
导热系数[W/(m·K)]	0.043～0.084	0.045～0.089	0.04～0.085
使用温度(℃)	<600	450	800
吸湿度(%)	2～5	0.1	7.9
吸水率(%)	150	6～8	280
线膨胀系数	线收缩<2%	8×10^{-6}	线收缩<15%

第四节 预制直埋保温管规格

产品规格应该根据使用地区的客观条件来决定。例如，保温层厚度应根据使用地区的室外气候、埋设情况、介质温度、热价等多种因素，通过计算、比较，确定经济合理的厚度。同样，保护壳厚度的选定应根据管径、埋设深度、施工条件等多种因素综合分析确定。

我国现有预制保温管规格由于互相参照，尺寸基本相同，见表1-6。

预制保温管规格（mm） 表1-6

钢管公称直径	钢管外径×壁厚	保温管外径×壁厚	钢管公称直径	钢管外径×壁厚	保温管外径×壁厚
40	48×3	110×2.5	350	377×7	500×7.8
50	60×3.5	140×3	400	426×7	550×8.8
65	76×4	140×3	450	478×7	600×8.8
80	89×4	160×3.2	500	529×8	655×9.8
100	108×4	200×3.9	600	630×8	760×11
125	133×4.5	225×4.4	700	720×9	850×12
150	159×4.5	250×4.9	800	820×10	960×14
200	219×6	315×6.2	900	920×12	1055×14
250	273×6	365×6.6	1000	1020×13	1155×14
300	325×7	420×7			

注：本书后面章节中所有数据的计算涉及管材尺寸的，均采用本表数据。

第二章　预制保温管制造工艺

直埋预制保温管制造工艺的研究和发展很快。我国引进发达国家的先进技术约 30 年之久，可采用全自动生产线生产直埋预制保温管（包括配件），生产效率高，产品质量有保证。本章简要介绍直埋预制保温管采用的化学原料及生产工艺。讨论影响预制保温管产品质量的工艺因素，用于管道组对接口现场发泡保温的质量控制。

第一节　聚氨酯硬质泡沫塑料保温层

硬质泡沫塑料是指在一定负荷作用下，不发生变形，当负荷过大时，产生变形，变形后不能恢复原来形状的泡沫塑料。硬质泡沫塑料是泡沫塑料的一种，是指弹性模量大于 700MPa 的泡沫塑料。国际标准化组织 ISO 还规定将其压缩至 50％再解除压力后厚度减少 10％以上的泡沫塑料为硬质泡沫塑料。

所谓聚氨酯硬质泡沫塑料是指：聚醚（或聚酯）多元醇和异氰酸酯在催化剂以及其他助剂（发泡剂、匀泡剂等）作用下进行聚合反应，并逐渐形成具有一定密度、一定强度、低导热率以及耐一定温度的高分子材料。直埋预制保温管采用聚氨酯硬质泡沫作保温层具有如下优点。

（1）导热系数低，绝缘性能好，粘合力强，保温效果好，优越的抗老化性能，使用寿命长。

（2）重量轻、比强度高，尺寸稳定性好，便于供热管道的长途运输，施工搬运等。

（3）成型简单、操作方便，对工厂、现场施工等适应性强。

（4）反应混合物具有良好的流动性，能顺利充满复杂的模腔或空间。

（5）原料的反应性高，可以快速固化，能高效率的批量生产。

（6）有效地防止水、湿气以及其他多种腐蚀性液体、气体的浸透，防止微生物的滋生和发展。

（7）原料来源广泛。目前全世界聚氨酯泡沫产量达到 1690 万吨以上。

一、聚氨酯泡沫塑料的合成原理[3]

1. 聚氨酯合成的主要反应

聚氨酯合成的主要化学反应如下。

（1）异氰酸酯与醇的反应，带有端羟基的聚淳（如聚酯、聚醚及其他多元醇）与多异氰酸酯反应，生成聚氨酯类聚合物，这是合成聚氨酯最基本的反应。

（2）异氰酸酯与苯酚的反应，异氰酸酯和酚的反应情况与醇相似，但由于苯环的吸电作用，使酚的羟基中的氧原子电子云密度下降，致使它与异氰酸酯的反应活性下降，该类反应主要作为异氰酸酯的封闭反应。

　　（3）异氰酸酯与水的反应，带有异氰酸酯基团的化合物和水先形成不稳定的氨基甲酸，然后再分解成胺和二氧化碳。该反应是制备聚氨酯泡沫塑料的重要反应。该反应放热量大，水用量过大会产生泡沫体烧芯。

　　（4）异氰酸酯与氨基甲酸酯及脲基的反应，异氰酸酯和醇、胺反应，将在聚合物中生成氨基甲酸酯基团和取代脲基，它们都是内聚能较高、含有活泼氢的基团。在聚氨酯制备中都要有意预留出少部分异氰酸酯，以便和聚合物中这些含活泼氢的基团能进一步反应，生成脲基甲酸酯、缩二脲型交联结构。

　　2. 泡沫体的形成

　　聚氨酯泡沫塑料在工业上有三种制造方法，即预聚法、半预聚法和一步法，制造预制保温管采用一步法发泡。

　　一步法：将聚醚或聚酯多元醇、催化剂、水、泡沫稳定剂、发泡剂等和异氰酸酯，一次加入混合室或空腔，在混合室内链增长、气体发生及交链等反应在短时间内几乎同时进行。所有物料经混合机均匀搅拌混合均匀后，1～10s即行发泡，30～180s发泡完毕，得到具有较高相对分子质量并有一定交链密度的泡沫制品。

　　实际应用一步法发泡时，常常采用双组分发泡的方法。即将异氰酸酯以外的其他所有组分预先混合成预混料，工业上简称A组分，然后再让异氰酸酯，工业上简称B组分，和预混料混合、搅拌，反应生成泡沫塑料，如图2-1所示。

图 2-1　一步法发泡流程图

　　一步法发泡的优点是，只要将两种组分送入混合室，就可以发泡。施工现场管道之间的接口保温、现场发泡保温多数采用这种方法，进行非连续的模具内发泡。

　　制造聚氨酯泡沫体既可以用水与异氰酸酯反应，放出二氧化碳作为发泡剂气体的来源，也可以利用多元醇或其他活性氢化合物和异氰酸反应时产生的大量反应热，使外发泡剂（低沸点惰性溶剂如R_{11}、三氯甲烷等）汽化来作为发泡气体的来源。

　　采用哪种方法可根据制品性能和不同发泡工艺要求而定，也有两种方法并用的。前者由于分子链中生成脲基，可以提高泡沫体的刚度和强度。反应过程中产生的气体越多，泡沫制品的密度越小，因而可以通过调节异氰酸酯和水的用量或外发泡剂的用量来控制泡沫制品的密度。

　　聚氨酯泡沫合成过程描述如下。

　　（1）二氧化碳或R_{11}发泡体系中，在催化剂作用下，异氰酸酯和水、异氰酸酯和多元醇开始反应。由于都是放热反应，反应过程不断放出热量，促使反应液体系温度升高，低沸点溶剂如R_{11}汽化或二氧化碳生成，从而使溶液中气体浓度迅速增加。当气体浓度增加到超过某一平衡饱和度后，溶液中开始形成微小的气泡，这时可以看到反应液从原来的透明状态变成带有乳色的混浊状态，这种现象称为乳白现象。从混合开始到出现乳白状态的时间称为乳白时间，乳白时间很短，一般只有几秒到几十秒，如图 2-2 所示。

（2）发泡气体在刚生成时，呈圆球状分散在黏稠的溶液中。经过乳白期以后，随着化学反应继续进行，不断产生大量气体。大量气体冲出溶液进入空腔。新的气泡继续增加，新产生的气体又从溶液中不断扩散到气泡中去。气体体积不断增大，充满发泡空间，在空腔形成均匀的气体泡沫。在整个泡沫合成过程中，同时伴有凝胶反应。发泡反应和凝胶反应在催化剂调节下互相协调，维持平衡。在泡沫升起过程中，凝胶反应也不断增长，到一定时间后，泡沫不再上升，泡沫体积不

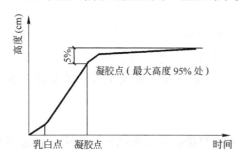

图 2-2　泡沫升起高度与时间关系曲线

再有明显的增加，这个点即为凝胶点。从起始反应到这个转折点的时间称凝胶时间。这个过程称为凝胶（胶化）过程。通常的发泡体系中，凝胶时间为 60～120s。

（3）凝胶点以后再经过一个成熟期（熟化），便形成了聚氨酯泡沫制品，这个过程也称为固化过程，一般需要 24h 以上，如图 2-2 所示。

二、聚氨酯硬质泡沫塑料主要原料及助剂

1. 主要原料

1）异氰酸酯

异氰酸酯是一类反应性极强的化合物，这是由它本身的化学结构所决定的。它具有较多的不饱和基团－N＝C＝O，除了能和许多化合物进行聚合反应外，还可本身加热或在催化剂作用下发生自聚及脱羧等反应。异氰酸酯是聚氨酯硬质泡沫塑料的主要原料。常用的异氰酸酯有以下三种：

（1）多苯基多次甲基多异氰酸酯。即粗制二苯基甲烷二异氰酸酯（粗 MDI），或称聚合 MDI，也称 PAPI。

（2）粗制甲苯二异氰酸酯，即粗 TDI。粗 TDI 约含 85％TDI，其他均是副产品。粗 TDI 的活性小一些，成本也较低，主要用于一步法聚醚型聚氨酯泡沫塑料的制造。

（3）精制甲苯二异氰酸酯，即 TDI。早期的聚氨酯硬质泡沫塑料较多的使用 TDI，以 TDI 为原料的聚氨酯硬质泡沫塑料，平行和垂直泡沫上升方向的物理性能差别较小，但其价格高，产品密度小。

预制保温管常用的异氰酸酯是多苯基多次甲基多异氰酸酯，即粗 MDI。它具有如下特点：①粗 MDI 的蒸汽压力小，生产过程中产生的挥发性气体少，对操作人员健康危害小；②耐热性好；③脱模性好，制造的产品表面光滑。

2）多元醇

常用于发泡的多元醇有聚醚、聚酯和其他含羟基化合物。

聚酯型多元醇生产的聚氨酯称为聚酯型聚氨酯，聚酯型聚氨酯硬质泡沫塑料具有强度高、闭孔率高、黏合性能好等优点，但同时又具有聚酯黏度大、操作困难、价格高等缺点，因此，制造保温管常采用聚醚型多元醇。常用的聚醚有以下六种：

（1）甘油——环氧丙烷聚醚；

（2）三羟甲基——环氧丙烷聚醚；

（3）季戊四醇——环氧丙烷聚醚；

（4）山梨醇——环氧丙烷聚醚；

（5）甘露醇——环氧丙烷聚醚；

（6）蔗糖——环氧聚醚。

选择聚醚时，要综合考虑。价格应低，黏度不宜大，与异氰酸酯和一氟三氯甲烷 R_{11} 等原料的互溶性好。

多元醇的结构对生成的泡沫塑料影响很大。其中，相对分子质量和官能团数直接影响聚合物的交链度。交链度越高，聚合物的硬度越大。

2. 其他助剂

1）催化剂

它是成型过程中一个很重要的影响因素。

聚氨酯生产过程中，常用两种或两种以上的催化剂，用来调节链增长速度与交链速度之间的平衡。常用的催化剂有两类，一类是叔胺类化合物，另一类是金属烷基化合物类催化剂。

2）泡沫稳定剂

泡沫稳定剂能改善体系的表面强力，改善原料的混合性，并能调节泡沫塑料的闭孔大小与结构，使泡沫塑料制品的泡孔细而均匀，性能良好。制造聚醚型聚氨酯硬质泡沫塑料常用的泡沫稳定剂是有机硅类化合物，特别是聚二甲基硅氧烷，采用这类泡沫稳定剂，泡沫塑料的孔径均匀，闭孔率高，绝热效果好。也可采用如硅油等黏度较低的二甲基硅氧烷。

3）发泡剂

发泡剂大致有两类：一类是外发泡剂，另一类是内发泡剂。

（1）外发泡剂，采用含氯含氟的烃类化合物，如一氟三氯甲烷（R_{11}），沸点为23.7℃，三氟三氯乙烷（R_{113}），沸点为 47.9℃，二氯甲烷，沸点为 40℃。这些发泡剂加入原料中，一旦异氰酸酯与多元醇反应，放出热量就能迅速汽化。

常用的外发泡剂是一氟三氯甲烷 R_{11}，这是由于它能带走反应生成热，所得的泡沫塑料导热系数小，表面较光滑。

（2）内发泡剂，即二氧化碳，它是异氰酸酯和水起反应生成的。

4）添加剂

添加剂包括耐燃剂，抗老化剂、颜料等。这些添加剂只是在特殊需要时加入。更详细的资料参见参考文献［3］。

三、聚氨酯硬质泡沫配方举例

应当注意，下面的例子只是一个参考，不能照搬应用于生产。因为实际生产过程中，要根据原料情况、气候环境、生产方式等多种因素进行调整、试配，才能获得合格的产品。

【例 2-1】

聚氨酯硬质泡沫配方（加工温度 20℃左右）　　　　　表 2-1

	原料	质量分数
A 组分	聚醚	100
	羟值	500mg/KOH/g 左右
	硅油(泡沫稳定剂)	2～4
	三乙醇胺(催化剂)	2～6
	一氟三氯甲烷 R_{11} 发泡剂	30～40
B 组分	粗 MDI(粗制二苯基甲烷二异氰酸酯)	130 左右

【例 2-2】

聚氨酯硬质泡沫配方（气温在 20℃以上）　　　　　表 2-2

	原料	质量分数
A 组分	组合聚醚	100
	羟值	450mg/KOH/g 左右
	硅油	1.5
	三乙醇胺	0.2～0.5
B 组分	粗 MDI	110 左右

加料量按下式计算：

$$S=(V\times\rho)\times1.1 \tag{2-1}$$

式中　S——混合物加料量，kg；

　　　V——保温层体积，m^3；

　　　ρ——聚氨酯密度，kg/m^3。

式中，系数 1.1 为考虑 R_{11} 的挥发和损耗所设。

四、发泡工艺及成型方法

1. 发泡工艺

制造保温管保温层的发泡方法主要采用一步法发泡，即把所有原料同时全部混合而制得泡沫塑料的方法。一步法发泡应符合下列要求：

（1）发泡需在室温下进行（20℃以上最好）。

（2）各种原料在室温下应是液体。

（3）各原料相互间的混溶性好。

2. 成型方法

保温层成型方法主要采用注入成型方式。即按配方比例，将各种化学原料均匀混合后注入模具（现场发泡）或制件的空腔（例如，保温管的介质钢管与模具之间，或保温管的介质钢管与聚乙烯外壳之间的空腔），在发生化学反应的同时进行发泡，制得聚氨酯硬质泡沫塑料。

注入成型方法分为手工注入发泡成型和机械注入发泡成型。

1) 手工注入发泡成型

这是一种最简单的方法，把各种原料精确称量后，置于同一容器，然后立即搅拌，注入模具或需要填充的空腔，发生化学反应得到塑料制品。

现场发泡就是采用这种手工注入的方法，如图2-3所示。

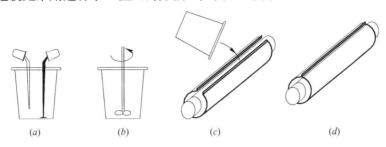

(a) (b) (c) (d)

图2-3 手工注入发泡流程图

(a) 加料；(b) 搅拌；(c) 注入；(d) 锁闭模具发泡

手工注入适用于小批量生产和现场接头组对。

2) 机械注入发泡成型

机械注入发泡成型采用专门的发泡机（发泡车）代替手工操作，把原料按比例混合并注入模具或"管中管"空腔中，发生化学反应，发泡成型的方法，如图2-4所示。

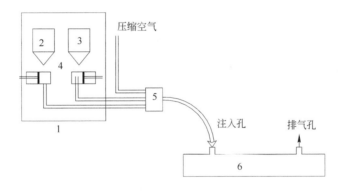

图2-4 机械注入发泡成型工艺示意图

1—发泡机；2—多元醇组合料储槽；3—异氰酸酯储槽；4—计量泵；5—混合头；6—模具

3) 注入发泡小结

采用注入发泡成型方法制造保温管，其过程如下：

(1) 按配方比例将各种化学原料倒入容器进行混合、搅拌。

(2) 将搅拌好的混合料注入模具。

(3) 化学反应、发泡。

(4) 脱模、检查、修整（管中管、一步法制造时无此工序）。

(5) 制得聚氨酯硬质泡沫塑料保温管产品。

五、采用注入成型制造保温层的工艺因素

1. 环境温度

原料温度与环境温度的高低，以及环境温度恒定与否直接影响泡沫塑料的质量。环境温度以 20～30℃ 为宜，原料温度宜控制在 20～30℃ 范围内或稍高一些。

环境温度低，化学反应速度缓慢，泡沫塑料固化时间长；温度高，化学反应速度快，泡沫塑料固化快。温度过高或过低都难以制的优质产品。当环境温度不易调节控制时，可以适当调剂原料的温度或调节催化剂的用量。

2. 模具温度

羟基与异氰酸酯反应是一个放热过程。放出的热量使一氟三氯甲烷等外加发泡剂汽化而形成泡沫。模具温度的高低直接影响反应热移走的速度。模具温度低，发泡倍数小、密度大、贴近模具的表皮厚；模具温度高则相反。通常，模具温度应控制在 40～60℃。

3. 熟化温度和时间

熟化是指泡沫塑料固化后，在一定环境温度下放置的过程。其目的是让化学反应进行完全，提高产品质量。一般熟化时间为 30～60min，但制品应放置 24h 以上。熟化温度越高，所需时间越短。因此，应在脱模前把制品与模具一起放在较高温度的环境中熟化。为此，预制保温管最好是在具有一定温度的车间内进行。现场组对接头时，特别是环境温度较低时，可采用红外线加热等局部加温方法，以保证接头处泡沫塑料质量与工厂内预制的保温管质量基本相同。由此可见，应避免寒冷冬季管网直埋施工，防止管道组对接口现场保温质量差，从而影响直埋管道的整体寿命。

4. 原料的混合

注入发泡成型时，反应液在混合室内（机械）停留的时间很短，一般仅为数秒或数十秒。所以混合效率是一个很重要的因素。反应液混合的均匀，泡沫塑料制品泡孔细而均匀。混合不好，泡沫粗而不均匀，甚至在局部范围内出现化学组成不符合配方要求的现象如脆化、变色、夹生等，大大影响产品质量。

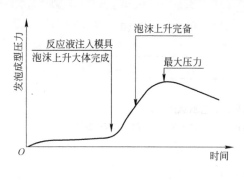

图 2-5 发泡压力变化图

5. 模具

由于聚氨酯硬质泡沫发泡过程中产生一定的压力，所以模具应有足够的强度。为了得到平整的保温层表面，模具内表面要光滑，国内常用模具由不锈钢制造。

6. 发泡压力

注入发泡成型过程中，发泡压力是一个值得注意的参数。发泡成型过程中，发泡压力是随时间而变化的。反应原料注入后，压力逐渐上升，达到最高值后，逐渐降低。如图 2-5 所示。

第二节　高密度聚乙烯外护管（保护壳）

制造保温管时，首先用专门的设备挤出高密度聚乙烯保护壳，然后向保护壳与钢管之间注入发泡剂。目前，制造高密度聚乙烯塑料保护壳的专用设备，多数是从德国、意大利、瑞典等国引进的。

一、低压高密度聚乙烯塑料保护壳（HDPE）

低压高密度聚乙烯是最简单的不饱和烃（即乙烯单体），经过低压聚合而成的一种烃族树脂，原料来源于石油。

高密度聚乙烯是 20 世纪 50 年代发展起来的。德国于 1953 年、美国于 1954 年分别制造出高密度聚乙烯，并均在 1957 年开始工业生产。

高密度聚乙烯之所以作为直埋预制保温管保护壳材料是因为它具有如下优点：

（1）质量轻，密度为 $941\sim965\text{kg/m}^3$，便于远距离运输和施工搬运。

（2）强度高，抗压强度可超过 20MPa。

（3）脆化温度低（$-80℃$），优良的低温性能和韧性使其能抵抗车辆搬运和施工过程中的机械振动等外界因素的冲击。

（4）抗渗透能力强。

二、预制保温管生产线工艺流程

采用高密度聚乙烯塑料做保护壳的预制保温管生产线工艺流程分为两部分。

（1）高密度聚乙烯保护壳挤塑生产工艺流程如图 2-6 所示。

图 2-6　高密度聚乙烯保护壳挤塑生产工艺流程图

（2）预制保温管生产流程如图 2-7 所示。

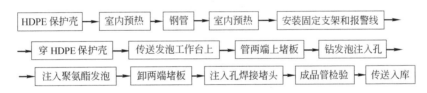

图 2-7　预制保温管生产流程图

第三节　玻璃纤维增强不饱和聚酯树脂（玻璃钢）保护壳

由于玻璃钢成型简单、价格便宜、能满足强度要求、适应各种规格等优点，目前国内大部分生产预制保温管的厂家特别是现场预制的厂家，采用这种材料作为保温管的保护壳，如天津建筑塑料制品厂、北京直埋保温管厂、北京华海节能制品发展中心、青岛崂山保温管厂、太原塑料二厂等。

一、主要原料

（1）不饱和聚酯树脂。之所以称为不饱和是因为它的分子链上含有不饱和的双链，固化时双链打开，与交联剂苯乙烯双链结合，分子由线型交联为网状结构。树脂则由流态转变为固态（固化过程）。常用牌号有 306、307、314、771、199 等。

（2）固化剂。因为树脂固化过程取决于双键打开及结合速度，在常温下是不易打开和聚合的。但在过氧化物存在下，这个过程就可以进行。过氧化物极不稳定，很容易分解产生自由基，这种自由基就可将双键打开，产生新的自由基，并引起连锁的聚合反应。

一般常用的 1 号固化剂是 50％的过氧环乙酮另加 50％的邻苯二甲酸二丁酯溶液，2 号固化剂是 50％的过氧化二苯甲酰另加 50％的邻苯二甲酸二丁酯溶液。

（3）促进剂。为了加速过氧化物产生自由基，固化剂内需要加配促进剂。常用促进剂有 1 号促进剂 、2 号促进剂。1 号促进剂是 90％的环氧酸钴液加 20％的苯乙烯溶液，2 号促进剂是 90％的二甲基苯胺加 10％苯乙烯溶液。

固化剂、促进剂的加入量以及环境温度直接影响着树脂的固化速度。

（4）玻璃纤维布

制造预制保温管保护层所用的玻璃纤维布，一般采用中碱无捻粗纱方格玻璃纤维布。经纬密度为 6×6 或 8×8（纱根数/cm²）。厚度一般以 0.3～0.5mm 为宜。有时也可用长纤维玻璃布。这种纤维比较适合缠绕工艺。

二、生产工艺流程

采用玻璃纤维增强不饱和聚酯树脂作保护壳，生产预制保温管的工艺流程也分两部分。

（1）浇注聚氨酯硬质泡沫塑料保温层（同前）。

（2）缠绕玻璃钢保护壳如图 2-8 所示。

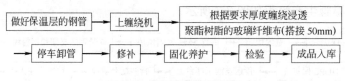

图 2-8　缠绕玻璃钢保护壳

第三章　热水预制保温管直埋敷设断面图设计

直埋管道横断面设计，指从直埋管道轴线的垂直方向做剖面图设计。根据管道及其阀门、补偿器等外形尺寸以及必备的施工空间，合理设计供回水管的间距、砂垫层的厚度和基底处理方法，合理确定管道的敷设深度等。这些内容都将影响土壤作用于管道的压力、机动车对管道的冲击力，影响管道的整体稳定性、径向稳定性以及工程造价，是一个技术经济问题。

预制直埋供热管道可敷设在车行道下、人行便道或绿化地带下。埋设深度和方法除了和上述因素有关外，还和管道管径、敷设方式等有关。本章重点介绍供热管道横断面的布置方法、纵断面的布置方法、直埋管道承受的土壤垂直静土压和机动车的垂直动土压力。

第一节　横断面设计

一、横断面布置图

当管线平面位置确定后，机械开挖或人工开挖沟槽。开挖沟槽的宽度与管道直径大小、供回水管道中心距（管径中心距和管道安装补偿器、阀门等型号有关）、土壤性质等有关。开挖深度由管线纵断面图确定。

管道横断面的布置与管道敷设地段的土壤性质以及地下水水位高度有关。敷设在非湿陷性黄土、地下水位以上的直埋管道横断面布置见图 3-1。敷设在非湿陷性黄土、地下水位以下的管道横断面布置图如图 3-2 所示。敷设在湿陷性黄土、地下水位以下的管道横断面布置如图 3-3 所示（根据土建结构设计规范，

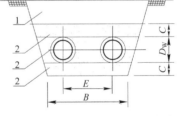

图 3-1　非湿陷性黄土、地下水位
以上直埋管道横断面布置图

1—素土夯实；2—细砂

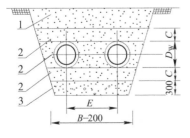

图 3-2　非湿陷性黄土、地下水
位以下直埋管道横断面布置图

1—素土夯实；2—细砂；3—天然级配砂石

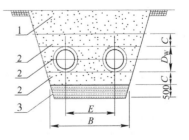

图 3-3　湿陷性黄土，地下水
位以下直埋管道横断面布置图

1—素土夯实；2—细砂；3—3：7灰土

对湿陷性黄土区一般不允许进行管道直埋，这里提出的是一种措施性布置方案，设计时还需进行仔细核算再确定）。管道横断面布置尺寸见表3-1。管道基本数据见附表3-1。

图中沟槽开挖放坡系数按土质确定。沟槽开挖到设计高程后，请有关人员验槽，合格后再进行下道工序。填砂中不得含有任何杂物及锋利石块。填砂及填土应分层夯实，压实系数大于0.9，每层虚铺200~350mm，根据夯实机具确定。三七灰土每层虚铺厚度250mm，夯实厚度150mm。压实系数大于0.93。

直埋管道横断面布置尺寸（mm） 表3-1

钢管公称直径	钢管外径×壁厚	保温管外径×壁厚	管中心距 E	沟宽 B	垫砂厚 C
DN40	48×3	110×2.5	340	850	200
DN50	60×3.5	140×3	360	900	200
DN65	76×4.0	140×3	380	920	200
DN80	89×4	160×3.2	400	960	200
DN100	108×4	200×3.9	400	1000	200
DN125	133×4.5	225×4.4	450	1100	200
DN150	159×4.5	250×4.9	450	1100	200
DN200	219×6	315×6.2	500	1300	200
DN250	273×6	365×6.6	580	1400	250
DN300	325×7	420×7	660	1500	250
DN350	377×7	500×7.8	720	1700	250
DN400	426×7	550×8.8	780	1800	300
DN450	478×7	600×8.8	900	2000	300
DN500	529×8	655×9.8	1000	2100	300
DN600	630×8	760×11	1060	2400	300
DN700	720×10	850×12	1250	2700	300
DN800	820×10	960×14	1350	2900	300
DN900	920×12	1055×14	1450	3100	300
DN1000	1020×13	1155×14	1550	3105	300

注：管间距可以按照管道构件，如补偿器、阀门等尺寸进行调整。在弯头两侧具有较大侧向位移的区域内，还应适当加大管道外壳和沟壁之间的距离。

对于有地下水位的直埋管道，管道基础增加天然级配砂石，一方面为了配合施工降水措施，防止沟底混浆、塌方、严重时漂管或泥水倒灌管内；另一方面，避免管基受到扰动，承载力下降，出现不均匀沉降。另外天然级配砂石较细砂价格低廉，可降低工程造价。

直埋管网应避开湿陷性黄土地带、土质松软地带、较强腐蚀性黄土地带、垃圾回填土地带、地震断裂带、滑坡地带等。若在湿陷性黄土地带、土质松软地带、垃圾回填土地带不得不采用直埋时，应加深管槽开挖量，并回填三七灰土，已有工程实践证明该方法也是可行的。

地震断裂带采用直埋敷设时，管基应采用钢筋混凝土打底，厚度及配筋根据地震断裂带程度由土建人员设计。

二、开槽、回填与夯实

1. 填砂的必要性

土壤是保温管、土壤相互作用系统的重要组成部分，也是支撑管顶荷载的结构部分。周围填砂是影响预制保温管保温层寿命的重要因素，预制保温管周围填砂有着下列几方面的意义。

1）减小土压力

通过砂箱试验发现，预制保温管胸腔回填的砂层，只要能使回填砂紧贴管道，整个回填层没有空隙，无论如何夯实，密度也不会变化，但是预制保温管保温材料随夯实机具、夯实强度不同会发生不同程度的变形。与预制保温管相比，土壤的变形更大。因此可将保温管、砂层、土壤的变形与受力情况简化成弹簧模型，如图3-4所示。图3-4中，砂层的刚度最大，土层的刚度最小，预制保温管的刚度居中，$K_s > K_g > K_e$。回填土与回填砂的情况可以简化成三个不同刚度的弹簧并联模型，如图3-5所示。当弹簧受到同样作用力时，由于弹簧具有一定的刚度而反抗变形。

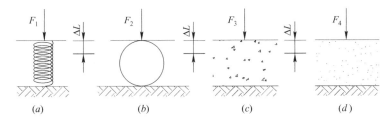

图3-4　预制保温管、土壤、砂子弹性模型示意图

(a) 弹簧 $K_t = F_1/\Delta L$；(b) 保温管 $K_g = F_2/\Delta L$；(c) 土壤 $K_e = F_3/\Delta L$；(d) 砂 $K_s = F_4/\Delta L$

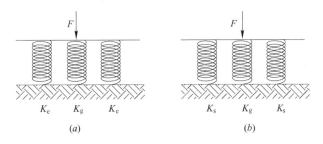

图3-5　保温管与回填土、回填砂简化模型

(a) 回填土 K_g/K_e；(b) 回填砂 $K_g > K_s$

在弹性极限范围内弹簧的变形和受到作用力成正比。则在管顶施加荷载时，由于不同刚度的弹簧组合，使得刚度大的弹簧受到较大的作用力。因此，管道周围填砂，可以有效的提供对垂直荷载的支撑，和回填土相比，减小了预制保温管保温层的垂直荷载。

2）均压作用

由于填砂，使垫层反力角加大，管底保温层受到的被动土压力减小，如图3-7所示。

3）消除应力集中

由于管底垫砂，因而挖深必须包括垫砂层厚度。一方面可以除去基底的不稳定物料，另一方面可以清除全部石头和硬块，使基底坚实、稳定，管道沉降沿管长方向均匀一致。

4）保证回填质量

填砂可以保证回填质量，防止垃圾土、石块、砾石等直接作用于预制保温管外壳，引起保护壳的应力集中而加速破坏。

2. 开槽、回填、夯实

为了整体提高直埋供热管道工程质量，达到设计寿命，在开槽、回填、夯实等施工过程，应对下列几点有足够的重视。

（1）通常，预制保温管在窄槽中安装，窄槽两边净空以送下保温管并能饱满填砂为宜。开槽宽度不得过窄，以致难以在保温管胸腔填砂。必须确实把砂子送进保温管的胸腔内，紧贴预制保温管外壳。

（2）土壤的成拱作用有助于支撑荷载，其作用类似于土拱。填砂保护着保温管，砂层上面回填土必须夯实，以便形成削力拱。基底为土拱提供拱台，所以基地必须夯实。

（3）土壤夯实时，每层土厚应不大于350mm，在距管顶500mm范围内不得重夯，否则会造成保温层变形，导致被动土压过大、荷载集中，同时对保温层和钢管的粘接性能、保温层和保护壳的粘接性能造成破坏。

（4）对原状土扰动最小时，直埋管道施工安装的质量就最好。

（5）应消除回填土中所有的空隙。空隙能对保温管造成压力集中，在胸腔以下也可能变成沿管道地下水流动的通道，砂子应与保温管充分接触。

（6）土壤密实度是保证土壤为保温管提供结构支撑的最重要的土壤特性参数。资料表明，900mm的柔性管埋入松散的粉砂中，仅在胸腔部位将粉砂踩实，就会使环向挠曲减小大约一半。对于回填砂只需加以振动，使砂子在胸腔下移动和保温管紧密接触即可得到夯实效果。对于多种土壤，只需用机夯就可得到所需的密实度。

（7）在地下水位以下，土壤密实度更加重要。当土壤的空隙比大于临界空隙比时，水的加入将造成颗粒的相对移动，将土壤颗粒"振荡破坏"，使其体积变小。另外，施工过程有可能对基底造成很大的破坏，所以地下水位以下埋管时，基底应加天然级配砂石材料；或换为三七土，增加基底的强度，保证土壤密实度。

（8）分层机械夯实是使土壤密实的有效方法。机夯可以采用滚压、揉搓、挤压、冲击、震动等方法；也可采用任何一种组合作用。松散土可用震动板或震动碾分层夯实。

（9）全部回填土应该是无渣块，无大石块、无大土块，无残渣。填埋土壤中出现这些材料会使夯实不均和导致过大的局部荷载，对保温层构成威胁。

（10）管道沿途基底土壤承载能力差异较大时，就有可能引起不均匀沉降。不均匀沉降不仅会引起管道弯矩，也会引起剪力。所引起的应力在数量上很难求得。在设计和施工时应努力做到消除不均匀沉降或降低到最小，做好从一种土壤到另一种土壤基底承载能力的过渡处理和夯实。

（11）管道途经主要交通道路时，为了得到密实回填，可以引进一种密实的、级配好的、带棱角的颗粒状材料，但这并不意味着总是必须的。在选择一种回填料时，设计人员应综合考虑覆土深度、地下水位、聚氨酯密度、夯实费用等，通过技术经济比较确定。

三、横断面施工过程

管槽开挖到设计深度后，请监理、设计、业主等多方进行验槽。验槽合格后，原土夯三遍，填砂到设计厚度，吊装下管。沟中预制保温管按《城镇供热管网工程施工及验收规范》CJJ 28—2013、《工业金属管道工程施工质量验收规范》GB 50184—2011、《城镇供热直埋热水管道技术规程》CJJ/T 81—2013 等规范和设计要求调直或调弯后，再组对、焊接。焊接完毕必须进行焊口无损探伤。最后进行水压试验。水压试验合格后，再填砂、分层夯实，直到设计砂层厚度。然后填土，并分层夯实直到地平。一般回填压实系数大于 0.93，车行道下压实系数大于 0.95。施工步骤如图 3-6 所示。

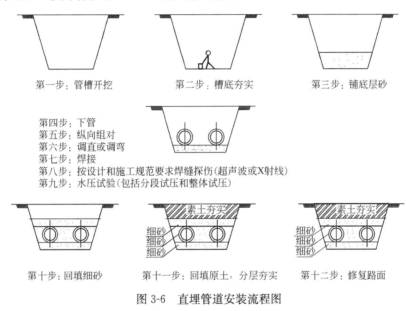

第一步：管槽开挖　　　　第二步：槽底夯实　　　　第三步：铺底层砂

第四步：下管
第五步：纵向组对
第六步：调直或调弯
第七步：焊接
第八步：按设计和施工规范要求焊缝探伤(超声波或X射线)
第九步：水压试验(包括分段试压和整体试压)

第十步：回填细砂　　　第十一步：回填原土，分层夯实　　　第十二步：修复路面

图 3-6　直埋管道安装流程图

第二节　垂　直　荷　载

一、垂直静土压

管道直接埋地后受土壤静土压力的作用，土压力的大小以及分布规律是一个复杂的土力学问题，国内外有许多研究成果。图 3-7（a）为苏联罗巴钦对珍珠岩保温管道直埋后静土压力分布规律的研究成果[4]，当保温管道浸泡在地下水中时，静土压力会变得比较匀，如图 3-7（b）所示。日本 JSWAS，K-2-1974 对于管底填砂小于等于管道外半径的塑料给水管道进行了土压力分布规律的研究，其研究成果如图 3-7（c）所示，图中，$\sin\alpha$ 为垫层反力角正弦。当砂层厚度达到管中时，$\alpha=90°$，此时管道底部的土反力近似等于水平反力。我国《公路桥涵设计通用规范》JTG D60—2004 规定作用在桥涵周围的土压力如图 3-7（d）所示，图中，P 为管顶静土压力；G 为管道自重；φ 为土壤内摩擦角。通过对图 3-7 的分析对比，可以得到如下推论：

（1）直埋供热管道管底的土压力最大，管顶次之，管侧最小。

（2）填砂有均压的作用。

（3）与涵洞相比，直埋供热管直径小的多，管道重量较轻，采取管道周围填砂的技术措施后，保温管周围土壤的作用压力较为均匀。

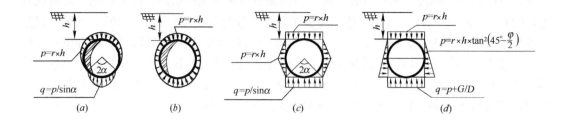

图 3-7　静土压

(*a*) 珍珠岩直埋保温管周围静土压力；(*b*) 浸泡在地下水中的珍珠岩直埋保温管周围静土压力；
(*c*) 直埋给水塑料管周围静土压力；(*d*) 桥涵管周围静土压力

欧洲规范《集中供暖用预制保温管系统的设计与安装》（BS EN 13941—2009）中对供热直埋管道的荷载分布研究结果如图 3-8 所示。

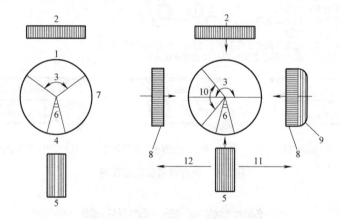

图 3-8　直埋供热管道荷载分布图

1—管顶；2—管顶荷载（静土压和动土压）；3—管顶荷载作用角度，180°；
4—管底；5—土壤竖向作用压力；6—土壤竖向作用角；7—管道边缘；8—水平土壤压力；
9—管道椭圆变形产生的土壤作用力；10—水平土壤作用角；11—回填砂管道荷载分布图；
12—回填黏土或泥煤管道荷载分布图

《城镇供热直埋热水管道技术规程》CJJ/T 81—2013 规定了 $DN1200$mm 及以下直埋管道单位长度直埋敷设预制保温管与土壤的摩擦力计算公式：

$$F=\mu\left(\frac{1+K_0}{2}\pi\times D_c\times\sigma_v+G-\frac{\pi}{4}D_c^2\times\rho\times g\right) \tag{3-1}$$

$$K_0=1-\sin\varphi \tag{3-2}$$

式中　F——单位长度摩擦力，N/m；

　　　μ——摩擦系数；

　　　D_c——外护管外径，m；

　　　σ_v——管道中心线处土壤应力，Pa，即静土压力；

　　　G——包括介质在内的保温管单位长度自重，N/m；

　　　ρ——土壤密度，kg/m³，可取 1800kg/m³；

　　　g——重力加速度，m/s²；

　　K_0——土壤静压力系数；

　　φ——回填土内摩擦角，(°)，砂土可取 30°。

土壤应力即静土压力应按下列公式计算：

（1）当管道中心线位于地下水位以上时的土壤应力为：

$$\sigma_v = \rho \times g \times H \tag{3-3}$$

（2）当管道中心线位于地下水位以下时的土壤应力：

$$\sigma_v = \rho \times g \times H_w + \rho_{sw} \times g(H - H_w) \tag{3-4}$$

式中　ρ_{sw}——地下水位线以下的土壤有效密度，kg/m^3，可取 $1000kg/m^3$；

　　　H——管道中心线覆土深度，m；

　　　H_w——地下水位线覆土深度，m。

其他符号代表意义同前

　　式中，压力计算深度取管道的管中覆土深度，是一种工程设计简便近似。管底压力比计算值要大，这部分由预制保温管保温材料的抗压强度补足。土压力误差引起的摩擦力误差由摩擦系数调整，详见第四章。

二、机动车动土压

　　根据《城市道路工程设计规范》CJJ 37—2012，道路路面结构设计应以双轮组单轴载 100kN 为标准轴载。对有特殊荷载使用要求的道路，应根据具体车辆确定路面结构计算荷载。按《公路桥涵设计通用规范》JTG D 60—2004，取超 20 级，后轴重力标准值 140kN。单个轮组 70kN，轮胎着地面积 0.2m×0.6m，压力传播成 30°角，不考虑后轴之间压力传播的叠加组合作用等作为计算条件。根据国家标准《给水排水工程管道结构设计规范》GB 50332—2002 规定，管顶埋深大于 0.7m 后，车辆荷载的动力系数等于 1，即管顶埋深大于 0.7m 后不考虑车辆的冲击力。考虑到输配管线主要敷设在城镇区域，输送干线主要敷设在城际公路，所以《城镇供热直埋热水管道技术规程》CJJ/T 81—2013 编制过程中，

确定汽车荷载按单个轮组重力标准值 70kN 作为计算值，轮胎着地面积 0.2m×0.6m，压力传播成 30°角，不考虑后轴轮组之间，后轴轮组与后轴轮组之间，相邻车辆轮组之间着地压力传播的相互叠加作用，如图 3-9 所示。图 3-9 显示了作用在直埋保温管覆土上方一个轮组的压力传播方向。

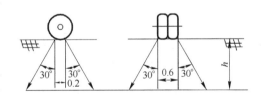

图 3-9　动荷载在土壤中的传播

$$P_d = \frac{70000}{(0.6 + 2h\tan30°)(0.2 + 2h\tan30°)} \tag{3-5}$$

三、总垂直土压力

　　预制保温管直埋后管中受到的总垂直土压力为

$$\sigma_v = \rho g\left(h + \frac{D_c}{2}\right) \quad （只有静土压力作用，不考虑地下水的影响）$$

$$P=\rho g\left(h+\frac{D_c}{2}\right)+\frac{70000}{(0.6+2h\tan30°)(0.2+2h\tan30°)}\quad（动土压和静土压同时作用）$$

$$(3-6)$$

总垂直土压力见表 3-2。

式（3-6）令 P 对 h 求导等于零解得 $h=1.47626$，即 70kN 作用下，埋深为 1.47626m 时，垂直总土压达到最小值。

在 0.6～1.6m 的埋深范围内，总垂直土压约占直埋管保温层抗压强度值（$\geqslant300$kPa）的 14.3%～27.8%。

表 3-3 给出了直埋敷设管道车行道下最小覆土深度。

总垂直土压力（kN/m²）　　　　　　　　　　　　表 3-2

公称直径	管顶埋深										
	0.6m	0.7m	0.8m	0.9m	1.0m	1.1m	1.2m	1.3m	1.4m	1.5m	1.6m
DN40	72.2	62.6	56.0	51.3	48.1	45.9	44.4	43.5	43.1	43.0	43.2
DN50	72.5	62.9	56.2	51.6	48.3	46.1	44.7	43.8	43.3	43.3	43.5
DN65	72.5	62.9	56.2	51.6	48.3	46.1	44.7	43.8	43.3	43.3	43.5
DN80	72.7	63.1	56.4	51.8	48.5	46.3	44.8	44.0	43.5	43.4	43.6
DN100	73.0	63.4	56.6	52.1	48.9	46.6	45.2	43.9	43.9	43.8	44.0
DN125	73.2	63.6	57.0	52.3	49.1	46.9	45.4	44.5	44.1	44.0	44.2
DN150	73.4	63.9	57.2	52.6	49.3	47.1	45.6	44.7	44.3	44.2	44.4
DN200	74.0	64.4	57.8	53.1	49.9	47.7	46.2	45.3	44.9	44.8	45.0
DN250	74.5	64.9	58.2	53.6	50.3	48.1	46.6	45.8	45.3	45.2	45.4
DN300	74.9	65.4	58.7	54.1	50.8	48.6	47.1	46.2	45.8	45.7	45.9
DN350	75.7	66.1	59.4	54.8	51.5	49.3	47.8	47.0	46.5	46.4	46.6
DN400	76.1	66.5	59.9	55.2	52.0	49.7	48.3	47.4	47.0	46.9	47.1
DN450	76.5	67.0	60.3	55.6	52.4	50.2	48.7	47.8	47.4	47.3	47.5
DN500	77.0	67.4	60.8	56.1	52.9	50.7	49.2	48.3	47.9	47.8	48.0
DN600	77.9	68.4	61.7	57.1	53.8	51.6	50.1	49.3	48.8	48.7	48.9
DN700	78.7	69.2	62.5	57.9	54.6	52.4	50.9	50.0	49.6	49.5	49.7
DN800	79.7	70.1	63.5	58.8	55.6	53.4	51.9	51.0	50.6	50.5	50.7
DN900	80.6	71.0	64.3	59.7	56.4	54.2	52.7	51.9	51.4	51.3	51.5
DN1000	81.4	71.9	65.2	60.5	57.3	55.1	53.6	52.7	52.3	52.2	52.4

注：作用在直埋供热预制保温管上的总垂直土压 P（kN/m²），按一个轮组 70kN 计算。

最小覆土深度　　　　　　　　　　　　表 3-3

管道公称直径（mm）	最小覆土深度（m）	
	机动车道	非机动车道
$\leqslant125$	0.8	0.7
150～300	1.0	0.7
350～500	1.2	0.9
600～700	1.3	1.0
800～1000	1.3	1.1
1100～1200	1.3	1.2

注：当最小覆土深度不能保证时，应采取保护措施，如设置钢套管、空穴，或管道顶部放置混凝土盖板、砂袋等。

第三节　纵断图设计

一、纵断图设计内容要求

管线纵断面图是沿管线前进方向的中心线作剖面展开绘制的。管线纵断面图由管线纵断面示意图和管线敷设情况标注栏（表 3-4）两部分组成。两部分之间的相应部位必须上下对齐。

管线纵断面示意图内容：纵断面示意图应绘制现状地形线和设计地形线、管线敷设高度的管道线。现状地形线高度来源于地形图标高标注，一般每隔 50m 一个；设计地形线高度来源于规划部门，一些规划道路的设计地形标高来源于市政设计部门。设计地面线应采用细实线绘制，自然地面线应采用细虚线绘制，其余图线应与供热管网管线平面图上采用的图线对应，管线敷设情况标注栏上方示意图如图 3-11～图 3-13 所示。

管线标高线一般采用管中标高，因为直埋管道变径管采用同心变径管，方便设计、便于施工高程控制。重要节点的管线标高都要标注，如分支点、弯头、变坡点、各种补偿小室、排气泄水小室、突然升高或降低等处。若管线相当长范围内没有重要节点出现，每隔 50m 也要标注一个标高。这些标注要填加到敷设情况标注栏中，这些重要节点要和平面图一一对应。

各点的标高数值应标注在图中管线敷设情况标注栏内该点对应竖线的左侧，标高数值书写方向应与竖线平行。一个点的前、后标高不同时，应在该点竖线左、右两侧标注其标高数值。各管线的标高值和坡度数值至少应计算到小数点后第 3 位（mm）。

纵断图的管中标高线采用粗实线，应包含各种管线附件及其小室，如补偿器小室、排气小室、泄水小室、三通分支小室、分段阀小室等；包含竖向弯头的转角度数、曲率半径注释；变径管；一次性补偿器；泡沫垫；钢套管等。

纵断面示意图的管线方位也应与供热管线平面示意图一致。

纵断面示意图还应反映与热力管线交叉的其他管线的名称、规格、标高、直径、里程，如自来水、污水、煤气、天然气、电缆、光缆等管线，以便相互僻让。地面线还要反映道路、铁路和沟渠等地下、地上构筑物的位置；当热力管线与河流、湖泊交叉时，应标注河流、湖泊的设防标准相应频率的最高水位、航道底设计标高或稳定河底设计标高。

管线纵断面示意图要反映管线的坡度。管线的坡度最好和地面线的坡度相同，以节省开挖土方量，这就是随地面线的坡度作坡。管线坡度一般为 3‰，不小于 2‰，特殊情况也可以不做坡。对应一段距离的坡度都要标注在管线敷设情况标注栏中。

在标注栏中的管线平面展开示意图是沿管线前进方向的展开图。要标注管线的各种附件；标注转角度数、曲率半径、泡沫垫以及转角的展开方向；非 90°应标注小于 180°的角度值，如图 3-10 所示；标注供回水管的中心间距。

二、纵断图的比例

纵断面图节点距离、标高应按比例绘制。铅垂方向和水平方向应选用不同的绘图比例，并应绘制铅垂方向的标尺。水平方向的比例应与管线平面图的比例一致，即管线所在地形图的比例，施工图水平方向为1：500；铅垂方向为1：100。

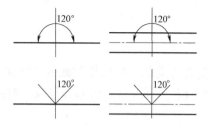

图3-10 管线纵断面图上管线转角角度的标注

三、管线敷设情况标注栏

管线敷设情况标注栏如表3-4所示。表头所列栏目可根据管线敷设方式等情况编排与增减有关项目，标注栏右边沿管线可延续若干列，用于标注相应栏目的具体内容。

管线敷设情况标注栏　　　　　　　　　　　　　表3-4

桩号			
节点编号			
设计地面标高(m)			
现状地面标高(m)			
里程(m)			
管线平面展开示意图			
坡度／距离(m)			
管中标高(m)			
管道代号及规格			
横剖面编号			
备注			

根据《城镇供热直埋热水管道技术规程》CJJ/T 81—2013规定，管径不大于$DN500$的管道最大坡度变化≤2%，$DN500\text{mm}<DN≤DN1200\text{mm}$的管道最大坡度变化≤1%。

四、纵断图实例

纵断图实例见图3-11～图3-13。

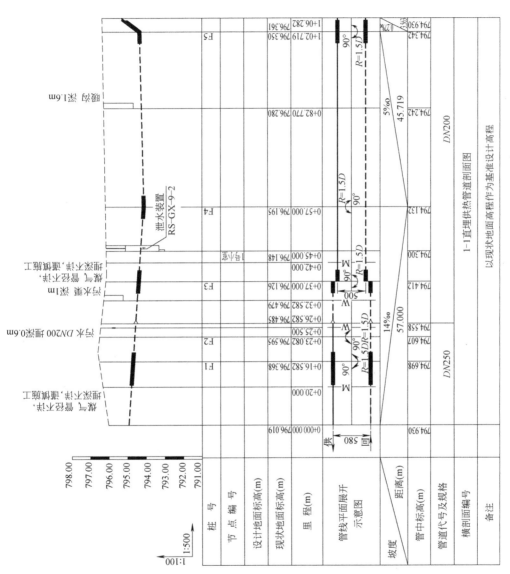

图 3-11 里程 0+00.000—1+06.282 管道纵断图

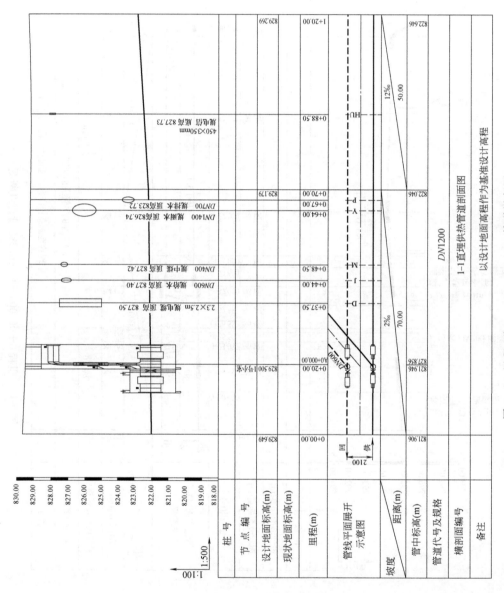

图 3-12　里程 0+00.00—1+20.00 管道纵断面图

比例：纵向 1∶500，竖向 1∶100

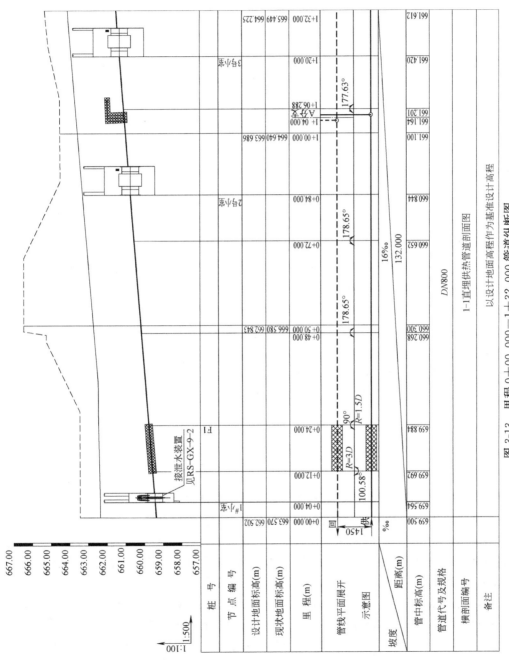

图 3-13 里程 0+00.000—1+32.000 管道纵断图

比例：纵向 1：500，竖向 1：100

第四章 摩擦系数及摩擦力

直埋供热管道工程设计与地沟、架空管道工程设计相比，区别在于直埋供热管道受覆土压力作用以及由此引起的一些力学问题。工程设计要保证直埋供热管道运行的安全、可靠与经济。

安全、可靠应依靠计算理论的先进性、科学性，同时应符合我国国情和工程实际。

经济性是指在不同的气候条件、不同的土质条件、不同的覆土环境如车行道下、人行道下、绿化带下，地下水位高、地下水位低等地带，正确选择合理的保温结构和敷设方式。

用于热水供热系统的直埋供热管道是三位一体式预制保温管。当供热系统循环水升温时，由于热膨胀力作用，直埋管道反抗填砂的摩擦力作用而产生热膨胀，从而形成了自己的力学特点。所以本书后面叙述的直埋供热管道，没有特别指出时均指三位一体预制保温管。摩擦系数是计算摩擦力的基础数据，也是整个直埋供热管道设计的基础数据。例如，过渡段长度的确定，热伸长量的计算、补偿器的补偿量选择计算，固定支架受到的推力计算，直管、弯管应力验算等都需要摩擦系数这一基础数据。

为了深刻认识供热直埋管网中摩擦系数的变化规律、影响因素，本章简要介绍摩擦系数测试的数学模型、摩擦系数的测试过程；分析讨论摩擦系数的变化规律、摩擦系数的影响因素，以便于工程设计中正确选择摩擦系数的值。

本章也介绍了《城镇供热直埋热水管道技术规程》修编前的简单实用的小管径摩擦力计算公式和修编后的摩擦力计算公式，以及它们的异同，便于工程技术人员把握。

第一节 摩擦系数的数学模型

物理学中的摩擦系数我们已经很熟知了，摩擦系数是摩擦力和正压力的比值。摩擦系数是一个物性参数，它与两个物体表面的光滑程度，两物体的材料、理化性质等有关。对于两种确定的材料，它们之间的摩擦系数是一个确定的值。在架空或地沟敷设的供热管道上，钢管钢支架和钢底板的摩擦系数取值为 0.3。钢支架和聚四氟乙烯板的摩擦系数取值为 0.2，四氟板做承垫的支架和四氟板底板的摩擦系数取 0.1。

直埋预制保温管和周围填砂的摩擦系数不完全是物性参数。严格意义上讲，不能定义为摩擦系数。因为摩擦系数除了和回填土、保温外壳等的物理性质有关外，还要受到施工中回填土的夯实程度、管道热伸长量以及热胀冷缩的伸缩次数、介质温度、压力等的影响。通过实验测试，得到的摩擦系数是一个反映了各种影响因素的综合变量，它的大小随热膨胀量的多少、热胀冷缩次数的多少、夯实程度等一系列施工因素、运行参数和管网服役年龄等而变化。相应地，作用在管道周围的土壤摩擦力（约束力）也是一个变化的量，这一点构成了直埋供热管道的独有的力学特点。为了区别于经典摩擦系数概念，有的资料称之为摩阻系数，本书和现行规程保持一致，仍称为摩擦系数。

1. 砂箱实验台测定摩擦系数的数学模型

根据《城镇直埋供热管道工程技术规程》CJJ/T 81—1998 中规定的摩擦力计算公式，可以导出摩擦系数的数学模型为

$$\mu = \frac{N}{\left(h + \dfrac{D_c}{2}\right) \pi \rho g D_c l} \tag{4-1}$$

式中　N——外加机械力，推动试件（预制保温管）轴向移动，用来模拟热膨胀力，N；

　　　l——砂箱长度，m；

分母项是作用在直埋管道周围土壤的垂直土压力。

前已述及，国内外埋地管道周围的土压力有许多研究成果。在机械力测定后，不同的垂直土压力的计算公式，将推算出大小不等的摩擦系数值，这里介绍的（作用在埋地管道周围的）土壤静压力表达式和《城镇直埋供热管道工程技术规程》CJJ/T 81—1998 保持一致。

2. 工程现场测试摩擦系数的数学模型

现场测试是指供热管道投入运行以后，对摩擦系数进行的间接测量。间接测量所用数学模型可由胡克定律导出：管道在弹性工作状态下，过渡段管道断面应力和应变关系应符合虎克定律。管道在活动段，得到最大热伸长；而在锚固点，土壤对管道的约束力最大，热伸长等于零。其热应变分别为

$$\varepsilon_0 = \frac{\sigma_0}{E} = \frac{P_t}{EA \times 10^6} \tag{4-2}$$

$$\varepsilon_A = \frac{\sigma_A}{E} = \frac{P_t + F_1 L}{EA \times 10^6} \tag{4-3}$$

式中　ε_0——活动端的轴向压缩应变；

　　　ε_A——锚固点的轴向压缩应变；

　　　σ_0——活动端的轴向应力，MPa；

　　　σ_A——锚固点的轴向应力，MPa；

　　　E——直埋保温管钢管的弹性模量，MPa；

　　　A——钢管管壁横截面面积，m²；

　　　P_t——补偿器位移阻力，N；

　　　F_1——直埋保温管单位长度摩擦力，N/m；

　　　L——锚固点到活动端的长度，m。

由此可见，管道在弹性工作状态下，轴向应变 ε 与土壤摩擦力 $F_1 L$ 呈线性关系。因此，整个过渡段的平均轴向应变 ε_{AV} 可用下式表示：

$$\varepsilon_{AV} = \frac{\varepsilon_0 + \varepsilon_A}{2} = \frac{2P_t + F_1 L}{2EA \times 10^6} \tag{4-4}$$

整个管线受到土壤摩擦力约束而减少的热伸长量为

$$\Delta L_r = \varepsilon_{AV} L = \frac{2P_t + F_1 L}{2EA \times 10^6} L \tag{4-5}$$

ΔL_r 也称为土壤压缩了直埋管道的变形量。

因此，从自由伸缩点到固定点，温度从 t_2 升高到 t_1 的管段，实际热伸长量 ΔL 应等于自由膨胀量减去土壤压缩变形的量，即

$$\Delta L = \Delta X - \Delta L_r = \alpha(t_1 - t_2)L - \frac{2P_t + F_1 L}{2EA \times 10^6}L \tag{4-6}$$

将 $F_1 = \pi D_c\left(h + \dfrac{D_c}{2}\right)\rho g \mu_{AV}$ 代入式（4-6）求解得

$$\mu_{AV} = \frac{\left[\alpha(t_1 - t_2) - \dfrac{\Delta L}{L}\right]2EA \times 10^6 - 2P_t}{\pi D_c\left(h + \dfrac{D_c}{2}\right)\rho g L} \tag{4-7}$$

式中　μ_{AV}——整个管段（从活动端到固定点）的平均摩擦系数；其他符号同上。

式（4-7）即为对实际运行直埋供热管道进行摩擦系数测试的计算模型，记为

$$\mu = \frac{\left(\alpha\,|\,t_1 - t_2\,| - \dfrac{\Delta L}{L}\right) \times 2EA \times 10^6 - 2P_t}{\left(h + \dfrac{D_c}{2}\right)\rho g D_c \pi L} \tag{4-8}$$

式中　ΔL——整个管段（活动端到固定点）温度从 t_2 变化到 t_1 时的实际热伸长量。

式（4-8）推导过程忽略了系统压力项的影响，当系统压力较高时，因泊松效应使管道轴线方向缩短。测试时，在升压后进行标定，排除了压力项的影响。

中间温度状态，管道过渡段应力状态、应变状态复杂，管道的热伸长对应的过渡段长度发生变化。但中间温度状态不是我们关注的对象。

第二节　摩擦系数测试简介

一、砂箱实验台测试摩擦系数[1]

在砂箱实验台中测试摩擦系数，按数学模形式（4-1）进行整理。

由式（4-1）可知，摩擦系数是一间接变量，对它的测量是一个间接测量，是通过测量液压推力 N、管顶覆土 h、保温外壳直径 D_c、填砂密度 ρ、管长 l 等直接变量并通过计算获得的。实验装置如图 4-1 所示。

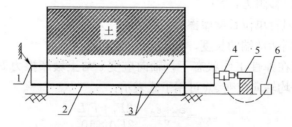

图 4-1　砂箱实验装置图

1—位移指示器；2—预制保温管；3—砂；4—拉、压传感器；5—液压缸；6—测力计

实验描述：在砂箱底铺 200mm 厚的细砂，放置试件——预制保温管（长 2.5m），管道周围填砂至管顶 200mm，然后填土并分层夯实，每层厚 300mm。

保温管安装完毕后，装压力传感器，连接二次仪表——测力计，位移标尺。仪表就位后，开启液压千斤顶，向试件施加推力。液压千斤顶以极慢的速度推拉试件。每推动一次做好液压推力和试件位移的记录。直到摩擦推力趋于稳定为止。一般在 4～9 次推拉后，液压推力基本稳定在某一数值。

二、工程现场测试摩擦系数[2,3]

在工程现场测试摩擦系数。计算模型采用式（4-8）。

测试内容及方法如下。

（1）管长：管长是补偿点到固定点之间的距离，利用经纬仪进行放点、测距。

（2）保温外壳：用 0.8mm 钢丝测量保温外壳周长，再用 1m 钢直尺量得尺寸，计算求得 D_c 值。

（3）管顶覆土：沟槽开挖前对路面进行地面高程测量，沟槽开挖后，对沟底高程进行测量，垫砂后，h 通过计算求得。

式（4-8）中的其他参数确定如下。填砂密度 ρ 取 1800kg/m³；钢管横断面积 A，钢管采用华北石油钢管厂生产的螺旋焊接管，如测试对象为 D820mm×10mm，壁厚偏差 ±10%×10mm，计算求得；补偿器摩擦力 P_t 由生产厂家提供。

上述参数在施工过程中进行测量，只有补偿器的伸缩量是在运行过程中进行测量的。

投入冷水试运行、系统升压后对套筒补偿器进行标定，包括套筒补偿器的原始长度，以及管中水温、压力等。其中，钢管温度用表面式温度计进行测量，压力由若干压力表读取，长度用钢尺测量。

在压力保持不变的情况下，每次温升后一周进行套筒补偿器的测量。

第三节　摩擦力（摩擦系数）及其变化规律

一、砂箱实验摩擦力（摩擦系数）变化规律[1]

试件在刚开始移动后，摩擦力（摩擦系数）迅速达到最大，然后随着位移量的增加而减小并趋于平缓。摩擦力（摩擦系数）随位移量的变化如图 4-2 所示。

图 4-2 中曲线（1），是首次推动试件"膨胀"，摩擦力（摩擦系数）随位移的变化曲线。曲线（3），是试件往复移动 3 次后摩擦力（摩擦系数）随位移的变化曲线。以此类推，可见，随着试件移动次数的增加，摩擦系数曲线变扁平。曲线（9），该组试件往复移动 9 次后摩擦系数随位移量的变化曲线。可见摩擦力（摩擦系数）的极大值出现在试件第一次移动过程中，且距始动位置约 14mm。摩擦力（摩擦系数）在试件 9 次往复移动后变小且稳定下来。

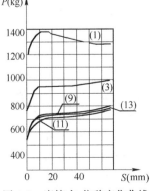

图 4-2　摩擦力-位移变化曲线

二、工程现场测试摩擦系数变化规律[2,3]

对运行中的管道进行测试，获得的摩擦系数变化规律如图 4-3 和图 4-4 所示。

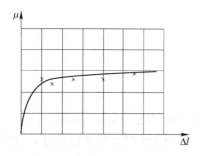

图 4-3　摩擦系数变化图（一）

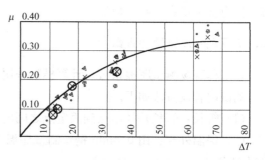

图 4-4　摩擦系数变化图（二）

图 4-3 反映了摩擦系数随热伸长量的增加而单调增加，和图 4-2 相比并没有极大值的驼峰现象。

图 4-4 反映了摩擦系数随温差（运行温度和安装温度）的变化规律。当然，温差和热伸长量是一一对应的。

三、摩擦系数的影响因素

综合两种实验方法的分析比较，可以得出以下结论。

（1）预制直埋保温管和回填土的摩擦系数是一个变化的量，并非常数。该摩擦系数的测试包含了许多工程因素，这些因素对摩擦系数的影响目前还不能用一个简单函数关系式准确的表示出来，只能给出一个变化的区间。

（2）摩擦系数的大小与升温的序次、温升和温降的次数有关。摩擦系数较大值出现在第一年投入运行后第一次升温过程中的局部管段。

（3）摩擦系数大小受到钢管温度的影响。随着供热温度的升高，预制直埋保温管和回填土的摩擦系数单调增大。当供热温度最高时，摩擦系数在整个膨胀管段到达最大值。

（4）摩擦系数大小除和回填物料的物化性质、粗糙度有直接关系外，也受到回填方式的显著影响。例如，采用密实回填时，摩擦系数计算公式中的密度项差别不大（对于砂子来说，试验中发现不论怎样夯实，其容积密度几乎不变）。但是，对于低密度的预制保温管，砂箱实验观察到夯实造成的保温层变形，增加了保温管回填砂被动土压力的作用，而导致密实回填方式下摩擦系数的增加。

（5）摩擦系数大小和管道运行压力有关，但不明显。

（6）经过持续三年的运行测试，没有出现稳定的"最小摩擦系数"，即砂箱中连续推拉数次稳定在某一最小值。稳定的最小摩擦系数是机械力模拟热应力短期内连续推拉试件的结果。在工程实际中，一个采暖季如果不发生故障，则只有一次温升和一次降温过程，温升和温降间隔时间在几个月。同时，覆土层一般会受到动荷载的扰动，所以形成稳定的最小摩擦系数需要进一步测试观察。

《城镇供热直埋热水管道技术规程》规定预制保温管高密度聚乙烯或玻璃钢外壳与土壤间的摩擦系数见表 4-1。

摩擦系数选用表　　表 4-1

回填料	中砂	粉质黏土或砂质粉土
最大摩擦系数	0.4	0.4
最小摩擦系数	0.2	0.15

对运行中的 *DN*800mm 高密度聚乙烯外壳预制保温管经过三年的连续测试得到与中砂间的摩擦系数如下：

置信度为 90％时，摩擦系数变化范围（相应区间）为 [0.2899，0.3258]。

置信度为 95％时，摩擦系数变化范围（相应区间）为 [0.2860，0.3298]。

置信度为 99％时，摩擦系数变化范围（相应区间）为 [0.2774，0.3384]，期望值为 0.308。

四、现行规范一些概念的商榷

《城镇供热直埋热水管道技术规程》（以下简称《规程》）中提出了"最大摩擦系数"的概念。这是基于砂箱实验台实验方法，或是机械力模拟热膨胀力的实验方法及其实验结果提出来的。工程实际中，直埋供热管道首次热膨胀时摩擦系数大，但是温升低，温度升高是台阶式的，热伸长扩展到整个管段（固定支架至补偿器）是渐进式的。例如，首次升温供水温度低，自然锚固点靠近补偿器。虽然第一次移动摩擦系数大，但是温差小，热膨胀力小，固定支架受到的推力也小。经过几次升温，自然锚固点移动到固定支架处时（假设固定支架距膨胀节的管段长正好等于运行最高温度时的过渡段长度），从补偿器到固定支架全长管段首次有热伸长时，靠近补偿器处的管段已经有过好几次热位移了。这时虽然温度高，但全长管段平均摩擦系数小。由此看来"最大摩擦系数"出现在首次管网升温而且温升达到设计供水温度的时刻，然而其数值较砂箱实验台获得的"最大摩擦系数"已经有所下降。

另外，《规程》提出"最大过渡段长度"/"最小过渡段长度"同样是基于"最大摩擦系数"和"最小摩擦系数"的概念，但是经过三年的连续测试没有获得"最小过渡段长度"。也许是因为连续测试时间较短。或者不存在"最小过渡长度"和"最大过渡长度"，这一最终结论有待进一步由实验证实。

现行《规程》中规定了高密度聚乙烯、玻璃钢作保护壳的聚氨酯保温管和中砂和粉质黏土的最大摩擦系数是 0.4，最小摩擦系数分别是 0.2 和 0.15。从受力分析和补偿器选用两方面都是安全的、可靠的，工程设计人员进行工程设计时不需要再考虑安全余量。

为方便设计，现将不同管径在不同埋深条件下，摩擦系数为 0.2 时的单位管长摩擦力列于附表 4-1。

第四节　摩擦力计算公式

2014 年以前，城镇供热直埋管道工程技术规程中采用的摩擦力计算公式简单实用，用于 *DN*500 以下直埋管道的计算能够满足工程实际的要求。目前国内直埋管径增大到 *DN*1400，大管径管道的摩擦系数如何，通过三年实测，*DN*800 的摩擦系数为 0.308，和

0.4 相比减小 25％以上。又通过和最新欧洲规范提供的摩擦力计算公式对比分析（现行的 EN 13941，摩擦力计算公式考虑了管土重力的差异），修正过去的摩擦力计算公式是必须的。修正有两个途径：①把摩擦系数按照测试结果调整，最大摩擦系数下调到 0.3，最小调到 0.15；②保持摩擦系数不变，采用最新欧洲规范提供的公式。经过规范编制组的讨论，最终确定采用最新的欧洲规范公式。

一、摩擦力计算公式

（1）1999 年发布和实施的国家行业标准《城镇直埋供热管道工程技术规程》CJJ/T 81—98 规定，直埋敷设预制保温管与土壤的摩擦力采用下式计算：

$$F=(h+D_c/2)\rho g\mu\pi D_c=p\mu\pi D_c \tag{4-9}$$

管道中心静土压力值按下式计算：

$$p=\rho g(h+D_c/2) \tag{4-10}$$

其中回填土密度 ρ 取 1800kg/m³。

由此可见，管道作用压力均按覆土计算，没有扣除管道所占体积的重量和管水重量差值。

（2）欧洲现行规范在摩擦力计算公式中考虑了管道自重、地下作用等因素。公式如下：

$$F=\mu\Big(\frac{1+K_0}{2}\pi\times D_c\times\sigma_v+G-\frac{\pi}{4}D_c^2\times\rho\times g\Big) \tag{4-11}$$

$$K_0=1-\sin\varphi \tag{4-12}$$

式中　F——单位长度摩擦力，N/m；

　　　μ——摩擦系数；

　　　D_c——外护管外径，m；

　　　σ_v——管道中心线处土壤应力，Pa；

　　　G——包括介质在内的保温管单位长度自重，N/m；

　　　ρ——土壤密度 kg/m³，可取 1800kg/m³；

　　　g——重力加速度，m/s²；

　　　K_0——土壤静压力系数；

　　　φ——回填土内摩擦角（°），砂土可取 30°。

土壤应力应按下列公式计算（图 4-5）

① 当管道中心线位于地下水位以上时的土壤应力：

$$\sigma_v=\rho\times g\times H \tag{4-13}$$

② 当管道中心线位于地下水位以下时的土壤应力（见图 4-5）：

$$\sigma_v=\rho\times g\times H_w+\rho_{sw}\times g(H-H_w) \tag{4-14}$$

式中　σ_v——管道中心线处土壤应力，Pa；

　　　ρ——土壤密度，kg/m³，可取 1800 kg/m³；

　　　g——重力加速度，m/s²；

　　　ρ_{sw}——地下水位线以下的土壤有效密度（kg/m³），可取 1000 kg/m³；

　　　H——管道中心线覆土深度，m；

H_w——地下水位线覆土深度，m。

摩擦系数 μ 应考虑土壤类型、颗粒的大小和形状、回填土的密实度和变形速度。

对于砂土，摩擦系数按下式计算：

$$\mu = \tan\delta \tag{4-15}$$

式中　δ——土壤与管道界面的摩擦角。

对于砂土与高密度聚乙烯外套管，δ 可以取 $2/3\varphi$，其最大值为 $20°\sim22°$。

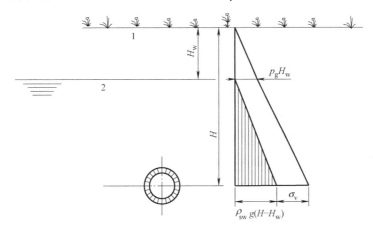

图 4-5　有效静土压力计算图

1—地面；2—地下水位

（3）对于非沉降区域的砂土，在进行疲劳和位移（expansion provision）计算中，其取值见表 4-2。

对于砂土的摩擦系数　　　　　表 4-2

位　移	摩擦系数 μ，见注 3
缓慢移动或涉及蠕变和滞变的移动（长期效应），见注 1	0.2
正常移动，见注 2	0.3~0.4
短期作用的快速移动，见注 3	0.6
注 1 对于级配良好的大口径管道，在管道冷却时存在"随道效应"的风险。"随道效应"等效取值 $\mu=0\sim0.2$。例如选择补偿设备时，应该取较小值。 注 2 低周疲劳分析平衡值应该使用，在大多数情况下 $\mu=0.4$ 认为是适当的。 注 3 具体应根据当地土壤条件考虑	

二、公式对比分析

以 $DN800\text{mm}$ 的直埋管道为例，国内简单公式计算单长摩擦力 F_1 与欧洲规范 F_1^* 计算单长摩擦力相比，见式（4-16），前者摩擦系数取 0.3，后者取 0.4。

$$\frac{F_1}{F_1^*} = \frac{\pi D_c\left(h+\dfrac{D_c}{2}\right)\rho g\mu_{AV}}{\left(\dfrac{1+K_0}{2}\rho g\left(h+\dfrac{D_c}{2}\right)\pi D_c+G-\rho g\pi\left(\dfrac{D_c}{2}\right)^2\right)\mu} \tag{4-16}$$

式中　F_1——试验计算单长摩擦力，N/m；

μ_{AV}——试验测得摩擦系数，取 0.3；

F_1^*——欧洲规范计算单长摩擦力，N/m；

K_0——静止土压力系数，对于砂土取 0.5；

G——管道（包括介质）的单长重量，N/m；

μ——欧洲规范规定的摩擦系数，取 0.4。

计算结果显示：当 $h=1.5$m 时，比值为 1.068。当 h 取值在 0.6～3m 时，比值为 1.133～1.038。随着埋深的增加，比值减小，且随着管径的增加比值增大。

由此可见，按式（4-9），摩擦系数为 0.3，计算的摩擦力要比按式（4-11）、摩擦系数 0.4 计算的摩擦力大；如果摩擦系数和摩擦力计算公式都不变，对于大管径管道必然会引起很大偏差。因此，修订《城镇供热直埋热水管道技术规程》CJJ/T 81—2013 时，保留摩擦系数不变，采纳了欧规摩擦力计算公式。

【例 4-1】 已知直埋保温管钢管管径 DN 700mm，预制保温管外壳直径 850mm，管道单长重量 $G=5757$N/m，管顶覆土深度 $h=1.2$m，最小摩擦系数 $\mu_{min}=0.2$，最大摩擦系数 $\mu_{max}=0.4$，回填密度取 $\rho=1800$kg/m³，地下水位深度 $H_w=2.0$m。试计算最小和最大单位长度摩擦力。

【解】 静止土压力系数为

$$K_0=1-\sin\varphi=1-\sin30°=0.5$$

因为

$$h+\frac{D_c}{2}=1.2+\frac{0.85}{2}=1.625\text{m}<H_w=2.0\text{m}$$

所以

$$\sigma_v=\rho g\left(h+\frac{D_c}{2}\right)=1800\times9.81\times\left(1.2+\frac{0.85}{2}\right)=28694.25\text{N/m}^2$$

最小单位长度摩擦力为

$$F_{min}=\mu_{min}\left(\frac{1+K_0}{2}\pi D_c\sigma_v+G-\frac{\pi}{4}D_c^2\rho g\right)$$

$$=0.2\times\left(\frac{1+0.5}{2}\times\pi\times0.85\times28694.25+5757-\frac{\pi}{4}\times0.85^2\times1800\times9.81\right)$$

$$\approx10640.96\text{N/m}$$

最大单位长度摩擦力为

$$F_{max}=2F_{min}=2\times10640.96=21281.92\text{N/m}$$

【例 4-2】 已知直埋保温管工作管管径 $DN900$，预制保温管外壳直径 1055mm，管道单长重量 $G=8742$N/m，管顶覆土深度 $h=1.2$m，最小摩擦系数 $\mu_{min}=0.2$，最大摩擦系数 $\mu_{max}=0.4$，回填密度取 $\rho=1800$kg/m³，地下水位深度 $H_w=1.5$m。试计算最小和最大单位长度摩擦力。

【解】 静止土压力系数为

$$K_0=1-\sin\varphi=1-\sin30°=0.5$$

因为

$$h+\frac{D_c}{2}=1.2+\frac{1.055}{2}=1.7275\text{m}>H_w=1.5\text{m}$$

故

$$\sigma_{v}=\rho g H_{w}+\rho_{sw}g\left(h+\frac{D_{c}}{2}-H_{w}\right)$$

$$=1800\times9.81\times1.5+1000\times9.81\times\left(1.2+\frac{1.055}{2}-1.5\right)$$

$$=28718.775\text{N/m}^{2}$$

最小单位长度摩擦力为

$$F_{min}=\mu_{min}\left(\frac{1+K_{0}}{2}\pi D_{c}\sigma_{v}+G-\frac{\pi}{4}D_{c}^{2}\rho g\right)$$

$$=0.2\times\left(\frac{1+0.5}{2}\times\pi\times1.055\times28718.775+8742-\frac{\pi}{4}\times1.055^{2}\times1800\times9.81\right)$$

$$\approx12938.93\text{N/m}$$

最大单位长度摩擦力为

$$F_{max}=2F_{min}=2\times12938.93=25877.86\text{N/m}$$

另外，摩擦力还具有特殊应用如抵抗内压力代替固定墩，实例如下。

【例4-3】 已知直埋保温管工作管管径 $DN1000\text{mm}$，设计压力 1.6MPa，强度试验压力 2.4MPa，钢管外径 1020mm，壁厚 13mm，管壁减薄按 0.8mm 计，预制保温管外壳直径 1155mm，管道单长重量 $G=10402\text{N/m}$，管顶覆土深度 $h=1.2\text{m}$，最小摩擦系数 $\mu_{min}=0.2$，最大摩擦系数 $\mu_{max}=0.4$，回填密度取 $\rho=1800\text{kg/m}^{3}$，地下水位深度 $H_{w}=2\text{m}$。如图 4-6 所示，为防止普通补偿器被拉脱，试计算补偿器距弯头的最小距离。

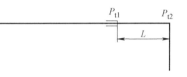

图 4-6　管线布置示意

【解】 静止土压力系数为

$$K_{0}=1-\sin\varphi=1-\sin30°=0.5$$

因为

$$h+\frac{D_{c}}{2}=1.2+\frac{1.155}{2}=1.7775\text{m}<H_{w}=2.0\text{m}$$

所以

$$\sigma_{v}=\rho g\left(h+\frac{D_{c}}{2}\right)=1800\times9.81\times\left(1.2+\frac{1.155}{2}\right)=31387.10\text{N/m}^{2}$$

最小单位长度摩擦力为

$$F_{min}=\mu_{min}\left(\frac{1+K_{0}}{2}\pi D_{c}\sigma_{v}+G-\frac{\pi}{4}D_{c}^{2}\rho g\right)$$

$$=0.2\times\left(\frac{1+0.5}{2}\times\pi\times1.155\times31387.10+10402-\frac{\pi}{4}\times1.155^{2}\times1800\times9.81\right)$$

$$\approx15463.6\text{N/m}$$

盲板力为

$$N_{0}=P_{s}\times\frac{\pi}{4}(D_{0}-2\delta+2\Delta\delta)^{2}=2.4\times10^{6}\times\frac{\pi}{4}(1.020-2\times0.013+2\times0.0008)^{2}$$

$$\approx1.8684\times10^{6}\text{N/m}$$

由力平衡可得

$$N_0 = F_{min}L + P_{t1} + P_{t2}$$

上式补偿器的位移阻力 P_{t1}，弯头位移阻力 P_{t2}，均作为安全储备得

$$L = \frac{N_0}{F_{min}} = \frac{1.8684 \times 10^6}{15463.6} \approx 120.8\text{m}$$

第五章 直管道热力转换以及过渡段长度

直埋供热管道内充注着有压流体，流体对管道有垂直于壁面的压力，称为管道的流体内压力。内压力作用在垂直轴线的壁面，如变径管、关闭的阀门、弯头、三通、管道的盲端等处，产生沿轴向的拉压力，俗称盲板力。内压力作用在外壁上，使管道沿直径扩张，从而使管道直径变大长度缩短，形成轴向泊松拉应力。直埋敷设的供热管道由于受到热媒的加热作用而伸长，因而和土壤有相对滑动，从而导致了土壤作用于管道轴向的摩擦力。同时，管道的活动端，也有阻挡管道伸缩的活动端阻力，如弯头处弯臂的轴向力、土壤的横向压缩反力、补偿器的位移阻力等。

除此之外，还有重力作用和的土压力作用。本章重点介绍和轴向力有关的各类作用力；这些力产生的原因、计算方法以及相互关系，综合作用效果；热力转换的内部条件和外部条件，热膨胀力在哪类管段全部转换成轴向力，在哪类管段部分转换成轴向力，部分推动管道热膨胀，热膨胀量的计算等。

热膨胀力全部转换为内力的管段是应力验算的重点管段，将在第六章阐述；本章重点介绍各种力、热力转换，热膨胀力推动管道反抗摩擦力而伸长的过渡段长度，以及活动端的热伸长量、任意一点热伸长量的计算。

第一节 热膨胀力、内力和热应力

一、热膨胀力、内力、热应力概述

当供热直埋管道不能自由膨胀时，热膨胀量就会被压缩，压缩量的大小与约束外力、安装温度和运行温度等有关。设管道长 l，温度由 t_0 升高到 t_1，如果管道没有任何约束，那么自由热膨胀量为

$$\Delta l = \alpha l (t_1 - t_0) \tag{5-1}$$

若管道有约束，例如，直管段在没有任何补偿方式的条件下两端被固定，则自由热膨胀量完全被压缩。此时直管段内便产生了压缩应变即热应变。设直管段长度为 l，应有的自由热膨胀量为 Δl，则热应变为

$$\varepsilon = \frac{\Delta l}{l} = \alpha (t_1 - t_0) \tag{5-2}$$

根据胡克定律，被压缩的管道产生了轴向应力，在弹性变化范围内，轴向应力和应变可表示为

$$\sigma = \varepsilon E = \alpha (t_1 - t_0) E \tag{5-3}$$

此时，管道（轴向）内力为

$$N_a = A\sigma = \alpha E(t_1 - t_0)A \times 10^6 \qquad (5\text{-}4)$$

式（5-3）计算的应力，是由温差引起的，所以称为热应力，而式（5-4）确定的管道内力称为热膨胀力。

下面可通过例子，进一步加深对直埋供热管道热膨胀力、热应力、内力相互转换的理解。

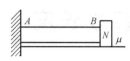

图 5-1　管道受力示意图

如图 5-1 所示，管道 A 端固定，B 端放一重块 N，重块施加的水平推力等于 500N（假设最大静摩擦力等于滑动摩擦力）。根据作用力等于反作用力，管段的内力和重物对管段的反作用力为一组平衡力。

把管段加热，温度由 t_0 升高到 t_1 时，重块保持静止。则管段 l 自身拥有的自由热膨胀量：

$$\Delta l_1 = \alpha l(t_1 - t_0)$$

完全被压缩，自由热膨胀量完全转换为内力，或者说热应力残留在管道中。此时管道的热膨胀力等于内力 N_a，即

$$\alpha E(t_1 - t_0)A = N_a$$

这时的热膨胀力小于外力（500N）。当 t_1 继续升高，趋于 t_2 时，被加热管段刚好能够推动重块移动但尚未移动。此刻，管段在 t_2 温度下的自由热膨胀量：

$$\Delta l_2 = \alpha l(t_2 - t_0)$$

完全被压缩，热膨胀力完全转换为内力。内力大小为

$$\alpha E(t_2 - t_0)A = N_a = 500\text{N}$$

继续加热管段，使温度升高到 t_3。此时，就观察到重块移动了。相应温度下的自由热膨胀量为

$$\Delta l_3 = \alpha l(t_3 - t_0)$$

自由膨胀量 Δl_3 一部分被 500N 压缩，一部分实现了膨胀移动。此时，虽然热膨胀力增大到

$$\alpha E(t_3 - t_0)A$$

但是由于约束外力 500N 不变，所以只能有 500N 的热膨胀力转换为内力，大小仍等于外力：

$$N_a = \alpha E(t_2 - t_0)A = 500\text{N}$$

而超出约束外力的多余热膨胀力：

$$\alpha E(t_3 - t_0)A - \alpha E(t_2 - t_0)A = \alpha E(t_3 - t_2)A$$

使管段发生了热位移，也就是说钢管因膨胀变形而释放了一部分热膨胀力。

假设在温升到达 t_2 前先增加一个 500N 推力的重块，如图 5-2 所示。那么，温度 t_1 继续升高达到 t_2 时，两重块保持不动，直到温度趋于 t_3，热膨胀力达到推动两重块移动的临界力。此刻管道所拥有的自由热膨胀量：

$$\Delta l = \alpha l(t_3 - t_0)$$

完全被压缩。管道热膨胀力增大为

$$\alpha E(t_3 - t_0)A = 1000\text{N}$$

热膨胀力和外力平衡。内力也为

$$N_a = \alpha E(t_3 - t_0)A = 1000\text{N}$$

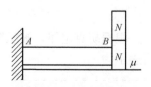

图 5-2　管道受力示意图

显然，同一管段，温度同样由 t_0 升高到 t_3，热膨胀力相等，但因为约束外力不同而导致了大小不等的内力。差值为

$$\alpha E(t_3 - t_2)A$$

同理，当管段完全锚固时，管道的最大热膨胀力为温度达到屈服温度 t_y 时的热膨胀力（t_y 为屈服温度，超过屈服温度后，材料发生塑性变形）。这个热膨胀力可完全转换为内力。而当管道处于自由伸缩状态，也就是约束外力为零时，即使温度达到屈服温度 t_y，热膨胀力达到最大：

$$A\alpha E(t_y - t_0)$$

管道的内力也等于零。热膨胀力完全转换为热胀变形而释放。

从上述例子可以清楚地认识到，管道的热膨胀力用 $A\alpha E\Delta t$ 来表示。产生温差时就产生热膨胀力，但热膨胀力能否转换为钢管的内力，则要考察钢管的热膨胀量是否被压缩。然而钢管的约束外力是钢管热膨胀量被压缩的唯一要素。如果有约束外力，当且仅当热膨胀力小于等于约束外力时，钢管的热膨胀力等于内力，按式（5-4）计算（热膨胀量被全部压缩，因而产生了内力）。

当热膨胀力大于约束外力时，钢管的热膨胀量被部分压缩，由此压缩部分转换为内力，大小等于约束外力。若钢管没有约束外力，则热膨胀力使钢管自由膨胀，钢管的内力为零，热应力为零。

定义 $\alpha E(t_1 - t_0)A$ 为热膨胀力，是一个主动力；而 N_a 称为内力，大小为 $[0, \alpha E(t_1 - t_0)A]$，$\sigma_a$ 为热应力，大小为 $[0, \alpha(t_1 - t_0)E]$。出现温差的过程就伴随产生了与温差大小成正比的热膨胀力，但热膨胀力不一定能转换为管道的内力和热应力，这一点应区别开来。

二、热网温度

前面已经提到，直埋管道热应力的大小取决于供热管网运行最高温度和安装温度的大小，以及热膨胀量被压缩的多少，或冷却收缩量被拉伸的大小，简言之，热胀冷缩的释放程度。

供热管网中温度的变化可用简化模型来表示，如图5-3所示。

进行管道内力、膨胀量计算以及后续管道稳定性验算时，安装温度取 t_0，最高温度取 t_1；第六章进行管道安定性分析和疲劳分析时，工作循环最低温度取 t_2，最高温度取 t_1。

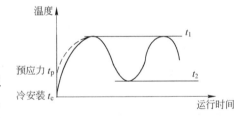

图 5-3　热网温度变化图

t_1——管道工作循环最高温度，取用热网的设计供水温度；

t_2——管道工作循环最低温度，全年运行时取 30℃；只有在供暖期运行时取 10℃；

t_0——管道整体焊接温度，直埋管道采用冷安装敷设方式，取环境温度 t_e；采用预热安装敷设方式，取预热温度 t_p。

第二节　主动轴向力和被动轴向力

一、泊松力

当钢管承受径向内压作用时，钢管有变粗缩短的趋势。严格地讲，当管道两端固定，

管道内压力升高时，便产生环向应力。在单元体的轴向，伴随出现拉应力，我们把这一拉应力称为泊松拉应力。由内压产生的轴向泊松拉应力按式（5-5）计算：

$$\sigma_{ax}^{\mu} = \nu\sigma_t \tag{5-5}$$

式中　ν——材料的泊松系数；

σ_t——内压作用在管壁上的环向应力，按式（5-6）计算：

$$\sigma_t = \frac{PD_i}{D_o - D_i} = \frac{PD_i}{2\delta} \tag{5-6}$$

式中　D_i——考虑管壁减薄以后管子的内径，mm；

δ——考虑管壁减薄以后管子的壁厚，mm。

供热系统总是要升压力的，所以泊松拉应力是直埋供热管道的又一主动轴向力。由于直埋供热管道伸缩被限制，它将转换为管道的轴向内力：

$$N_\nu = A\sigma_{ax}^{\mu} = A\nu\sigma_t \tag{5-7}$$

二、主动和被动轴向力

（1）直埋供热管道的主动轴向力包括热膨胀力和泊松力。若以拉应力为正，则直埋供热管道的主动轴向力为

$$N_a = [\nu\sigma_t A - \alpha EA(t_1 - t_0)] \times 10^6 \tag{5-8}$$

（2）伴随主动力产生的被动力包括：

① 制约管道伸缩变形的土壤摩擦力：

$$lF_1 = \mu\left(\frac{1+K_0}{2}\pi \times D_c \times \sigma_v + G - \frac{\pi}{4}D_c^2 \times \rho \times g\right)l \tag{5-9}$$

按照《城镇供热直埋热水管道技术规程》的计算公式，当 μ 取最小摩擦系数时，得到管道的最小单位长度摩擦力，$F_1 = F_{min}$；当 μ 取最大摩擦系数时，得到管道的最大单位长度摩擦力 $F_1 = F_{max}$。

② 伴随管道伸缩的补偿器阻力 P_t。补偿器热位移阻力和补偿器类型有关。对于套筒补偿器就等于摩擦力，由生产厂家提供；对于波纹补偿器、方形补偿器、L形补偿器、"Z"形补偿器等为变形弹性力。弹性力和变形量、刚度系数等有关，通过计算确定。

综上所述，直埋供热管道的被动力为

$$\mu\left(\frac{1+K_0}{2}\pi \times D_c \times \sigma_v + G - \frac{\pi}{4}D_c^2 \times \rho \times g\right)l + P_t \tag{5-10}$$

（3）直埋供热管道的轴向内力。直埋供热管道的轴向内力始终等于被动力。只有完全约束的管段，被动力才能等于主动力，因此轴向内力才等于主动力。

第三节　直埋供热管段类型

直埋供热管道按照沿途前进方向，分为直管段和 L 形弯管、Z 形弯管、Ⅱ 形弯管、折弯、三通等。其中，直管段根据管道内力沿管线的变化规律划分为过渡管段和锚固管段；根据管道热膨胀量被压缩的程度，直管段又可分为有补偿管段和无补偿管段。

一、直管段

1. 过渡段和锚固段

过渡段和锚固段即约束膨胀的直管段和完全约束膨胀量为零的直管段。管段的主动力克服被动力作用，包括土壤和补偿器约束反力，而使热膨胀量得以部分释放的管段命名为过渡段。过渡段一侧是一个活动端，能够自由伸缩，如补偿器、弯头等，而另一侧是人为设置的固定点或各种力作用自然形成的平衡点等。

如图 5-4 所示的管段 AB，在 A 端安装有套筒补偿器，为活动端。随着管道温度升高，直管段 AC 热膨胀力增大，克服被动力向补偿器释放热膨胀量形成过渡段 AB，所以过渡段又称为有补偿管段，B 点是热膨胀力和其他作用力自然平衡的结果，平衡点 B 称为自然锚固点，简称锚固点。锚固点至固定点的管段称为锚固管段，如 BC 管段，锚固段热膨胀量为零，所以锚固段不需要设置补偿器，故称为无补偿管段。

过渡段长度 AB，锚固段长度 BC，均随温度的变化而变化。随着升温以及伸缩次数的增加，AB 逐渐变长，向 C 点逼近（C 点是人为强制固定点）。当过渡段逐步增长到 AC 段时，锚固段缩短为零。这种由活动段和强制固定点构成的过渡段长度，不再随温升而增长。

在没有强制固定点的条件下（这是直埋管道的常态），过渡段长度是主动力和被动力平衡的结果。当过渡段长度不再随温度升高和运行时间变化时，过渡段长度达到最大值，称为过渡段极限长度。当过渡段达到极限长度时，锚固段缩小到最短。

2. 过渡段和锚固段的形成

（1）当直管段两端的补偿装置间距大于两倍过渡段极限长度时，在两端分别形成两个长度等于过渡段极限长度且不相连的补偿管段，在两个锚固点之间形成一个无补偿管段，如图 5-5 所示。

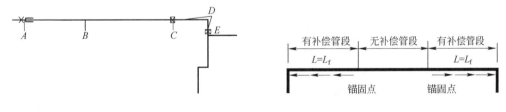

图 5-4　管线分类示意图　　　　　　图 5-5　锚固点示意图

（2）当直管两端的补偿装置间距小于或等于两倍过渡段极限长度时，形成两个长度相连的有补偿管段，而没有无补偿管段出现。有补偿管段的长度，当管径相同时，等于两补偿装置间距的一半。两个补偿管段的分界点称为驻点，如图 5-6 所示。

驻点：两端为活动端的直线管段，当管道温度变化且全线管道产生朝向两端或背向两端的热位移，管道上位移为零的点。

（3）当固定墩与补偿装置的间距大于过渡段极限长度时，如图 5-7 所示的固定点右侧管段，这段管道便产生了有补偿和无补偿管段，在靠近补偿装置的一侧形成长度等于过渡段极限长度的有补偿管段，在锚固点和固定点之间形成了无补偿管段。

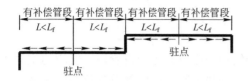
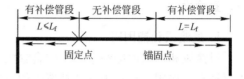

图 5-6　驻点示意图　　　　图 5-7　自然锚固与强制固定之间的无补偿管段

（4）当固定墩与补偿装置的间距小于或等于过渡段极限长度时，如图 5-7 所示的固定点左侧管段，固定点和补偿装置之间的管道全部为有补偿管段，而没有无补偿管段出现。

（5）如图 5-5 所示的管线布置，直管段长度大于两倍的最大过渡段长度时，被称为长直管线。在长直管线的锚固段植入一个补偿器，则靠近补偿器两侧又形成两个过渡段，如图 5-8 所示。

图 5-8　锚固段-过渡段转换示意图

3. 过渡段、锚固段计算的重点

（1）过渡管段设计计算的重点是确定管道沿线方向各点的热伸长，从而合理地选择补偿器，和引出分支。

（2）锚固段轴向应力最大，是直管段应力验算的重点。也是整体失稳、局部失稳、折角、折弯、变径管、三通等疲劳验算的重点。

二、弯管

1. L 形管段

如图 5-4 所示，C-D-E 管段表示了直埋供热管道的一个弯管。直埋供热管道弯管与地沟、架空敷设的 L 形自然补偿器相类似，但是直埋 L 形弯管受到周围土壤的横向约束作用，使弯臂只能在弯头附近产生较小的侧向补偿变形，削弱了弯头的自然补偿能力，如图 5-4 所示的 D 点细线所示。因此：①对弯头的强制固定点，如图 5-4 所示的 C、E 点不存在侧向推力；②L 形弯头附近经特殊处理才能构成 L 形补偿器；③L 形弯头是直埋管道布置的重点内容，需要对弯头元件进行疲劳分析。

2. Z 形管段

Z 形管段一般情况下可作为两个相连的 L 形补偿器使用。应按两个独立的 L 形弯管进行计算。只有在一定的条件下，可以作为 Z 形补偿器使用，详见第七章。被补偿弯臂的变形及应力状态与过渡段相类似，可看做过渡段。

3. 三通

三通在直埋供热管道中是受保护的元件。由于周围土体的约束，一方面要传递主干线较沟埋管道大得多的轴向应力，另一方面还承受支线的推力。三通强度计算的重点是疲劳分析。

4. 折弯

在管道安装过程中，受管线路由及安装条件的影响，会出现一些折角。折角不像弯头那样具有较高的热膨胀吸收能力，其应力水平要比弯头和直管高得多，产生破坏的概率也较大。要尽力减少折角数量，特别是单缝折角，由大曲率的折弯替代。折角的计算重点是疲劳分析。

第四节　直管轴向力变化规律及过渡段计算

一、直管段轴向力变化规律

分析图 5-9 所示的一段直管道。管段一侧安装补偿器，另一端安装固定支架。管道升温时，热膨胀量向补偿器转移。为了便于研究管道内轴向力的变化规律，取 $X—X$ 截面的 Δl 段管道进行分析，Δl 小管段受到如下两项被动力的作用：

（1）补偿器的位移阻力 P_t，它阻止 Δl 小管段向其靠近；

（2）X 长度范围内土壤的总摩擦力，即 $P_x=F_1 X$。总摩擦力随 X 增大而增加，直至过渡段极限长度，$P_f=F_1 L_f$，这是反抗 Δl 小管段向补偿器移动的主要反力。

Δl 小管段受到的主动力作用，也由以下两项构成：

（1）泊松拉应力 $\nu\sigma_t A$；

（2）热膨胀力 $\alpha E\Delta t A$，在升温过程中，它首先抵消由泊松力引起的收缩趋势，直到

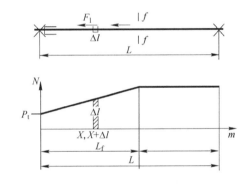

图 5-9　管道轴向力分布

$\alpha E\Delta t A > \nu\sigma_t A$ 时，形成推动 Δl 小管段向补偿器热位移的作用力。

当主动力大于被动力时，Δl 小管段向补偿器热位移并释放热膨胀量。Δl 小管段距离补偿器距离越近，受到的被动阻力就越小。被动轴向力从最小值（补偿器的位移阻力 P_f），逐渐过渡到最大值（锚固点的被动外力），等于补偿器的位移阻力加上极限过渡段上土壤的摩擦力（$P_f + P_t L$），也等于主动力。Δl 小管段的轴向热位移和自身的热膨胀量也从补偿器处的最大值逐渐减小，在锚固点处 Δl 小管段的轴向热位移量和 Δl 小管段自身的热膨胀量也减小到零。在锚固管段全长范围内，Δl 小管段的轴向热位移量和 Δl 小管段自身的热膨胀量均等于零，即全部被压缩，转换为管道的内力。

综上所述，直埋管道的轴向力可划分为以下两种情况。

（1）过渡段。过渡段内主动力大于被动力，过渡段任意截面上管道的轴向力等于被动力，自然锚固点管道的轴向力等于总被动力。

（2）锚固段。锚固段内主动力等于被动力，锚固段管道的轴向力等于主动力。

轴向力分布见图 5-9。图中，f 点左侧为过渡段最大长度，管道轴向内力分布为一斜直线，起点 $x=0$ 处，$N_a=P_t$。f 点右侧为锚固段，轴向内力分布为一水平直线，在 f 点

处，总主动力与总被动阻力相平衡，f 点为自然锚固点。

二、过渡段长度计算

前面已经提到，自然锚固点 f 有如下静力平衡条件：
$$F_l L_f + P_t = (\alpha E(t_1 - t_0) - \nu \sigma_t)A$$
则有过渡段极限长度：
$$L_f = \frac{(\alpha E(t_1 - t_0) - \nu \sigma_t)A - P_t}{F_l} \tag{5-11}$$

当 $t_1 - t_0 = \Delta t \leqslant \Delta T_y$ 且 F_l 最小时，L_f 达到最大，称为过渡段最大长度，记为 L_{max}。
$$L_{max} = \frac{(\alpha E(t_1 - t_0) - \nu \sigma_t)A - P_t}{F_{min}} \tag{5-12}$$

当 $t_1 - t_0 = \Delta t \leqslant \Delta T_y$ 且 F_l 最大时，L_f 达到最小，称为过渡段最小长度，记为 L_{min}。
$$L_{min} = \frac{(\alpha E(t_1 - t_0) - \nu \sigma_t)A - P_t}{F_{max}} \tag{5-13}$$

当 $t_1 - t_0 = \Delta t > \Delta T_y$ 时，管道过渡段以外的锚固段已经进入屈服状态，过渡段长度不再增加，因此计算过渡段长度时取 $\Delta t = \Delta T_y$。

式中，σ_t 对于恒定流量运行的供热系统，管网的工作压力是一确定值，σ_t 是一个常数。对于变流量运行的管网，其工作压力有所变化，但引起 σ_t 的变化量对 L_f 值的影响很小，可以忽略不计，所以仍可视 σ_t 为常数。α、E、A 等参数对于某一计算管段是一个常数。P_t 对于套筒补偿器是一个常数，对于波纹管补偿器、方形补偿器、L形补偿器等随补偿器的伸缩量而变化，但其变化量很小，和热膨胀力、直埋管道长直管段的摩擦力相比，对 L_f 大小的影响也不是一个数量级，仍可视为常量。

因此，热膨胀力 $\alpha EA(t_1 - t_0)$ 和单位长度摩擦力 F_l 是影响过渡段长度的一对主要因素。对于某一供热系统，热膨胀力随运行温度而变化。当运行温度升高时，热膨胀力增大，过渡段长度增加，反之减小。当运行温度和安装温度之差达到屈服温差时，热膨胀力保持最大。此时如果单长摩擦力取最小值，则过渡段长度取得最大长度。摩擦系数的变化详见第四章。

综上所述，产生过渡段最大长度的外部条件是供热管道运行若干年，同时系统供水温度为设计最高供水温度的供水管道。这一结论基于机械力模拟热应力的实验结果。同理，过渡段最小长度应该出现在供热管网首次投入运行时（$F_l = F_{max}$），供回水温度按单纯质调节方式确定的（供暖初期的）回水管道上。考虑到直埋管道热力计算的重点在供水管道，回水管上的过渡段最小长度没有实际意义，因此，过渡段的最小长度仍着眼于供水管道。即过渡段最小长度出现在管网首次投入运行，$F_l = F_{max}$，首次运行温度与安装温度差的运行条件下。显然，该温差小于系统设计供水温度和安装温度差，现行《城镇供热直埋热水管道技术规程》规定了以最大单长摩擦力和设计供水温度和安装温度差计算的过渡段长度为最小过渡段长度。应当指出，这样的过渡段最小长度，工程实际中是不会存在的，因为投入运行初期供水温度总是低于设计的供水温度。工程实际中，要达到实际供水温度必然要经历几个阶段的升温。当该供水温度达到设计最高供水温度时，最大摩擦力已经有所下降。

另外，第四章对运行中管网的摩擦系数测试的初步结论，实验连续检测了三个冬季，折合管道伸缩 6 次，没有捕捉到摩擦系数有规律的下降趋势。单长摩擦力在某一置信度下的置信区间端点对应于摩擦系数的最大值和最小值，但它是由施工因素和测量随机误差引起的，不随时间而变化。因此相应于区间端点的摩擦系数计算出最大过渡段长度 L_{max} 和最小过渡段长度 L_{min}，但它和运行年限无关，只是温差大小的函数。但这一结论尚需更长时间的检验。如果该结论成立，直埋供热管网热力计算会变得容易理解。

三、驻点位置计算

假设图 5-6 是一个两端布置补偿器，中间产生驻点的一段有补偿敷设的直埋管道。驻点两侧有静力平衡方程：

$$P_{t1} + l_1 F_{min} = P_{t2} + l_2 F_{min}$$

$$l_1 = \left(L - \frac{P_{t1} - P_{t2}}{F_{min}}\right)\Big/ 2$$

式中　　　　L——两过渡段管线总长度，m；

l_1（或 l_2）——驻点左侧（或右侧）过渡段长度，m；

P_{t1}（或 P_{t2}）——左侧（或右侧）活动端对管道位移阻力，N。

当两端的补偿器是波纹管补偿器，L 形或 Z 形自然补偿弯管时，P_{t1}（或 P_{t2}）的数值与过渡段长度有关，此时需要采取迭代法计算驻点位置，详细计算过程见第十三章例题。

第五节　热伸长计算

一、概要

直埋管道按安定性分析法进行应力验算，详见第六章，允许管段发生有限量的塑性变形，使得过渡段热伸长的计算变的更加复杂。在计算热伸长前，必须首先判定管道运行温差是否超过屈服温差。

（1）若运行温差低于屈服温差，管道在弹性状态下工作，整个过渡段的热伸长量就等于自由膨胀量减去过渡段弹性压缩减少的量。

（2）若运行温差高于屈服温差，当计算的过渡段小于最小过渡段长度时，尽管温差超过屈服，但是计算管段的摩擦力小于屈服所需要的外力，所以计算管段也不会发生屈服，计算管段的热伸长量仍等于自由膨胀量减去计算管段的弹性压缩减少的量。

（3）若运行温差高于屈服温差，而且计算的过渡段大于最小过渡段长度，那么，在首次升温超过屈服温差后，在最小过渡段和最大过渡段之间的管段上（该段管首次升温是锚固管段，但是随着摩擦系数的下降，最终会变为过渡段）会发生屈服变形。所以计算管段的热伸长就要在自由膨胀量减去计算管段的弹性压缩减少量的基础上再减去这部分塑性变形的量。

因此，在计算热伸长时必须首先确定管道的屈服温度，确定管道的最小和最大过渡段长度。

管道进入屈服时，管道的应力为屈服应力 σ_s，按第三强度理论计算，则有

$$\sigma_{max} - \sigma_{min} = \sigma_s$$

$$\sigma_{max} - \sigma_{min} = \sigma_{tan} - \upsilon\sigma_{tan} + \alpha E\Delta T_y$$

$$= (1-\upsilon)\sigma_{tan} + \alpha E\Delta T_y$$

得屈服温差：

$$\Delta T_y = \frac{1}{\alpha E}[\sigma_s - (1-\upsilon)\sigma_{tan}] \tag{5-14a}$$

由于钢材标准给出的屈服极限为最小保证值，对于结构用钢是安全的。但是对于直埋管道，屈服极限的正偏差对于热伸长量和管道轴向推力的计算影响很大，且是不安全的。按照对钢管生产厂家的调研结果，将钢管屈服极限放大了 1.3 倍，即式（5-14）中，由 $1.3\sigma_s$ 替代 σ_s，保证计算屈服温差是安全的。增强后的屈服温差为

$$\Delta T_y = \frac{1}{\alpha E}[1.3\sigma_s - (1-\upsilon)\sigma_{tan}] \tag{5-14b}$$

按式（5-14b）计算得出屈服温差的值见表 5-1。

考虑 1.3 增强系数后管道屈服温差（℃）　　　　　　　　　　　表 5-1

公称直径 DN	压力			公称直径 DN	压力		
	2.5MPa	1.6MPa	1.0MPa		2.5MPa	1.6MPa	1.0MPa
40	117.6	119.8	121.3	350	103.5	110.8	115.6
50	117.3	119.6	121.2	400	100.8	109.1	114.6
65	116.7	119.2	120.9	450	98.0	107.2	113.4
80	115.4	118.4	120.4	500	98.0	107.5	113.6
100	113.5	117.2	119.6	600	93.4	104.3	111.6
125	112.6	116.6	119.3	700	93.3	104.2	111.5
150	110.3	115.1	118.4	800	92.8	103.9	111.4
200	110.0	115.0	118.2	900	95.3	105.5	112.3
250	106.5	112.7	116.8	1000	94.8	105.2	112.1
300	106.4	112.6	116.8				

注：1. 钢材为 Q235，弹性模量取 19.6×10^4 MPa，线膨胀系数取 12.6×10^{-6} m/(m·℃)。
　　2. 钢管壁厚 5.5mm 及以下，按减薄 0.5mm 计算，钢管厚 6～7mm，按减薄 0.6mm 计算，壁厚 8～25mm，按减薄 0.8mm 计算。

二、设计温差小于屈服温差条件下过渡段热伸长

当管道设计温差 t_1-t_0 小于屈服温差 ΔT_y 时，管段处于弹性状态工作。按照式（5-12），不计补偿器阻力，最大过渡段长度为

$$L_{max} = \frac{[\alpha E(t_1-t_0) - \upsilon\sigma_t]A \times 10^6}{F_{min}}$$

若计算管道的过渡段长度为 L，在弹性工作状态下，过渡段管道应力和应变应符合胡克定律。忽略补偿器的阻力，管道在活动端自由膨胀，在锚固点，土壤对管道的约束力达到最大。其应变分别为

$$\varepsilon_0 = \frac{\sigma_0}{E} = \frac{P_t}{EA \times 10^6} = 0 \tag{5-15}$$

$$\varepsilon_A = \frac{\sigma_A}{E} = \frac{P_t + F_1 L}{EA \times 10^6} = \frac{F_1 l}{EA \times 10^6} \tag{5-16}$$

式中　ε_0——活动端轴向压缩应变；

ε_A——锚固点的轴向压缩应变；

σ_0——活动端轴向应力，MPa；

σ_A——锚固点的轴向应力，MPa；

L——锚固点到活动端的长度，m。

由此可见，管道在弹性工作状态下，轴向应变 ε 与土壤摩擦力 $F_1 L$ 呈线性关系。因此，整个过渡段的平均轴向应变 ε_{AV} 可用式（5-17）表示：

$$\varepsilon_{AV} = \frac{\varepsilon_0 + \varepsilon_A}{2} = \frac{F_1 L}{2EA \times 10^6} \tag{5-17}$$

整个管线受到土壤摩擦力约束的热膨胀量的减少量为

$$\Delta L_r = \varepsilon_{AV} L = \frac{F_1 L}{2EA \times 10^6} L \tag{5-18}$$

因此，从活动端到锚固点，温度从 t_0 升高到 t_1 的管段，实际热伸长量 ΔL 应为

$$\Delta L = \Delta X - \Delta L_r = \alpha(t_1 - t_0)L - \frac{F_1 L}{2EA \times 10^6} L$$

考虑到补偿器的安全性，单长摩擦力取最小，得

$$\Delta L = \Delta X - \Delta L_r = \alpha(t_1 - t_0)L - \frac{F_{min} L}{2EA \times 10^6} L \tag{5-19}$$

式中

$$t_1 - t_0 < \Delta T_y$$
$$L = \min\{L, L_{max}\}$$

三、设计温差大于屈服温差条件下过渡段热伸长

（1）设计温差 $t_1 - t_0$ 大于屈服温差 ΔT_y，但是小于安定性条件允许的温差。

当管道设计温差 $t_1 - t_0$ 大于屈服温差 ΔT_y，而小于安定性允许温差，详见表 6-1 规定的允许温差时，管道允许进入屈服。此时，为了确定屈服管段长度，还必须知道过渡段最小长度：

$$L_{min} = \frac{[\alpha E(t_1 - t_0) - \nu \sigma_t]A \times 10^6}{F_{max}} \tag{5-20}$$

当实际温差大于屈服温差以后，即使管道进入锚固，应力也不再增加，过渡段长度也不会继续增长。因此在计算过渡段最大长度和最小长度时，取 $t_1 - t_0 = \Delta T_y$。各种条件下的最大过渡段长度 L_{max} 的计算值列于附表 5-1～附表 5-16。

过渡段最小长度 L_{min} 作为判别安装管段是否会进入锚固的依据。当安装长度 L 小于 L_{min} 时，即使在第一次升温超过屈服温度后，由于 L 管段的约束外力始终小于锚固所需的外力，因而不会进入锚固。管段仍处于弹性状态，没有屈服变形。当管道的安装长度大于 L_{min} 时，由于管道在第一次升温时摩擦系数为最大，长度大于 L_{min} 的管段进入屈服，（$L - L_{min}$）管段在（$t_1 - t_y$）温度区间产生了塑性变形，变形量大小为

$$\Delta l_p = \alpha(t_1 - t_y)(L - L_{min}) = \alpha(t_1 - \Delta T_y - t_0)(L - L_{min}) \tag{5-21}$$

正是由于该塑性变形的存在，在管道降温到安装温度的时候，因为温差小于安定性允许的最大温差，管道中产生了和塑性应变大小一样的弹性拉应变，不会发生拉伸屈服。在下一次升温时就存在一定的预应力，管道不再进入屈服。因此，当摩擦系数变为最小时，过渡段长度延伸至最大值（管道实际安装长度和过渡段最大长度 L_{max} 中的较小值）。此时管道的热伸长比假设第一次升温时摩擦系数就为最小时的热伸长减少了由于屈服被压缩的量 Δl_p。因此，综合 L 和 L_{min} 的对比结果，热伸长为

$$\Delta L = \Delta X - \Delta L_r - \Delta l_p = \alpha(t_1 - t_0)L - \frac{F_{min}L}{2EA \times 10^6}L - \Delta l_p \tag{5-22}$$

式中

$$(t_1 - t_0) > \Delta T_y, \quad L > L_{min}$$

当 $L \leqslant L_{min}$ 时，整个管段处于弹性状态工作，没有发生屈服变形，$\Delta l_p = 0$。

为便于设计查阅，本书将各种温差和压力下的最大热伸长 ΔL_{max} 列于附表 5-1～附表 5-16。

（2）设计温差（$t_1 - t_0$）大于安定性允许温差的热伸长。

当管道设计温差（$t_1 - t_0$）大于表 6-1 控制的最大温差时，管道不允许进入锚固，管道的实际安装长度小于过渡段最小长度并按式（6-7）计算确定，管道处于弹性状态下工作。因此计算热伸长时过渡段长度为管道实际安装长度，$\Delta l_p = 0$，热伸长量为

$$\Delta L = \Delta X - \Delta L_r = \alpha(t_1 - t_0)L - \frac{F_{min}L}{2EA \times 10^6}L \tag{5-23}$$

式中

$$t_1 - t_0 > \Delta T_{max.g} > \Delta T_y, \quad L \leqslant L_{min}$$

四、过渡段热伸长计算公式

比较式（5-19）、式（5-22）、式（5-23），式（5-19）与式（5-23）的形式相同但条件不同，当 $L \leqslant L_{min}$ 时，式（5-22）也是公式形式，与式（5-19）、式（5-23）相同而条件不同。因此可以将以上三式合并。

根据以上分析，热伸长的计算公式可以合并整理为以下两式：

（1）当 $t_1 - t_0 \leqslant \Delta T_y$ 或 $L \leqslant L_{min}$ 时，整个管段处于弹性状态工作，管段热伸长按式（5-24）计算：

$$\Delta L = \Delta X - \Delta L_r = \alpha(t_1 - t_0)L - \frac{F_{min}L}{2EA \times 10^6}L \tag{5-24}$$

（2）当 $t_1 - t_0 > \Delta T_y$ 且 $L > L_{min}$ 时，管段中部分出现屈服，管段热伸长按式（5-25）计算：

$$\Delta L = \Delta X - \Delta L_r - \Delta l_p = \alpha(t_1 - t_0)L - \frac{F_{min}L}{2EA \times 10^6}L - \Delta l_p \tag{5-25}$$

五、过渡段任意一点的热位移

过渡段内任意一点的热位移用于确定该点分支的横向位移量。过渡段内任意一点的热伸长量应按下列步骤计算：第一，计算整个过渡段的热伸长量；第二，把计算点至活动端

看作一个假想的过渡段，计算该段的热伸长量；第三，整个过渡段和假想的过渡段热伸长量之差即为计算点的热位移量。

【例 5-1】 直埋供热管道如图 5-10 所示，主管管径为 $D325 \times 7$，工作压力为 1.6MPa。设计供水温度为 140℃，试计算分支点的热位移。管道平均管顶埋深 1.2m。

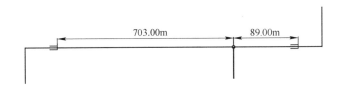

图 5-10 热伸长计算

【解】 （1）计算内压力作用产生的环向应力。考虑管壁减薄了 0.6mm，$D_0 = 325$mm，则有

$$D_i = 325 - 2 \times 7 + 2 \times 0.6 = 312.2 \text{mm}$$

$$\sigma_{tan} = \frac{P_n D_i}{D_0 - D_i} = \frac{1.6 \times 312.2}{325 - 312.2} = 39.025 \text{MPa}$$

根据式（5-14b）计算屈服温差为

$$\Delta T_y = \frac{1}{\alpha E} \left[1.3\sigma_s - (1-\upsilon)\sigma_{tan} \right]$$

$$= \frac{1}{12.6 \times 19.6 \times 10^{-2}} \times (1.3 \times 235 - (1-0.3) \times 39.025)$$

$$\approx 112.6 ℃$$

屈服温差可根据表 5-1 得到。

（2）根据式（5-12）计算过渡段最大与最小长度（温差大于屈服温差）：

$$L_{max} = \frac{(\alpha E \Delta T_y - \nu\sigma_t)A \times 10^6}{F_{min}}$$

$$= \frac{(12.6 \times 19.6 \times 10^{-2} \times 112.6 - 0.3 \times 39.025) \times \frac{\pi}{4}(0.325^2 - 0.3122^2) \times 10^6}{0.2 \times \left(\frac{1+0.5}{2} \times \pi \times 0.42 \times 1800 \times 9.81 \times \left(1.2 + \frac{0.42}{2}\right) + 1370 - \frac{\pi}{4} \times 0.42^2 \times 1800 \times 9.81 \right)}$$

$$\approx 362.1 \text{m}$$

管道单长重量 G、横截面积 A 可根据附表 3-1 得到，管道单位长度最小摩擦力 F_{min} 可根据附表 4-1 得到。

$$L_{min} = \frac{L_{max}}{2} = 181.05 \text{m}$$

（3）根据式（5-22）计算过渡段的热伸长。因为主管段两补偿器之间距离为 792m，大于最大过渡段长度的两倍，所以管段中有一部分进入锚固。因此分支侧过渡段长度为最大过渡段长度。设安装温度 $t = 10℃$ 则

$$\Delta L_{max} = \alpha(t_1 - t_0)L_{max} - \frac{F_{min}L_{max}}{2EA \times 10^6}L_{max} - \Delta l_p$$

$$=\alpha(140-10)\times362.1-\frac{F_{\min}\times362.1}{2EA\times10^6}\times362.1-\alpha(140-112.6-10)\times(362.1-181.05)$$

$$\approx0.307\text{m}$$

(4) 计算分支点热伸长。由于分支点至补偿器的距离小于过渡段最小长度，$\Delta l_\text{p}=0$，则有

$$\Delta L=\alpha(t_1-t_0)L-\frac{F_{\min}L}{EA\times10^6}L$$

$$=12.6\times10^{-6}\times(140-10)\times89-\frac{F_{\min}\times89}{2EA\times10^6}\times89$$

$$\approx0.131\text{m}$$

因此，分支点的热位移为 $\Delta L_{\max}-\Delta L=0.307-0.131=0.176\text{m}$

根据计算结果，三通必须有保护措施，这在后面章节说明。

【例 5-2】 如图 5-11 所示，供水温度为 95℃，回水温度为 70℃，设计压力为 1.0MPa。管径 DN250，平均埋深 1.2m。最大摩擦系数 0.4，最小摩擦系数 0.2。计算分支节点 B 的最大热位移。

【解】 安装温度取 $t_0=10$℃，则最大温升为 $\Delta T=95-10=85$℃。查表 5-1 得 $\Delta T_\text{y}=116.8$℃。由于 $\Delta T<\Delta T_\text{y}$，所以管段处于弹性状态。查附表 4-1 得，摩擦系数为 0.2 时管道单位长度摩擦力 $F_{\min}=4027\text{N}$。查附表 3-1 得管道横截面积为 0.00454m^2。

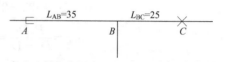

图 5-11 管线平面图

管段 AC 热伸长为

$$\Delta L_\text{AC}=\alpha\Delta TL_\text{AC}-\frac{F_{\min}L_\text{AC}}{2EA}L_\text{AC}$$

$$=12.6\times10^{-6}\times85\times(35+25)-\frac{4027\times(35+25)}{2\times19.6\times10^4\times0.00454\times10^6}\times(35+25)$$

$$\approx0.0561\text{m}$$

管段 AB 的热伸长为

$$\Delta L_\text{AB}=\alpha\Delta TA_\text{AB}-\frac{F_{\min}L_\text{AB}}{2EA}L_\text{AB}$$

$$=12.6\times10^{-6}\times85\times35-\frac{4027\times35}{2\times19.6\times10^4\times0.00454\times10^6}\times35$$

$$\approx0.0347\text{m}$$

则 A 点的最大位移为

$$\Delta L_\text{A}=\Delta L_\text{AC}-\Delta L_\text{AB}=0.0561-0.0347=0.0214\text{m}$$

第六章　直埋管道应力验算

第一节　强度理论简介

一、常用强度理论

在工程材料中，由于材料的力学行为而使构件丧失正常功能的现象，称为构件失效。在常温、静载条件下，构件失效可表现为强度失效、刚度失效等不同形式。其中，强度失效因材料不同会出现不同的失效现象。塑性材料以发生屈服现象，出现塑性变形为失效标志，例如，低碳钢试件在拉伸（压缩或扭转）试验中会发生显著的塑性变形或出现屈服现象；脆性材料的失效标志为突然断裂，如铸铁试件在拉伸时会沿横截面突然断裂等。

在单向受力的情况下，出现塑性变形时的屈服极限 σ_s 和发生断裂时的强度极 σ_b 统称为失效应力，可由实验来测定，除以安全系数后便可得到许用应力$[\sigma]$，从而建立强度条件：$\sigma \leqslant [\sigma]$。

但是，如图 6-1 所示，在三向应力状态下（三向应力状态是一点应力状态中最一般、最复杂的情况），构件失效与应力的组合形式、主应力的大小及相互比值等有关，例如，脆性材料在三向压应力的作用下会产生明显的塑性变形，而塑性材料在三向拉应力状态下会发生脆性断裂。

实际构件的受力是非常复杂的，其应力状态也是多种多样的，单单依靠实验来建立失效准则是不可能的。因为一方面复杂应力状态各式各样，不可能一一通过实验确定其极限应力；另一方面，有些复杂应力状态的实验，技术上难以实现。因此，通常的做法是依靠部分实验结果，经过推理，提出一些假说，推测材料的失效原则，从而建立强度条件。

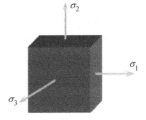

图 6-1　三向应力示意图

第三强度理论和第四强度理论就是基于上述原因提出的强度准则。

二、第三强度理论

第三强度理论也称为最大剪应力理论。该理论认为材料的屈服破坏是由剪应力引起的，即认为无论什么应力状态，只要最大剪应力达到与材料性质相关的某一极限值，材料就会发生屈服。

至于材料屈服时剪应力的极限值 τ_s 同样可以通过单向拉伸实验来确定。对于像低碳钢一类的塑性材料，在单向拉伸实验时，材料沿与轴线成 $45°$ 方向，即最大剪应力所在的斜截面，发生滑移而出现明显的屈服现象。此时试件在横截面上的正应力就是材料的屈服极

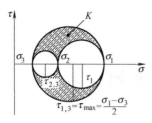

图 6-2　应力圆分析示意图

限 σ_s，按照应力圆分析，如图 6-2 所示，45°斜截面上的剪应力为 $\tau_{max} = \dfrac{\sigma_s}{2}$，任意应力状态下，一点应力状态中最大剪应力为

$$\tau_{max} = \frac{\sigma_1 - \sigma_3}{2}$$

则有第三强度理论建立的材料的屈服准则为

$$\sigma_1 - \sigma_3 = \sigma_s$$

式中　σ_1，σ_3——材料一点应力状态中的三向应力，依次为第一主应力、第三主应力；

　　　$\sigma_1 - \sigma_3$——第三当量应力。

公式左边是材料在三向应力作用下的当量应力，右边是该材料的屈服极限。

引进安全系数，可得第三强度理论的强度条件为

$$\sigma_1 - \sigma_3 \leqslant [\sigma]$$

一些实验结果表明，对于像低碳钢这样的塑性材料这个理论是吻合的，但是它未考虑到第二主应力 σ_2 对材料屈服的影响。

三、第四强度理论

1. 应变能密度或应变比能

材料在弹性范围内工作时，物体受外力作用而产生弹性变形。根据能量守恒原理，外力在弹性物体位移上所做的功，全部转变为一种能量，储存在弹性体内部。这种能量称为弹性应变能（或者应变能）。每单位体积物体内所积蓄的应变能称为应变能密度或应变比能。

2. 第四强度理论也称为最大形状改变比能理论。该理论假设形状改变能密度是引起材料屈服的因素，即认为无论在什么应力状态下，只要构件内一点处的形状改变比能达到了材料的极限值，该点的材料就会发生塑性屈服。

由单向拉伸至屈服，就可得到材料屈服时的形状改变比能的极限值。

经推导可以得到在三向应力作用下的形状改变比能的极限值：

$$\sqrt{\frac{1}{2}\left[(\sigma_1 - \sigma_2)^2 + (\sigma_2 - \sigma_3)^2 + (\sigma_3 - \sigma_1)^2\right]} = \sigma_s$$

将屈服极限 σ_s 除以安全系数后，即可得到第四强度理论的强度条件：

$$\sqrt{\frac{1}{2}\left[(\sigma_1 - \sigma_2)^2 + (\sigma_2 - \sigma_3)^2 + (\sigma_3 - \sigma_1)^2\right]} \leqslant [\sigma]$$

此强度理论对于工程塑性材料如低碳钢，和实验结果能很好的吻合。另外，实验表明，在平面应力状态下，形状改变比能理论较最大剪应力理论能较好的符合试验结果。由于最大剪应力理论是偏于安全的，且公式较为简便，故在工程实践中应用较为广泛。

四、应力分类法

应力分类法把应力按照作用的危险程度分为三类：一次应力，二次应力和峰值应力。其中，一次应力的作用特点是没有自限性，一次应力始终随作用力的增大而增大，直至破

坏，如流体作用于管道的内压力，管道及其流体重力。二次应力的作用具有自限性，是由变形受约束或者结构各部分之间变形协调而引起的应力。温度差引起的应力属于二次应力。管道在升温热膨胀过程中，可以允许有限量的塑性变形。认为材料在进入屈服和产生微小变形时，变形协调即得到满足，变形不会继续发展。峰值应力，是构件在结构形状突变、不连续、缺陷等处的应力集中现象。它的基本特征是不引起任何显著变形，可能导致疲劳裂纹或者脆性断裂，是疲劳破坏的主要原因。

五、安定性分析原理

结构安定性的定义是，当荷载在一定范围内反复变化时，结构内不发生连续的塑性变形循环。换句话说，就是在初始几个循环之后，结构内的应力应变都按线弹性变化，不再出现塑性变形。为防止结构发生低周疲劳，结构必须具有安定性。

低周疲劳是指，循环过程中应力应变变化幅度大，材料中反复出现正反两个方向的塑性变形，材料在循环次数较低的情况下便会发生破坏。供热管道是典型的低周循环，应防止低周疲劳破坏。

安定性分析原理认为，结构某些部分的材料交替的发生拉伸、压缩变形，只要压缩变形（升温）和拉伸变形（降温）的应力变化范围在两倍的屈服极限范围内，结构就不会发生破坏，在有限量塑性变形之后，在留有残余应力的状态下，仍能安定在弹性状态下工作。

第二节　锚固段应力及应力验算

一、锚固段的应力

直埋供热管道的安全性取决于管道中应力的大小，而应力的大小又取决于作用于管道的荷载。前已述及，在直埋供热管道中，荷载包括主动荷载和被动荷载。主动荷载是指由于温度变化和工作压力引起的管道受力；被动荷载是指土壤摩擦力和补偿器位移阻力，位移阻力包括套筒补偿器摩擦力、波纹补偿器、L形和Z形补偿器弹性力等。

按照应力分类的观点，不同的荷载所产生的应力可导致不同的管件出现不同的失效方式。按照电厂汽水管道应力计算规定，应力可分为一次应力、二次应力和峰值应力。一次应力指工作压力在直管中产生的应力，如内压环向应力、内压轴向应力等。二次应力指热胀冷缩受到外力约束时，在直管中产生的应力，如升温产生的轴向压应力、降温产生的轴向拉应力。峰值应力指承受一次应力和二次应力的直管向结构不连续的管件，如三通、变径管、泄水管等处释放变形，在该管件的开口周围产生的堆积应力。管道应力如图 6-3 所示。

需要重点强调的是土壤对直埋管道应力的影响。土壤对直埋管道应力的影响包括土壤的支撑作用和土壤对热胀冷缩的约束作用。一方面，土壤的支撑作用使管道自重不会产生横向弯曲变形，因此可以忽略像地沟敷设、架空敷设那样的对管道强度影响较大的重力作用；另一方面，土壤的摩擦阻力制约了管道的热胀冷缩，使管道产生了较大的二次应力即

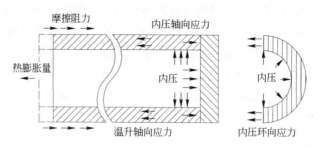

图 6-3　直埋供热管道应力示意图

热应力，与地沟敷设、架空敷设相比，热应力作用对直埋管道应力影响变得十分突出。

直埋供热管道中热应力的水平远远高于内压产生的一次应力。因此，直埋供热管道能否安全运行的至关重要的条件是热应力的大小。

二、应力验算条件

锚固段应力验算条件按照应力分类法加以区分。对一次应力进行极限分析；对二次应力进行安定性分析。由于二次应力不会单独存在，故二次应力的应力验算条件改为对一次应力和二次应力的相当应力进行安定性分析；对峰值应力进行疲劳分析。同样，峰值应力也不是单独存在的，所以峰值应力的强度验算也改为一次应力加二次应力和峰值应力的当量应力进行疲劳分析。

1. 对一次应力的极限分析

为防止管道出现塑性流动，必须保证一次应力小于屈服极限 σ_s。考虑安全系数，可用基本许用应力 $[\sigma]$ 表示极限分析的强度条件，即一次应力不大于许用应力（$\sigma \leqslant [\sigma]$）。

塑性流动是指，对于塑性材料当一次应力达到屈服极限 σ_s 时，会产生塑性应变 $\varepsilon > \varepsilon_s$，并随着一次应力的持续作用而增大直到断裂，如图 6-4 所示。图 6-4 是低碳钢拉伸试验应力-应变曲线示意图。

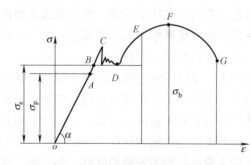

图 6-4　低碳钢拉伸试验应力-应变图

1）弹性阶段

OA 为弹性变形阶段，σ_p 为比例极限，拉应力与拉应变保持正比例关系，Q235 钢的比例极限 $\sigma_p = 200MPa$；σ_e 为弹性极限（AB 段），σ_e 与 ε 间的关系不再成正比，但变形仍是弹性的。A 与 B 非常接近，在工程上对弹性极限和比例极限的区分并不严格。

2）屈服阶段

屈服：当应力超过 B 点到达 C 点后，应力 σ 呈现幅度不大的波动而变形却急剧地增长，这种现象称为屈服。C 点为屈服高限，D 点为屈服低限，通常将屈服低限称为屈服极限，Q235 钢的屈服极限 $\sigma_s = 235MPa$。

3）强化阶段

强化：经屈服后，材料又增强了抵抗变形的能力，这时要使材料继续变形，就需要增大拉力，这种现象称为强化。EF 段为强化阶段。Q235 钢的强化极限 $\sigma_b = 375MPa$。

4）局部变形阶段

从 F 开始，试件某一局部横截面急剧收缩，出现颈缩现象，到 G 点时被拉断。由于局部截面收缩，使试件继续变形所需要的拉力逐渐减小，直到 G 点时被拉断。因此内压产生的一次应力所引起的变形具有非自限性。

2. 对一次应力和二次应力的当量应力进行安定性分析

在直埋管道中，二次应力的水平远远高于内压产生的一次应力，因此，直埋管道的安全性主要取决于管道的轴向热应力变化范围。

按照应力分类法，由于温度变化产生的热应力属于二次应力，所引起的应变具有自限性。这里自限性有两种情况：① 有限长度管段 L，当温度超过一定值以后，被动力达到上限值 F_lL+P_t $(F_lL+P_t<A\sigma_s\times10^6)$，被动力不再随温度的变化而变化，由于管道的内力总是等于管段的被动力，所以热应力、热应变也不再随温度变化；② 被动力达到上限值 $F_lL+P_t=A\sigma_s\times10^6$，但是由温度变化引起的管道热膨胀具有自限性，即一定温差下管道的热伸长是一定值。因此，由于管道热伸长被限制而引起管道的应变具有一个上限，等于管道单位长度的热伸长量，故虽然应力等于 σ_s，但应变 ε 不会持续变大。

按照安定性分析，二次应力引起的有限量的塑性变形不会引起管道破坏，所以必须控制一次应力和二次应力共同作用下的相当应力变化范围小于两倍的屈服极限 σ_s。允许材料在有限量塑性变形之后，在留有残余应力的状态下，仍能安定在弹性状态下工作。

因为直埋供热管材常用钢号为 10 号、Q235、20、20g 号等（Q235 的许用应力取钢材在计算温度下的抗拉强度最小值的 $1/3[\sigma]_j^t=\sigma_b/3=125\text{MPa}$）。

对于 Q235 号钢，$3[\sigma]_j^t=375$ MPa$<2\sigma_s=470\text{MPa}$。

对于 20、20g 号钢，$3[\sigma]_j^t=402.3\text{MPa}<2\sigma_s=431.6\text{MPa}$。

对于 10 号钢，$3[\sigma]_j^t=333.3\text{MPa}<2\sigma_s=412\text{MPa}$。

对这些直埋钢管常用材质，有 $3[\sigma]<2\sigma_s$，所以用三倍许用应力代替二倍的屈服极限。这种替代与安定性分析的强度条件相比会更安全，更接近实际，因为管线是由许多管段组成，管段之间的组对环焊缝边缘许用应力会下降。因此，锚固段安定性分析，用一次应力和二次应力综合作用下的相当应力变化范围不大于 $3[\sigma]$ 作为安定性分析的强度条件，即 $\sigma_j\leqslant3[\sigma]$。至于多种应力作用下的相当应力按照第三强度理论或第四强度理论确定。

对于应力变化范围超过两倍的屈服极限 σ_s 的供热系统，管道会发生循环塑性变形。塑性变形会对管壁晶体结构造成一定程度的损伤。管道在升温过程中出现压缩变形，在降温过程中出现拉伸变形。随着循环塑性变形的持续作用，晶体损伤就会大幅度增加，最终导致循环塑性破坏，漏水、断裂或爆裂。因此。这种系统的直埋管道必须消除锚固段的存在。循环塑性变形如图 6-7 (d) 所示。

3. 对一次应力、二次应力和峰值应力的疲劳分析

峰值应力就是承受一次应力和二次应力的直管道向结构不连续的管件或缺陷等释放变形产生的应力集中，或在传递直管道应力过程中在该管件或管壁缺陷上产生的应力集中。结构不连续的管件如三通、变径管、弯头、折角等，管壁缺陷如管壁伤疤，电焊打火伤疤等。

供热温度的循环最低温—循环最高温—循环最低温的温度变化过程，会导致峰值应力的一个完整的循环过程。管件在交变峰值应力作用下的破坏现象称为疲劳破坏。

疲劳破坏具有如下特点。

（1）长时间（10^7次）承受交变应力作用的管件，会在远低于材料强度极限（甚至于屈服极限）的应力下突然断裂。

（2）管件在疲劳破坏前没有明显的塑性变形，表现为脆性断裂，即使是塑性很好的材料也是如此。

（3）疲劳破坏是一个累计损伤的过程，它与应力大小和循环次数有关。

（4）疲劳断口通常可以明显地区分为光华区和晶粒状的粗糙区。

在足够大的交变应力下，管件中最不利或较弱的晶粒沿最大剪应力作用面形成滑移带，随着应力循环次数的增加，萌生细微的裂纹，这就是所谓的裂纹源。在管件外形突变或表面划痕或内部缺陷等部位，都可能因峰值应力引起微观裂纹。分散的微观裂纹经过集结沟通，形成裸眼所见的宏观裂纹。已形成的宏观裂纹在交变应力的反复作用下，裂纹逐渐扩展，裂纹两边的材料时而分离，时而挤压，逐渐形成断口的光滑区。随着裂纹的继续扩展，管件有效截面逐渐削弱，当削弱到一定程度，构件便突然断裂，形成断裂的粗糙区，如图 6-5 所示。

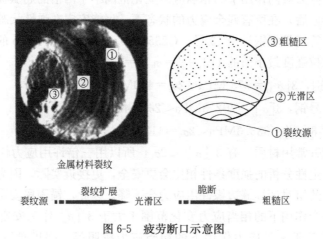

图 6-5　疲劳断口示意图

可见 疲劳破坏通常就是在交变应力的作用下疲劳裂纹的形成、扩展及最后脆断的全过程，在事先没有明显征兆的情况下突然发生的。

试验表明，应力循环中的最大应力越大，疲劳破坏前经历的循环次数就越少；反之，最大应力越小，经受的循环次数就越多。当最大应力减小到某一临界值以后。试件就可以经受无限次应力循环而不发生疲劳破坏，这一最大应力的临界值称为材料的疲劳极限。各种材料的持久极限与循环特征 r 有关，同时与构件的变形形式有关。材料在对称循环下的持久极限，通常在弯曲疲劳试验机上测定。

疲劳试验机上，给定一个最大应力 σ_{max1} 值，（保持不变）就可以通过计数器测得在 σ_{max1} 下疲劳破坏的循环次数 N_1；依次降低最大应力到 σ_{max2}，σ_{max3}，σ_{max4}，……，可以得到一组疲劳破坏的循环次数 N_2，N_3，N_4，……。以 σ_{max} 为纵坐标，N 为横坐标，将试验结果描成一条曲线，称为疲劳曲线（应力-寿命曲线）或 S-N 曲线，如图 6-6 所示。

从图 6-6 中可以看出，试件在断裂前所能经受的循环次数随应力减小而增加，当应力降低到某一极值时，疲劳曲线趋于水平线。表明只要应力不超过这一极限值，N 可无限增大，水平渐近线的纵坐标就是材料的疲劳极限。

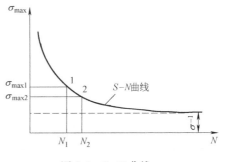

图 6-6　S-N 曲线

因此疲劳寿命与最大循环次数和应力变化范围有关。循环次数和应力变化范围决定了管网的使用寿命，属于低循环疲劳问题。对应 S-N 图，纵坐标就是一次、二次和峰值应力的相当应力，横坐标是循环次数。

实际上，直埋管道峰值应力疲劳问题是交变作用下管件的疲劳问题。在每次最大温差作用的循环中，局部区域中都有可能产生屈服，只是由于局部屈服区域被弹性包裹，应力集中区域的峰值应力依次进入屈服，系统将达到新的平衡，峰值应力将会下降。为了防止裂纹产生，某一点的屈服的次数必须加以控制。对峰值应力的疲劳极限的分析，是通过控制材料屈服后的应变满足一定的循环次数，来满足寿命要求的，也就是 S-N 曲线的纵坐标是所控制的应变量，横坐标是循环次数，这是和典型材料的疲劳问题、高循环疲劳问题不同的。

按照 Palmgren-Miner 假设，表示疲劳的判别式：

$$\sum \frac{n_i}{N_i} \leqslant \frac{1}{\gamma_{fat}} \tag{6-1}$$

式中　n_i——应力范围 S_i 内的循环次数；

　　　N_i——应力范围 S_i 内的对应的最大允许次数，$N_i = \left(\dfrac{5000}{S_i}\right)^4$；

　　　γ_{fat}——安全系数。

按照 Palmgren-Miner 公式，若输送干线循环次数取 198 次，疲劳断裂安全系数取 10 次，则疲劳极限等于 750MPa。

这就是采用一次应力、二次应力和峰值应力综合作用下的相当应力的变化范围不大于 6$[\sigma]$，即相当应力幅度不大于 3$[\sigma]$，作为第七章弯管简化疲劳分析的许用应力值的缘由。

三、锚固段弹性分析法和弹塑性分析法

从是否允许锚固段发生有限量的塑性变形，锚固段的强度分析法又分为弹性分析法和弹塑性分析法。

（1）弹性分析法

只允许管道在弹性状态下工作，不允许出现塑性变形。认为管道出现塑性变形即会发生破坏。弹性分析法比较保守，管道在多种应力作用下的当量应力采用第四强度理论计算。图 6-7（a）表示了锚固段不发生任何塑性变形 $\varepsilon_1 < \varepsilon_s$ 且 $|\varepsilon_2| < \varepsilon_s$，管道在弹性范围内工作的应力-应变图。此时锚固段实际发生的应变范围小于 2 倍的屈服应变，即 $\Delta\varepsilon \leqslant 2\varepsilon_s$。由图 6-7（a）可知，当冷安装敷设时，管道的应变区间为 $0 \sim \varepsilon_s$。而预热安装管道的应变

区间扩大到$-\varepsilon_s \sim \varepsilon_s$，从而增大了管道的弹性工作区间。也就可以增大循环最低温度和最高运行温度差。这种弹性分析法，在 20 世纪 50 年代被北欧等国家广泛采用。

（2）弹塑性分析法

从安定性理论出发，认为管道产生有限量的塑性变形不会产生破坏，只有循环塑性变形才会使管道产生破坏。我国直埋技术规程采用这种应力验算方法。弹塑性分析法本身挖掘了材料的潜能，因而采用了相对保守的第三强度理论来计算多种应力状态的相当应力。图 6-7（b）所示为锚固段只有在第一次达到最高温度时发生了有限量的塑性变形 $\Delta\varepsilon \leqslant 2\varepsilon_s$，$\varepsilon_1 > \varepsilon_s$ 或 $|\varepsilon_2| > \varepsilon_s$。在以后升温、降温过程中，锚固管段都安定在弹性状态。根据这种分析方法，允许管道部分进入屈服状态，不用预热安装就可以得到预热安装的效果，从而节省了初投资。其中图 6-7（b），为安装温度与循环最低温度相等时的锚固段的应力-应变关系图，图 6-7（c）为安装温度高于循环最低温度时的锚固段的应力-应变关系图。这种强度分析法称为弹塑性分析法，我国首先采用这种方法进行直埋管道锚固段的应力验算，后被北欧等国家效仿。

（3）循环塑性变形

发生循环塑性变形 $\Delta\varepsilon > 2\varepsilon_s$，此时管道交替发生压缩和拉伸塑性变形，为不安定状态，$\varepsilon_1 > \varepsilon_s$ 时的不安定状态如图 6-7（d）所示。在直埋管道中不允许出现这种循环塑性变形，通过控制循环最高温度和循环最低温度差来实现，或通过控制直管道安装长度来避免锚固段管道出现。

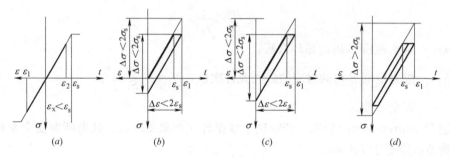

图 6-7　管道应力变化范围与安定状态

第三节　弹塑性分析法

如前所述，锚固段受到的作用力包括：沿管线长度方向的轴向应力 σ_{ax}；沿管道直径方向的径向应力 σ_r；沿管道圆周方向的环向应力 σ_t。

其中，轴向应力大小为（以拉应力为正）

$$\sigma_{ax} = \nu\sigma_t - \alpha E (t_1 - t_2)$$

式中　$\nu\sigma_t$——由内压力产生的轴向泊松拉应力，MPa，其中，$\sigma_t = \dfrac{P_n D_i}{2\delta}$；

　　　δ——考虑管壁减薄后的管壁厚度，mm；

　　　σ_{ax}——总轴向应力，MPa；

各项主应力为

$$\sigma_1 = \sigma_t \quad \sigma_r = \sigma_2 = 0 \quad \sigma_3 = \sigma_{ax}$$

根据第三强度理论，在三向应力作用下一点的第三相当应力为

$$\sigma_1 - \sigma_3 = \sigma_t - \sigma_{ax} = \sigma_t - [\nu\sigma_t - \alpha E(t_1 - t_2)] = (1 - \nu)\sigma_t + \alpha E(t_1 - t_2) \tag{6-2}$$

$$\sigma_1 - \sigma_3 = 0.7 \frac{P_n D_i}{2\delta} + \alpha E(t_1 - t_2) \tag{6-3}$$

按照第三强度理论，管道的屈服准则应为

$$\sigma_1 - \sigma_3 = \sigma_s$$

即最大主应力减去最小主应力等于材料的屈服极限时，管道发生屈服。对于一般机械零件就意味着强度失效。

但是对于供热直埋管道，直管段的屈服主要是热应力作用的结果。按照应力分类法，管道在升温热膨胀过程中，可以允许有限量的塑性变形。认为材料在进入屈服和产生微小变形时，变形协调即得到满足，变形不会继续发展。

再根据安定性原理，只要总弹性应力变化范围在两倍的屈服极限范围内，结构就不会发生破坏，在有限量塑性变形之后，在留有残余应力的状态下，仍能安定在弹性状态下工作。

所以，只要第三当量应力在总弹性应力变化范围，那么就有下列直埋管道的弹塑性强度条件：

$$\sigma_1 - \sigma_3 \leqslant 2\sigma_s$$

考虑到供热直埋管道常用管材有 $3[\sigma] \leqslant 2\sigma_s$，以及管道环向焊缝等不可预见缺陷，考虑一定的安全余量，强度条件确定为

$$\sigma_1 - \sigma_3 \leqslant 3[\sigma]$$

代入式（6-3）得

$$\sigma_1 - \sigma_3 = 0.7 \frac{P_n D_i}{2\delta} + \alpha E(t_1 - t_2) \leqslant 3[\sigma] \tag{6-4}$$

分析第三当量应力和应力变化范围的关系：

（1）在第三当量应力计算中，温度分别采用了循环最高温度、循环最低温度，所以第三当量应力就是应力变化范围。

（2）在第三当量应力计算中，若温度分别采用循环最高温度、安装温度，第三当量应力就不等于应力变化范围。安定性强度条件就不成立。所以说预热安装不解决安定性问题。

通过式（6-4）可以确定满足安定性条件的直埋敷设供热管道的最大允许循环温差 $\Delta T_{max} = (t_1 - t_2)_{max}$，计算结果见表 6-1。

满足安定性条件允许的最大循环温差　　　　　　　　　　　表 6-1

公称直径	最大允许温差 ΔT_{max}（℃）		
	2.5MPa	1.6MPa	1.0MPa
DN40	145.8	147.9	149.4
DN50	145.5	147.8	149.3
DN65	144.9	147.4	149.1
DN80	143.5	146.5	148.5

续表

公称直径	最大允许温差 ΔT_{max}（℃）		
	2.5MPa	1.6MPa	1.0MPa
DN100	141.6	145.3	147.8
DN125	140.8	144.8	147.4
DN150	138.5	143.3	146.5
DN200	138.2	143.1	146.4
DN250	134.6	140.8	145.0
DN300	134.6	140.8	144.9
DN350	131.7	138.9	143.8
DN400	129.0	137.2	142.7
DN450	126.1	135.4	141.5
DN500	126.5	135.6	141.7
DN600	121.6	132.5	139.7
DN700	121.4	132.4	139.7
DN800	121.0	132.1	139.5
DN900	123.5	133.7	140.5
DN1000	122.9	133.3	140.3

【例 6-1】　直埋供热管道，管径 $D89 \times 4.0$，工作压力为 1.6MPa。设计供水温度为 150℃，试计算无补偿直埋敷设安定性允许的最大循环温差 ΔT_{max} 值。

【解】　（1）计算所用材料特性系数。钢号 Q235，采用设计温度 150℃ 的数据，查《规程》。

$$\alpha = 12.6 \times 10^{-6} \text{m/(m} \cdot \text{℃)}, \quad E = 19.6 \times 10^4 \text{MPa},$$
$$[\sigma]_i^t = 125 \text{MPa}, \quad 3[\sigma]_i^t = 375 \text{MPa}$$

（2）计算内压力作用产生的环向应力。考虑管壁减薄了 0.5mm，则 $D_0 = 89$mm，$D_i = 89 - 2 \times 4 + 2 \times 0.5 = 82$mm，根据式（5-6），有

$$\sigma_t = \frac{P_n D_i}{D_0 - D_i} = \frac{1.6 \times 82}{89 - 82} = 18.74 \text{MPa}$$

根据式（6-4），有

$$\sigma_{eq} = 0.7\sigma_t + \alpha E(t_1 - t_2) = 0.7 \times 18.74 + 12.6 \times 10^{-6} \times 19.6 \times 10^4 \times (t_1 - t_2) \leqslant 375 \text{MPa}$$
$$t_1 - t_2 \leqslant 146.53 \text{℃}$$

各种规格管道满足安定性条件的最大循环温差 ΔT_{max}，见表 6-1。

当温差不能满足式（6-4）的强度条件时，必须对被动外力加以限制，也就是必须控制管道的安装长度，长直管道中不应有锚固段存在。由式（6-4）得

$$\alpha E(t_1 - t_2) - v\sigma_t = 3[\sigma] - \sigma_t \qquad (6-5)$$

注意到，式（6-5）两侧是轴向应力变化范围，根据第五章分析，当管道安装温度 t_0 等于管道工作循环最低温度 t_2 时，式（6-5）左侧是主动力可能产生的轴向应力。不满足强度条件式（6-4）时，管道中不应有锚固段存在，也就是说在长直管线中需要布置补偿器，补偿器距驻点安装长度小于最大过渡段长度。这种条件下，直埋供热管道的轴向力应

该采用被动外力计算。若管道补偿器位移阻力忽略不计，式（6-5）可以改写为

$$\frac{F_{max}L}{A}=\frac{3[\sigma]-\sigma_t}{2}\times10^6 \tag{6-6}$$

$$L=\frac{(3[\sigma]-\sigma_t)A}{2F_{max}}\times10^6 \tag{6-6a}$$

根据安定性条件，考虑到管道降温收缩时，在固定点会产生拉力，按照摩擦力随管道温度循环变化，《城镇供热直埋热水管道技术规程》规定当摩擦力平均下降到单长最大摩擦力的 80% 时，管道即进入安定状态，所以，将系数 2 改为 1.6 可得

$$L\leqslant\frac{(3[\sigma]-\sigma_t)A}{1.6F_{max}}\times10^6 \tag{6-7}$$

将系数 2 改为 1.6，放大设计布置的过渡段长度以节约投资。另一方面从第五章分析可进一步证实，这种处理方法是合理的。

事实上由于供热管网的循环温差不会超过 140℃，因此在工作压力不超过 1.0MPa 的条件下管道都是允许进入锚固的。从表 6-1 中可以看出，在下列两种条件下，不允许直管段进入锚固段：① $P=2.5$MPa 且 $\Delta T=140$℃，公称管径为 $DN150\sim DN1000$；② $P=2.5$MPa，且 $\Delta T=130$℃，公称管径为 $DN400\sim DN1000$。为便于设计，本书将这两种条件下按式（6-7）计算的最大允许长度列于附表 5-1～附表 5-3。

第四节　竖向稳定性验算

直埋供热管道温度升高时，由于土压力的作用使得管道的热膨胀受到周围土壤摩擦力作用，整体热伸长受阻，管道轴向产生压应力。存在轴向压力的管道，有向轴线法线方向凸出使管道弯曲的倾向。由于管道周围土壤在径向和轴向对管道有约束，正常状态下埋地管道在地下保持稳定。当周围土壤的约束力较小或因周围开挖而减小，受压管会在横向约束最弱的区域凸出，严重时拱出地面，这种现象称为丧失稳定。管道在轴向朝失稳区域推进，并在水平方向或垂直方向推开土壤形成弯曲的凸出管段，称为竖向失稳。为此，设计时一方面应保证最小的管顶覆土厚度，用来提供必须的垂直荷载来抵消垂直向上的反力；另一方面要加强管理，防止其他管线在上面或侧面开挖引起的水平和垂直失稳。

一、管道垂直稳定性验算

直埋供热管网应对下列情况进行垂直稳定性验算：
（1）覆土层较浅；
（2）地下水位较高；
（3）供热管道上方开沟。

对于长直管段，均匀分布的单位管长的垂直荷载 Q（回填土和管道自重），应满足下列关系式，以防垂直失稳：

$$Q\geqslant\frac{\gamma_s\times N_{p\cdot max}^2}{E\times I_p\times10^6}f_0 \tag{6-8}$$

式中　Q——作用在单位长度管道上的垂直分布荷载，N/m；

γ_s——安全系数，取 1.1；

$N_{p \cdot max}$——管道的最大轴向力，N；

f_0——初始挠度，$f_0 = \dfrac{\pi}{200}\sqrt{\dfrac{EI_p}{N_{max}}}$，当 $f_0 < 0.01m$ 时，取 0.01m；

E——钢材的弹性模量，MPa；

I_p——直管横截面的惯性矩，m^4。

垂直荷载 Q 可按式（6-9）计算，参见图 6-8。

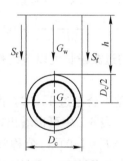

图 6-8　管道垂直受力图

$$Q = G_W + G + 2S_f \tag{6-9}$$

$$G_W = \left(H \times D_c - \frac{\pi \times D_c^2}{8} \right) \times \rho \times g \tag{6-10}$$

$$S_f = \frac{1}{2} \rho \times g \times H^2 \times K_0 \times \tan\varphi \tag{6-11}$$

$$K_0 = 1 - \sin\varphi \tag{6-12}$$

式中　Q——作用在单位长度管道上的垂直分布荷载，N/m；

G_W——单位长度管道上方的土层重量，N/m；

G——包括介质在内保温管单位长度自重，N/m；

S_f——单位长度管道上方土体的剪切，N/m；

H——管道中心线覆土深度，m；

D_c——外护管外径，m；

ρ——土壤密度，kg/m^3，可取 1800 kg/m^3；

g——重力加速度，m/s^2；

K_0——土壤静压力系数；

φ——回填土内摩擦角，砂土可取 30°。

当地下水位超过管道时，应当考虑土壤的密度和水的浮力的影响。对于直接在管道上面纵向开沟的情况，根据减少了的埋深进行验算。管道自重及相关参数列于附表 3-1。

二、直管的垂直稳定性验算表

在给定的温升下，当管顶埋深不小于表 6-2～表 6-4 中规定的最小覆土深度时，则在冷安装方式下锚固段的管道将满足整体稳定性要求，否则，应在局部不满足条件的管段上设置补偿装置或者采用预应力安装。

设计压力 2.5MPa 垂直稳定性要求的最小覆土深度　　　表 6-2

管径		各种安装温差(℃)的最小允许管顶埋深					
DN	$D_w \times \delta$	140	130	120	110	85	75
mm	mm	m	m	m	m	m	m
DN40	48×3	0.88	0.88	0.88	0.81	0.58	0.48
DN50	60×3.5	0.81	0.81	0.81	0.74	0.51	0.44
DN70	76×4.0	0.78	0.78	0.78	0.73	0.56	0.48
DN80	89×4	0.74	0.74	0.74	0.70	0.52	0.45
DN100	108×4	0.65	0.65	0.65	0.62	0.45	0.38
DN125	133×4.5	0.66	0.66	0.66	0.64	0.46	0.39
DN150	159×4.5	0.60	0.60	0.60	0.60	0.42	0.34
DN200	219×6	0.65	0.65	0.65	0.65	0.44	0.36
DN250	273×6	0.54	0.54	0.54	0.54	0.36	0.28
DN300	325×7	0.54	0.54	0.54	0.54	0.35	0.27
DN350	377×7	0.41	0.41	0.41	0.41	0.26	0.18
DN400	426×7	0.32	0.32	0.32	0.32	0.19	0.11
DN450	478×7	0.23	0.23	0.23	0.23	0.13	0.05
DN500	529×8	0.22	0.22	0.22	0.22	0.11	0.03
DN600	630×8	0.05	0.05	0.05	0.05	—	—
DN700	720×9	—	—	—	—	—	—
DN800	820×10	—	—	—	—	—	—
DN900	920×12	—	—	—	—	—	—
DN1000	1020×13	—	—	—	—	—	—

注：1. 管径大于 DN700 时从垂直稳定性考虑不必限制其埋深。

　　2. 本表数据只是从管道垂直稳定性条件计算得到，并未考虑《城镇供热直埋热水管道技术规程》中规定的直埋敷设管道最小覆土深度，设计中，管道的覆土深度必须大于本表与《城镇供热直埋热水管道技术规程》规定最小覆土深度中的最大值。

垂直稳定性要求的最小覆土深度，设计压力 1.6MPa　　　表 6-3

管径		各种安装温差(℃)的最小允许管埋深					
DN	$D_w \times \delta$	140	130	120	110	85	75
mm	mm	m	m	m	m	m	m
DN40	48×3	0.92	0.92	0.92	0.82	0.59	0.49
DN50	60×3.5	0.84	0.84	0.84	0.74	0.52	0.44
DN70	76×4.0	0.81	0.81	0.81	0.74	0.56	0.49
DN80	89×4	0.76	0.76	0.76	0.70	0.53	0.46
DN100	108×4	0.68	0.68	0.68	0.63	0.46	0.39
DN125	133×4.5	0.70	0.70	0.70	0.66	0.47	0.40
DN150	159×4.5	0.65	0.65	0.65	0.61	0.43	0.36
DN200	219×6	0.71	0.71	0.71	0.67	0.46	0.37
DN250	273×6	0.61	0.61	0.61	0.58	0.38	0.30

续表

管径		各种安装温差(℃)的最小允许管顶埋深					
DN	$D_W \times \delta$	140	130	120	110	85	75
mm	mm	m	m	m	m	m	m
DN300	325×7	0.62	0.62	0.62	0.59	0.38	0.29
DN350	377×7	0.50	0.50	0.50	0.49	0.28	0.20
DN400	426×7	0.41	0.41	0.41	0.41	0.22	0.14
DN450	478×7	0.33	0.33	0.33	0.33	0.16	0.08
DN500	529×8	0.33	0.33	0.33	0.33	0.14	0.06
DN600	630×8	0.17	0.17	0.17	0.17	0.02	—
DN700	720×9	0.12	0.12	0.12	0.12	—	—
DN800	820×10	0.05	0.05	0.05	0.05	—	—
DN900	920×12	0.10	0.10	0.10	0.10	—	—
DN1000	1020×13	0.05	0.05	0.05	0.05	—	—

注：1. "—"表示从垂直稳定性考虑不必限制其埋深。
　　2. 本表数据只是从管道垂直稳定性条件计算得到，并未考虑《城镇供热直埋热水管道技术规程》中规定的直埋敷设管道最小覆土深度，设计中，管道的覆土深度必须大于本表与《城镇供热直埋热水管道技术规程》规定最小覆土深度中的最大值。

设计压力 1.0MPa 垂直稳定性要求的最小覆土深度　　　　表 6-4

管径		各种安装温差(℃)的最小允许管顶埋深					
DN	$D_W \times \delta$	140	130	120	110	85	75
mm	mm	m	m	m	m	m	m
DN40	48×3	0.98	0.98	0.96	0.87	0.62	0.52
DN50	60×3.5	0.86	0.86	0.84	0.75	0.52	0.45
DN70	76×4.0	0.82	0.82	0.81	0.75	0.57	0.50
DN80	89×4	0.78	0.78	0.78	0.71	0.53	0.46
DN100	108×4	0.66	0.66	0.66	0.60	0.44	0.37
DN125	133×4.5	0.69	0.69	0.69	0.62	0.45	0.38
DN150	159×4.5	0.68	0.68	0.68	0.62	0.44	0.37
DN200	219×6	0.75	0.75	0.75	0.68	0.47	0.39
DN250	273×6	0.65	0.65	0.65	0.59	0.39	0.31
DN300	325×7	0.67	0.67	0.67	0.61	0.39	0.31
DN350	377×7	0.55	0.55	0.55	0.50	0.30	0.22
DN400	426×7	0.47	0.47	0.47	0.43	0.24	0.16
DN450	478×7	0.40	0.40	0.40	0.37	0.18	0.10
DN500	529×8	0.40	0.40	0.40	0.36	0.16	0.08
DN600	630×8	0.25	0.25	0.25	0.23	0.04	—

管径		各种安装温差(℃)的最小允许管顶埋深					
DN	$D_w \times \delta$	140	130	120	110	85	75
mm	mm	m	m	m	m	m	m
$DN700$	720×9	0.17	0.17	0.17	0.16	—	—
$DN800$	820×10	0.14	0.14	0.14	0.12	—	—
$DN900$	920×12	0.19	0.19	0.19	0.17	—	—
$DN1000$	1020×13	0.15	0.15	0.15	0.12	—	—

注：1. "—"表示从垂直稳定性考虑不必限制其埋深。

2. 本表数据只是从管道垂直稳定性条件计算得到，并未考虑《城镇供热直埋热水管道技术规程》中规定的直埋敷设管道最小覆土深度，设计中，管道的覆土深度必须大于本表与《城镇供热直埋热水管道技术规程》规定最小覆土深度中的最大值。

三、管道水平稳定性验算

在平行供热管道的侧面开沟应进行水平稳定性验算。此时供热管道对开挖斜面有一个向外的水平推力，单根管道为 P，双根为 $2P$，如图 6-9 所示。

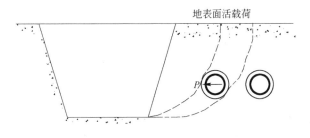

图 6-9 平行开沟时管道的稳定性

对于没有地表面活载荷的直管，维持水平稳定的土壤反力，可按式（6-13）计算：

$$P = \frac{\gamma_s N_{max}^2}{EI_p} f_0 \tag{6-13}$$

其稳定性验算按开挖沟槽底相对于直埋供热管道底部的尺寸范围进行分类。

1. 开挖沟槽底在直埋供热管道底部以下 0.1m 范围内

此时，水平稳定性按下列一组方程进行验算。

双管：

$$E_{pr} \geqslant 2P$$

单管：

$$E_{pr} \geqslant P$$

其中：

$$E_{pr} = 0.2(x - 0.25H)E_p/D_c$$
$$E_p = K\rho g H D_c$$

当 $E_{pr} > E_p$ 时，E_{pr} 取 E_p。其中，x 为管道中心线处沟槽侧壁到单管外套管的距离，或到双管的平均距离。根据开槽放坡情况进行取值。如图 6-10 所示。

（1）对于侧壁放坡和不做支撑的沟槽，采用 $a=0.5m$ 的假想侧壁的距离。

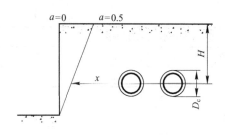

图 6-10　x 值示意图

（2）对于侧壁放坡 $a=0$ 和做连续支撑的沟槽，根据支撑的尺寸和施工方式，采用到所支撑的侧壁的距离或稍长的距离。

（3）对于侧壁放坡 $a=0.5$ m 的沟槽，采用到该侧壁的实际距离。

K 为被动土压力作用在光滑壁面上的土压力系数，假设摩擦角 $30°$，K 可取 3.0。

2. 开挖沟槽深度超过直埋供热管道底部以下 0.1m

开挖沟槽深度超过直埋供热管道底部以下 0.1m 时，应进行实际的稳定性验算。验算方法参见有关资料[6]。

第五节　局部稳定性验算

一、局部稳定性

1. 临界屈曲应力计算公式简介

供热直埋管道整体上属于杆件系统，但是就其中一小节管道而言又属于薄壁管壳，特别是大直径的管道。大管径、高温度、高压力的锚固管段，当最大压应变达到一个临界水平时有可能局部产生较大的变形，导致管道轴向出现局部屈曲、弯曲屈曲和皱折。管道的局部屈曲多数发生在应力不连续、管壁有缺陷的地方。

一些关于防止薄壁管壳在轴向力作用下的局部屈曲的临界屈曲应力计算公式如下。

（1）1976 年，Sherman 提出的临界屈曲应力计算公式为

$$\sigma_{cr}=16E\left(\frac{\delta}{2R_0}\right)^2$$

（2）1991 年，Stephens 等提出的临界屈曲应力计算公式为

$$\sigma_{cr}=2.42E\left(\frac{\delta}{2R_0}\right)^{1.59}$$

（3）欧洲规范《集中供暖用预制保温管系统的设计和安装》BS EN 13941—2009 对于直埋管道径厚比的规定式等。

（4）管状壳结构产生局部屈服弯曲和褶皱的经典弹性解方程是基于弹性理论发展出来的，主要是将 D_0/δ 作为变量，方程如下：

$$\sigma_{cr}=1.2E\left(\frac{\delta}{2R_0}\right)$$

上式表明经典弹性临界屈曲应力是和 D_0/δ 成反比的。随后关于临界屈曲应力的研究工作中，都认可了临界屈曲应力和 D_0/δ 的反比关系，只是采取的表达式或者系数有所差异。

（5）意大利 Vitali 等在 1999 年研究了 D_0/δ 小于 60 的试样并建立了临界屈曲应力方程。这个方程在预测纵向屈曲应力时，考虑了 D_0/δ、内压和材料性能等因素的影响，方

程如下：

$$\sigma_{cr}=1.2E\left(\frac{\delta}{2R_0}-0.01\right)\left(1+5\frac{\delta_t}{\delta_s}\right)\left(\frac{\delta_b}{\delta_s}\right)^{-1.5}$$

2. 临界屈曲应力计算公式

我国现行供热直埋技术规程防止局部屈曲的临界应力公式是从国家标准《压力容器》（GB 150.1—2011，4.4.5）圆筒许用轴向压缩应力的公式推导的。公式推导过程基于下列规定：第一，因直埋管道主要承受二次压应力，在安定性条件下轴向应力不得超过2倍的屈服极限；第二，在有限塑性变形的条件下总是安定在弹性范围内工作的，所以假定在弹性范围内工作；第三，计算壁厚没有考虑环境和焊工技术的影响，长距离管道焊接环境复杂，比钢制压力容器要恶劣；管道焊口边缘晶体结构发生变化，许用应力会因焊工技术而下降，幅度为10%~25%；第四，计算壁厚没有考虑折角应力放大影响。

按照《压力容器》中4.4.5条得

$$A=0.094\frac{\delta}{R_0}$$

$$B=2AE/3$$

$$B=0.0627E\frac{\delta}{R_0}$$

临界应力取 B 值，但不大于两倍的屈服极限。经计算，小管径临界应力计算值大于两倍的屈服极限，所以取2倍屈服极限。大管径临界应力计算值小于屈服极限，所以取计算值，得

$$\sigma_{cr}=0.0627E\frac{\delta}{R_0} \tag{6-14}$$

对几个公式的运算结果比较，见表6-5，该公式计算的径厚比较前几个公式的计算结果要保守，但是 BS EN 13941—2009 更保守，计算的管壁厚度太大。

各式最大轴向临界压应力值（MPa）　　　　　　　　　　表6-5

	轴向临界压应力比较				
公称直径/mm	压力容器 GB 150—2001	1976 年 Sherman	1991 年 Stephens	经典弹性解	1999 年 Vitali
DN500	334.53	580.94	511.61	3201.21	1018.39
DN600	280.90	409.60	387.51	2688.00	454.76
DN700	279.92	406.76	385.37	2678.67	443.22
DN800	275.76	394.75	376.30	2638.83	393.35
DN900	299.22	464.77	428.46	2863.30	661.91
DN1000	293.98	448.64	416.59	2813.18	604.44

二、临界径厚比

由式（5-8）得锚固段压应力为，$\alpha E(t_1-t_0)-\nu\sigma_t$，代入式（6-14），可以求得锚固段轴向不会发生局部屈曲的临界径厚比。

$$\alpha E(t_1-t_0)-\nu\sigma_t\leqslant 0.0627E\frac{\delta}{R_0}$$

当 $t_1-t_0>\Delta T_y$

式中

$$\sigma_t = \frac{P_d \times D_i}{2\delta}$$

$$\alpha E(t_1 - t_0) - \nu \frac{P_d \times (D_0 - 2\delta)}{2\delta} \leqslant 0.0627E\frac{2\delta}{D_0}$$

$$\frac{D_0}{\delta} \leqslant \frac{2(\alpha E(t_1 - t_0) + \nu P_d) - \sqrt{4(\alpha E(t_1 - t_0) + \nu P_d)^2 - \nu E P_d}}{2\nu P_d}$$

$$\frac{D_0}{\delta} \leqslant \frac{E}{4(\alpha E(t_1 - t_0) + \nu P_d) + 2\sqrt{4(\alpha E(t_1 - t_0) + \nu P_d)^2 - \nu E P_d}}$$

对于 Q235B，将 $\alpha = 12.6 \times 10^{-6} \text{m/(m} \cdot \text{℃)}$，$E = 19.6 \times 10^4 \text{MPa}$，$\nu = 0.3$，代入上式得

$$\frac{D_0}{\delta} \leqslant \frac{4.9 \times 10^4}{2.47(t_1 - t_0) + 0.3P_d + \sqrt{[2.47(t_1 - t_0) + 0.3P_d]^2 - 1.47 \times 10^4 P_d}} \tag{6-15}$$

三、径向失稳

管道受侧向外压作用发生椭圆化变形而导致的失稳，称为径向失稳。根据《输油管道工程设计规范》GB 50253—2003 和《输气管道工程设计规范》GB 50251—2003，钢管在垂直静土压力和车辆动土压力作用下，其水平直径方向的变形量不得大于管道外径的 3%。管道的椭圆变形量推荐采用依阿华公式计算：

$$\Delta X = \frac{JKWr^3}{EI + 0.061 E_s r^3} \tag{6-16}$$

式中　ΔX——钢管水平直径方向最大变形量，m；

　　　J——钢管变形滞后系数，宜取 1.5；

　　　K——管道基床系数；取值见表 6-6；

　　　W——单位管长上总垂直荷载，包括管顶垂直土荷载和地面车辆传递到钢管上的荷载，MN/m；

　　　r——钢管平均半径，m；

　　　E_s——回填土的变形模量，MPa，取值见表 6-6；

其他符号同上。

按照接近直埋热水管道敷设条件的设计参数以及车辆荷载按后轴重力标准值 140kN，单个轮组 70kN 代入式（6-16），得

$$\Delta X = \frac{1.728W \times D_0}{E(\delta^3/\gamma^3) + 2562} \tag{6-17}$$

大管径不会径向失稳必须满足下式：

$$\Delta X \leqslant 0.03D_0 \tag{6-18}$$

式中　D_0——钢管外直径，m。

标准铺管条件的设计参数　　　　　　　　　　　　表 6-6

铺管条件	E_s(MPa)	基础包角	基座系数 K
管道敷设在未扰动的土上，回填土松散	1.0	30°	0.108
管道敷设在未扰动的土上，管道中线以下的土轻轻压实	2.0	45°	0.105

铺管条件	E_s(MPa)	基础包角	基座系数 K
管道敷设在厚度最少为 10cm 的松土垫层内,管顶以下回填土轻轻压实	2.8	60°	0.103
管道敷设在砂卵石或碎石垫层内,垫层顶面应在管底以上 1/8 管径处,但至少为 10cm,管顶以下回填土夯实,夯实密度约为 80%(标准葡氏密度)	3.5	90°	0.096
管道中线以下安放在压实的团粒材料内,夯实管顶以下回填的团粒材料,夯实密度约为 90%(标准葡氏密度)	4.8	150°	0.085

第七章　直角弯管设计

直埋敷设供热弯管，与地沟敷设、架空敷设等供热弯管相比，主要区别点在于直埋弯管两侧的侧向位移受到土壤力作用不能自由伸缩，因而大大降低了它的自然补偿能力。另一方面应力验算的验算点发生了变化。

众所周知，地沟敷设供热弯管其 L 形补偿器的应力验算点在短臂的固定点处，如图 7-1 中的 A 点。而采用直埋敷设时危险点出现在 L 形弯管的上下两侧，如图 7-2 所示。

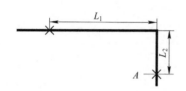

图 7-1　地沟 L 形补偿验算点

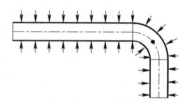

图 7-2　直埋 L 形补偿验算点

直埋弯头作为供热管线系统的重要构件，既是过渡段热膨胀的自然补偿器又是管道系统受保护的元件。当弯头侧臂较长，曲率半径较小，循环温差较大时，会招致很高的峰值应力，发生低频次的循环塑性变形。尽管和无补偿直管段不同，循环塑性变形对弯头晶体结构的损伤要小得多，但是仍会在一定循环次数后发生疲劳破坏。因此，直角弯管设计的任务为：确定是否需要把弯管作为膨胀原件；能进行弯头的疲劳分析，了解影响弯头应力变化的因素，掌握 L 形、U 形、Z 形弯管补偿器的设计方法；根据地形合理选择曲率半径，侧臂长度，为弯头提供弹性膨胀区域，在满足使用寿命的条件下，使补偿能力最大化。

第一节　弯管的工程做法

一、弯管用作补偿元件

为了充分利用自然弯头的补偿能力，有条件时，应在供热管网的直埋设计中对弯管的弹性臂侧作特殊处理，一般有如下几种方法。

1. 弯头处做空穴

所谓空穴即不通行地沟。直埋管道保温外壳直接放置在空穴底板，底板内地面要求水泥压光。从直埋敷设穿入空穴，穿墙处应做防水穿墙套管。

2. 弯头两侧放置膨胀垫

为了增加自然弯管的补偿能力，弯头两侧放置膨胀垫块。图 7-3 和图 7-4 所示为平板膨胀垫块。我国采用最多的是聚苯板。

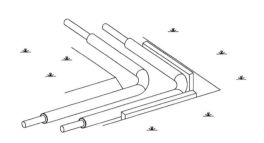

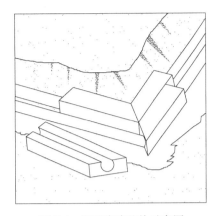

图 7-3　矩形膨胀垫块示意图　　　　　图 7-4　凹形膨胀垫块示意图

北京 ABB 集中供热设备有限公司提供的凹型膨胀垫块，凹型的半径随保温外壳上下扣置。这种泡沫垫由颗粒状的轻质 PU 泡沫塑料制成，密度为 $100kg/m^3$，厚度为 40mm。

太原市集中供热工程中大量采用的弯头膨胀垫，是一种 YL 冷保温防冻材料，厚度根据管道伸长量确定。当弯臂横向偏移量（另一条弯臂的轴向热伸长量）$\Delta L \leqslant$ 40mm，膨胀垫厚取 $\delta = 40mm$；当 $\Delta L = 40 \sim 60mm$ 时，取 $\delta = 60mm$；当 $\Delta L = 60 \sim 80mm$ 时，$\delta = 100mm$；$\Delta L = 80 \sim 100mm$ 时，取 $\delta = 120mm$；$\Delta L = 100 \sim 120mm$ 时，取 $\delta = 140mm$；$\Delta L = 120 \sim 140mm$ 时，取 $\delta = 160mm$。冷保温防冻材料与预制保温管外壳用万能胶粘接，断面如图 7-5 所示。膨胀垫块在弯臂的安装长度为大于等于弯臂弹性臂长的 2/3，见表 7-1。当 $\Delta L > 140mm$ 时，弯头处采用空穴，空穴尺寸见表 7-2。

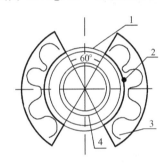

图 7-5　软回填断面图
1—预制保温管外皮；2—万能胶粘接；
3—冷保温防冻材料；4—钢管

3. 弯头处设膨胀区

弯头处管子和沟壁之间加大开挖量，用加厚的砂垫层来吸收热膨胀变形量，根据 ABB 提供的资料，埋深小于 1.5m 且膨胀量小于 80mm 时，弯头两侧可加大沟槽开挖宽度约一个保温外壳的直径，填补 $0 \sim 8mm$ 的无黏土的砂子。最多可有 15% 的 $8 \sim 20mm$ 的砂粒。膨胀区内管子周围砂层的密实度不应超过下列数值。

（1）不均匀指数小于 4 时，标准密实度最大为 98；

（2）不均匀指数小于 8 时，标准密实度最大为 94。

不均匀指数=60% 通过的砂粒大小除以 10% 通过的砂子大小。

二、弯管用做非补偿元件

供热二级管网系统温度低，非常适宜于无补偿直埋敷设。但是二级管网分支多，弯头多。如果把弯头作为补偿弯管使用，靠近弯头的分支会有较大的横向热位移。横向变形大的分支，又需要在分支处设置固定墩强制固定，或在主管上，在与弯管对称的位置，布置补偿器来构造驻点。这样的布置方案会引发主管上布置许多补偿器，使得本来可以无补偿敷设的二级管网既有许多补偿器又有许多固定墩，这是目前二级网直埋敷设普遍存在的问题。为此，需要把弯管的补偿特性加以限制，大大简化直埋二级管网布置，做到真正意义上的无补偿直埋敷设。

针对这一问题的研究结果是，在弯头弹性臂长范围内采用三七土回填，但是弯头的疲劳分析要通过。对于一级管网仍需要进一步的研究，暂时不建议这样处理。

第二节 弯管应力验算

一、按地沟弯管的设计方法进行应力验算

如果采取本章第一节介绍的第 1 种与第 2 种敷设方法，对弯头弹性臂两侧进行处理，那么直埋弯头等同于地沟弯头，可以按照地沟方法进行弯头的应力验算。

二、直埋弯管的疲劳分析及计算方法

当采用本章第 3 种方法和不用做补偿弯管时，必须对弯头按照直埋弯管的设计方法仔细进行弯管的疲劳分析和计算。

弯头破坏是峰值应力产生的疲劳破坏。对于热力管道，由于温度循环次数相对较少，可以采用简化的疲劳分析，即使用疲劳试验的加强系数来确定峰值应力，按照第六章疲劳分析结果，采用一次应力、二次应力和峰值应力综合作用下的当量应力的变化范围不大于 $6[\sigma]$，即当量应力幅度不大于 $3[\sigma]$，作为简化疲劳分析的强度条件。

1. 强度条件

由于直埋弯管的内压力和弯矩都使弯管危险点产生了环向拉应力，而径向应力（最小主应力）近似为零，当采用第三强度理论时，弯头处的总应力就是环向应力。

采用简化疲劳分析时，弯头处应力的变化幅度及其强度条件可表示为

$$\Delta\sigma = \sigma_{bt} + 0.5\sigma_{pt} \leqslant 3[\sigma] \tag{7-1}$$

$$\sigma_{bt} = \frac{\beta_b M r_{bo}}{I_b} 10^{-6} \tag{7-2}$$

$$\sigma_{pt} = \frac{P_d D_{bi}}{2\delta_b} = \frac{P_d r_{bi}}{\delta_b} \tag{7-3}$$

$$\beta_b = 0.9/\lambda^{2/3} \tag{7-4}$$

$$\lambda = R_c \delta_b / r_{bm}^2 \tag{7-5}$$

$$r_{bm} = r_{bo} - \delta_b/2 \tag{7-6}$$

式中　$\Delta\sigma$——弯头处总应力的变化幅度，MPa；

　　　σ_{bt}——弯头在弯矩作用下的最大环向应力变化幅度，MPa；

　　　σ_{pt}——直埋弯头在内压力作用下弯头顶部（底部）的环向应力，实际就是运行工况下的环向拉应力，MPa；

　　　M——弯头的弯矩变化范围，N·m；

　　　β_b——弯头平面弯曲环向应力加强系数（疲劳试验应力加强系数）；

r_{bo}——弯头钢管的外表面半径，m；

D_{bi}——弯头钢管的内径，m，弯头和直管等壁厚时 $D_{bi}=D_i$；

r_{bi}——弯头钢管的内表面半径，m；弯头和直管等壁厚时 $r_{bi}=r_i$；

δ_b——弯头钢管的公称壁厚，m，可以采用和直管等壁厚的弯头，也可以采用加厚弯头，由设计确定；

r_{bm}——弯头钢管横截面的平均半径，m。

2. 弹性抗弯铰解析法对弯管的臂长要求

强度计算中，可以采用有限单元法或弹性抗弯铰解析法进行计算，采用有限单元法时，将弯头看做有限个柔性变大的直管单元，需要通过程序在计算机上完成；而采用弹性抗弯铰解析法时，将弯头简化为弹性抗弯铰，既可电算又可手工计算。

采用弹性抗弯铰解析法时，为了简化公式，通常忽略管臂两端点的剪力，这时，弯管的臂长应满足公式：

$$l_1（和 l_2）\geqslant \frac{2.3}{k} \tag{7-7}$$

$$k=\sqrt[4]{\frac{D_c C}{4EI_p \times 10^6}} \tag{7-8}$$

式中 l_1，l_2——L形管段两侧臂长，m，参见图7-6；

k——与土壤特性和预制保温管刚度有关的参数，1/m；

C——土壤横向压缩反力系数，N/m³，它和土壤性质、密实度、含水率有关，应通过实测确定。缺乏实测资料时，按照下列范围取值：管道水平位移时，C 宜取 $1\times10^6 \sim 10\times10^6 \mathrm{N/m^3}$；对于粉质黏土、砂质粉土，密实度为 90%～95%，C 取 $3\times10^6 \sim 4\times10^6 \mathrm{N/m^3}$。

图7-6 水平转角管段示意图

下面的计算采用了这种经过简化的弹性抗弯铰解析法。

3. 过渡段长度

升温时弯头两弯臂向弯头释放热膨胀，在被动外力作用下，释放热膨胀的弯臂存在一极限滑动长度——过渡段长度。当固定墩到弯头的距离（即弯臂长度）小于过渡段长度时，整个弯臂将产生滑动，当固定墩到弯头的距离（即弯臂长度）大于过渡段长度时，仅在靠近弯头的过渡段长度范围内有滑动。

4. 水平转角管段计算

（1）水平转角管段的过渡段长度应按下列公式计算：

$$l_{tmax}=\sqrt{Z^2+\left(\frac{2Z}{F_{min}}\right)\times N_a}-Z \tag{7-9}$$

$$l_t=\sqrt{Z^2+\left(\frac{Z}{F_{min}}\right)\times N_b}-Z \tag{7-10}$$

$$Z=\frac{A\times\tan^2(\phi/2)}{2k^3 I_p(1+C_m)} \tag{7-11}$$

$$C_m = \frac{1}{1 + KkR_c\phi(I_p/I_b)} \tag{7-12}$$

$$N_a = [\alpha E(t_1 - t_0) - \nu\sigma_t]A \times 10^6 \tag{7-13}$$

当 $t_1 - t_0 > \Delta T_y$ 时，取 $t_1 - t_0 = \Delta T_y$。

$$N_b = [\alpha E(t_1 - t_2) - \nu\sigma_t]A \times 10^6 \tag{7-14}$$

式中　K——弯头钢管的柔性系数，光滑弯管，$K = 1.65/\lambda$；

　　　l_{tmax}——水平转角管段在设计温度和安装温度差作用下的过渡段长度，也和弯管的材料、横断面积、弯管角度以及摩擦力等有关，m；

　　　l_t——水平转角管段在循环温差作用下的过渡段长度，m；

　　　ϕ——转角管段的折角（邻补角，弧度）；

C_m，Z——计算系数。

（2）水平转角管段的计算臂长 l_{c1}、l_{c2} 和平均计算臂长 l_{cm}：

$$l_{cm} = \frac{l_{c1} + l_{c2}}{2} \tag{7-15}$$

当 $l_1 \geqslant l_2 \geqslant l_t$ 时，取

$$l_{c1} = l_{c2} = l_t \tag{7-15a}$$

当 $l_1 \geqslant l_t > l_2$ 时，取

$$l_{c1} = l_t, \quad l_{c2} = l_2 \tag{7-15b}$$

当 $l_t > l_1 \geqslant l_2$ 时，取

$$l_{c1} = l_1, \quad l_{c2} = l_2 \tag{7-15c}$$

式中　l_1，l_2——设计布置的转角管段两侧臂长。当转角两侧布置固定支架时为弯管两侧　臂长，m；当转角管段两臂布置补偿器时，分别为弯管到两补偿器间驻点的长度，m。

5. 弯头的弯矩变化范围

$$M = \frac{C_m[\alpha EA(t_1 - t_2) \times 10^6 - F_{min}l_{cm}]\tan(\phi/2)}{k\left(1 + C_m + \frac{A\tan^2(\phi/2)}{2k^3 I_p l_{cm}}\right)} \tag{7-16}$$

6. 水平转角管段弯头的升温轴向力计算

（1）水平转角管段的计算臂长 l_{c1}、l_{c2} 和平均计算臂长 l_{cm} 的确定：

$$l_{cm} = \frac{l_{c1} + l_{c2}}{2} \tag{7-17}$$

当 $l_1 \geqslant l_2 \geqslant l_{tmax}$ 时，取

$$l_{c1} = l_{c2} = l_{tmax} \tag{7-17a}$$

当 $l_1 \geqslant l_{tmax} > l_2$ 时，取

$$l_{c1} = l_{tmax}, \quad l_{c2} = l_2 \tag{7-17b}$$

当 $l_{tmax} > l_1 \geqslant l_2$ 时，取

$$l_{c1} = l_1, \quad l_{c2} = l_2 \tag{7-17c}$$

式中　符号意义同上。

（2）弯头轴向力应按下列公式计算。当计算臂长 $l_{c1} = l_{c2} = l_{cm}$ 时，有

$$N_{b}=\frac{(1+C_{m})\left[\alpha EA(t_{1}-t_{0})\times10^{6}-0.5F_{min}l_{cm}\right]}{\left(1+C_{m}+\dfrac{A\tan^{2}(\phi/2)}{2k^{3}I_{p}l_{cm}}\right)} \tag{7-18}$$

当计算臂长 $l_{c1}\neq l_{c2}$ 时，有

$$N_{1}=\frac{B+Q\times n_{1}}{U} \tag{7-19}$$

$$N_{2}=\frac{B+Q\times n_{2}}{U} \tag{7-20}$$

$$B=(1+C_{m})\left[\alpha EA(t_{1}-t_{0})\times10^{6}-0.5F_{min}\left(\frac{l_{c1}^{2}+l_{c2}^{2}}{l_{c1}+l_{c2}}\right)\right] \tag{7-21}$$

$$Q=\tan^{4}\frac{\phi}{2}\left[\alpha EA(t_{1}-t_{0})\times10^{6}-0.5F_{min}(l_{c1}+l_{c2})\right] \tag{7-22}$$

$$U=1+C_{m}+\frac{A\tan^{2}(\phi/2)}{k^{3}I_{p}(l_{c1}+l_{c2})} \tag{7-23}$$

$$n_{1}=\frac{l_{c1}-l_{c2}}{l_{c1}+l_{c2}} \tag{7-24}$$

$$n_{2}=\frac{l_{c2}-l_{c1}}{l_{c1}+l_{c2}} \tag{7-25}$$

式中　N_{b}——弯头两侧计算臂长相等时的轴向力，N；

　　　N_{1}——弯头两侧计算臂长不相等时，l_{1} 侧的轴向力，N；

　　　N_{2}——弯头两侧计算臂长不相等时，l_{2} 侧的轴向力，N。

三、向下弯竖向转角管段计算

竖向转角管段分为两类，一类为向上弯弯头（曲率中心在上），其内力计算和水平转角管段相同，土壤压缩反力系数 C 取较大值。另一类为向下弯弯头（曲率中心在下），如图 7-7 所示。弯头两侧管道所受土壤压力近似等于顶起的土体重量，不随位移的增加而增大，计算方法如下。

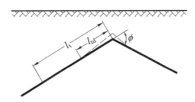

图 7-7　向下弯竖向转角管段示意图

1. 向下弯竖向转角管段的计算变形长度 l_{td} 确定

1）变形段长度 l_{td}

在臂长 l 大于等于过渡段长度（$l\geqslant l_{t}$）时按下列公式计算：

$$l_{td}=\frac{(1+\zeta)r_{m}}{4\tan^{3/2}(\phi/2)S_{2}}(\sqrt{1+S_{1}S_{2}N_{1}}-1) \tag{7-26}$$

$$S_{1}=\frac{16\tan^{5/2}(\phi/2)}{(1+\zeta)^{2}Pr_{m}} \tag{7-27}$$

$$S_2 = \sqrt{\frac{(0.5-\zeta)F_{\min}}{3P}} \tag{7-28}$$

$$\zeta = \frac{l_{td}}{3[l_{td}+KR_c\phi(I_p/I_b)]} \tag{7-29}$$

$$N_1 = [\alpha E(t_1-t_0)-\nu\sigma_t]A \times 10^6 \tag{7-30}$$

当时 $t_1-t_0 > \Delta T_y$，取 $t_1-t_0 = \Delta T_y$。

式中　　P——土压力，取变形管段管顶平均覆土重，N/ m；

　　　　r_m——管子的平均半径，m；

S_1，S_2，ζ——计算系数；

　　　　其他符号意义同上。

　　　　用迭代法可解出 l_{td}（l_{td} 设定值与计算值相差 2% 以下即可停止迭代）。

　　2）过渡段长度 l_t

　　向下弯竖向转角的过渡段长度 l_t，在变形段长度 l_{td} 确定后用下式计算：

$$l_t = \left(\frac{l_{td}^2}{r_m}\right)\sqrt{\frac{(0.5-\zeta)P}{3F_{\min}}\tan(\phi/2)} \tag{7-31}$$

　　3）变形段长度 l_d

　　在臂长小于过渡段长度，$l < l_t$ 时，变形段长度记为 l_d，应按下列公式计算：

$$\left(\frac{l_d}{l}\right)^4 = \frac{6r_m^2}{l^2(0.5-\zeta)\tan^2(\phi/2)}\left[\left(\frac{\alpha EA(t_1-t_0)\times 10^6 - 0.5F_{\min}l}{Pl}\right)\tan\left(\frac{\phi}{2}\right)\right] - \frac{1}{2}(1+\zeta)\left(\frac{l_d}{l}\right) \tag{7-32}$$

$$\zeta = \frac{l_d}{3[l_d+KR_c\phi(I_p/I_b)]} \tag{7-33}$$

式中，l_d 用迭代法求解（计算精度 2%）。

　　4）向下弯竖向转角管段的计算变形长度 l_{cd}

　　向下弯竖向转角管段的计算变形长度 l_{cd} 按下列条件确定：

　　当 $l \geqslant l_t$ 时

$$l_{cd} = l_{td} \tag{7-34}$$

　　当 $l < l_t$ 时

$$l_{cd} = l_d \tag{7-35}$$

　　2. 向下弯竖向转角管段弯头的弯矩变化范围、轴向力和横向位移

$$M_s = 0.5\zeta P l_{cd}^2 \tag{7-36}$$

$$N_s = \frac{P l_{cd}}{2\tan(\phi/2)}(1+\zeta) \tag{7-37}$$

$$a = \frac{P l_{cd}^4}{72EI_p}\left[\frac{l_{cd}+3KR_c\phi(I_p/I_b)}{l_{cd}+KR_c\phi(I_p/I_b)}\right] \tag{7-38}$$

式中　M_s——竖向弯头的弯矩变化范围，N·m；

　　　N_s——竖向弯头的升温轴向力，N；

　　　a——竖向弯头的横向位移，m；

　　　其他符号意义同上。

第三节 弯头应力的影响因素

由弯头应力验算公式可知，弯头的相当应力（$\sigma_{bt}+0.5\sigma_{pt}$）与管网计算压力 P_n、管顶埋深 h、循环温差 ΔT 以及弯管曲率半径 R_c 等参数有关，工程设计中，当某弯头的应力验算无法通过时，应根据现场的实际情况对以上参数做相应的调整，使得弯头的相当应力降低。为了能让设计人员迅速的找到最佳解决方案，以下绘制了部分工况下两臂无限长时（$l_1=l_2=l_t$）的 $h\text{-}\sigma$（图 7-8，$R_c=3DN$，$\Delta T=120℃$）、$\Delta T\text{-}\sigma$（图 7-9，$R_c=1.5DN$，$h=1.2m$）、$R_c\text{-}\sigma$（图 7-10，$\Delta T=120℃$，$h=1.2m$）等参数-应力图，为设计人员提供参考。为了留有余量，压力全部按 $P_n=2.5MPa$ 计算。此外，转角角度的大小对弯头应力的影响是非常敏感的，这一点将在第八章讨论，本章所指的弯管全部是 90°光滑弯头。

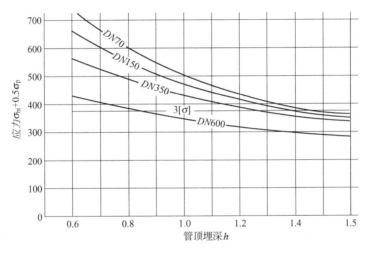

图 7-8 $h\text{-}\sigma$ 图

$R_c=3DN$，　　$\Delta T=120℃$，　　$P_n=2.5MPa$，　　$l_1=l_2=l_t$

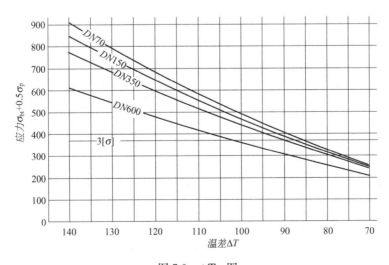

图 7-9 $\Delta T\text{-}\sigma$ 图

$R_c=1.5DN$，　　$h=1.2m$，　　$P_n=2.5MPa$，　　$l_1=l_2=l_t$

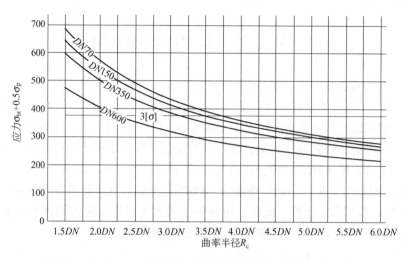

图 7-10 R_c-σ 图

$\Delta T=120℃$，　$h=1.2\text{m}$，　$P_n=2.5\text{MPa}$，　$l_1=l_2=l_t$

第四节　补偿弯管的设计

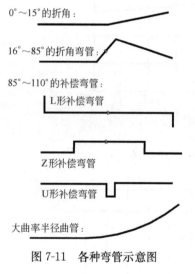

0°～15°的折角：

16°～85°的折角弯管：

85°～110°的补偿弯管：

L形补偿弯管

Z形补偿弯管

U形补偿弯管

大曲率半径曲管：

图 7-11　各种弯管示意图

在布置供热管网时，会出现各种各样的弯管，如图 7-11 所示。包括：

（1）不能吸收热胀变形的 0°～15°折角弯管；

（2）能吸收少量热胀变形的 16°～85°的折角弯管；

（3）能够吸收热胀变形的 85°～110°转角的补偿弯管，这些弯管可能是管网定线自然形成的，也可以是人为设计而成的；从结构上，补偿弯管又可分为 L 形、Z 形和 U 形补偿弯管；

（4）曲率半径较大的任意转角的曲管。

一、补偿弯管的弯臂长度

向弯头释放热胀变形的管段长度，称为弯臂长度，包括下列三种情况：

（1）长直管线的锚固点到弯头的管段长度；

（2）短直管线的驻点到两侧弯头的管段长度，短直管线是指小于等于两倍过渡段长度的直管段；

（3）任何直管段上的强制固定点到弯头的管段长度。

通过调整固定墩到弯头的距离，或通过调整相邻弯头的距离来改变驻点的位置的方法，都可以改变补偿弯管的弯臂长度，如图 7-12 所示。

二、弹性臂长

在 L 形补偿弯管中，某侧弯臂的轴向热胀是通过另一侧弯臂的横向位移加以吸收的。

为保证弯臂能够产生足够的横向位移，产生横向变形的弯臂长度不宜过短。

当某一侧弯臂长度等于弹性臂长时，一方面该弯臂具有了良好的侧向变形能力，同时，该弯臂向弯头释放的热膨胀量也最小。因而，该弯头具有最大的吸收另一弯臂热膨胀量的能力，如图 7-13 所示。弹性臂长 L_e 见表 7-1。

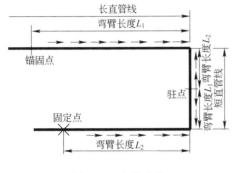

图 7-12 弯管形式

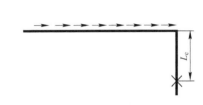

图 7-13 弹性臂长

弹性臂长　　　　　　　　　　　　　　　　　　表 7-1

DN(mm)	40	50	70	80	100	150	200	250	300
L_e(m)	1.6	1.9	2.4	2.6	3	3.7	4.8	5.4	6.2
DN(mm)	350	400	450	500	600	700	800	900	1000
L_e(m)	6.8	7.2	7.7	8.2	9.3	10.3	11.3	12	12.7

三、L 形补偿弯管的臂长限制

在补偿直管热胀变形的同时，弯臂热胀变形过多地积累到弯头，会使弯头产生较大的弯曲变形和峰值应力，为保证弯头具有一定的疲劳寿命，也为了方便设计，本书附表 7-1～附表 7-10 列出了按式（7-1）计算的在弯管两侧臂长相等时的最大允许臂长 $L_{mzx,b}$ 与水平转角管段在循环温差作用下的过渡段长度 l_t。

根据式（7-1）总可以计算出满足疲劳条件的最大允许弯矩，由式（7-15）和式（7-16）可知，在其他条件相同时，弯矩只和两侧弯臂的平均计算臂长有关，和两侧弯臂长度的相对大小无关，所以根据式（7-15）和式（7-16）又可以计算出最大弯矩下的最大平均计算臂长。对于等臂弯管，该最大平均计算臂长就是等臂弯管的最大允许臂长 $L_{max,b}$。当不等臂弯管的一侧臂长最小时，即等于最小弹性臂长时 L_e 时，弯头的另一侧臂长就允许达到最大，等于最大值 $L_{max,e}$，如图 7-14 所示。

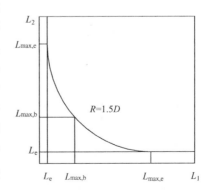

图 7-14 弯头两臂的关系

在管网设计时，常常遇到不等臂弯头。为了节

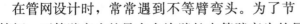

省篇幅，不等臂弯头的最大允许臂长由等臂弯头的最大允许臂长（附表 7-1～附表 7-10）

换算确定。当已知弯管的短臂臂长 L_1 时，则可计算长弯臂的最大允许值 L_2：

$$L_2 \geqslant 2L_{max,b} - L_1, \qquad L_1 \geqslant L_e \tag{7-39}$$

当弯臂长度确定后，已知短臂长度 $L_1 \geqslant L_e$，长臂长度为 L_2，则借助附表 7-1～附表 7-10 可简化弯管疲劳验算的强度条件：

$$\frac{L_1 + L_2}{2} \leqslant L_{max,b} \tag{7-40}$$

满足式（7-40）的直埋弯管疲劳验算合格，否则应调整设计。

当计算得到的 L_2 大于的水平转角管段在循环温差作用下的过渡段长度 l_t 时，说明弯臂的臂长不受最大值限制。

当出现弯臂长度满足弯头应力验算但是直管段不允许进入锚固状态时，弯臂长度最大值只能取直管段最大允许安装长度。

附表 7-1～附表 7-10 给出的 $L_{max,b}$，l_t 对应的埋深系列包括 0.6m、0.8m、1.0m、1.2m、1.4m；温差系列包括 120℃、110℃、85℃、75℃；曲率半径系列包括 1.5DN、3DN、6DN；压力为 2.5MPa；管材为 Q235，对于其他压力低于 2.5MPa 的情况，压力可作为安全储备（压力对臂长的影响不大）。

四、Z 形和 U 形补偿弯管

1. Z 形补偿弯管

（1）补偿弯臂长度确定：取 1.25～2 倍的弹性臂长 L_e，如图 7-15 所示。

（2）被补偿弯臂长度确定：Z 形补偿弯管的计算划分为两个不等臂 L 形补偿弯管，其中短臂长度 L_1 取弹性臂长 L_e，长臂取相邻被补偿弯臂长度。查附表 7-1～附表 7-10，得等臂 L 形补偿弯管的最大允许臂长 $L_{max,b}$。按式（7-39）计算 L 形弯管长臂的最大允许臂长 L_2，即 $L_2 = 2L_{max,b} - L_e$。当 L_2 大于被补偿弯臂实际长度时，Z 形补偿弯管可以满足疲劳要求，否则应调整设计。注意，两个被补偿弯臂长度均不应大于计算出的长臂长度 L_2。

当补偿弯臂长度大于 2 倍的弹性臂长 L_e 时，可将 Z 形补偿弯管看成两个相连的 L 形补偿弯管，短臂长度 L_1 经驻点计算确定，同样按照式（7-39）计算最大允许长臂长度，并进行分析比较。

2. U 形补偿弯管

（1）补偿弯臂长度确定：取 0.8～2 倍的弹性臂长 L_e，如图 7-16 所示。

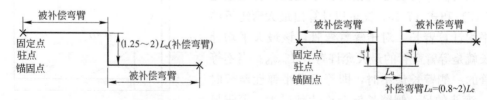

图 7-15　Z 形弯头弯臂长度的确定　　　　图 7-16　U 形补偿弯管弯臂长度的确定

（2）被补偿弯臂长度确定：同 Z 形补偿弯管一样，U 形补偿弯管也可分解为两个 L 形补偿弯管。短臂长度 L_1 取弹性臂长 L_e，代入式（7-39）计算被补偿弯臂的最大允许长

臂长度 L_2，并与实际被补偿弯臂长度进行比较。

注意，两个被补偿弯臂长度都不应大于所计算的最大允许长臂长度 L_2。

当补偿弯臂长度大于 2 倍的弹性臂长 L_e 时，将 U 形补偿弯管看成 L 形或 Z 形补偿弯管的组合，短臂长度 L_1 经驻点计算确定。同样按照式（7-39）计算最大允许长臂长度，并进行分析比较。

五、空穴

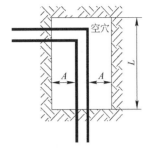

图 7-17　空穴示意图

为保证补偿弯管的补偿能力，补偿弯臂热伸长过大时，在弯头附近应当做成空穴，以保证补偿弯臂能产生一定的侧向变形。

空穴断面尺寸：保温管顶距顶板内表面 100mm，保温外壳外侧距空穴侧壁内表面距离见表 7-2，以略大于横向位移量为准，空穴的长度按地沟敷设 L 形弯管的最小臂长设置。具体数值查附图 7-1。空穴详见图 7-17。

空穴范围及尺寸（mm）　　　　　　　　　　表 7-2

DN	40	50	70	80	100	125	150	200	250	300
外壳与沟壁净距 A	200	200	250	250	250	250	250	250	250	250
DN	350	400	450	500	600	700	800	900	1000	
外壳与沟壁净距 A	250	250	250	250	250	300	300	350	350	

第八章 折角技术处理

直埋管道定线过程中不可避免的要出现折角。工程实践反复证明折角的脆弱，事故频频。直埋技术规程严格限定了可以视为直管段的最大平面折角，但是实际实施很难，一般都超过了允许范围，采用加强来补救。折角的疲劳分析理论尚不完善，只能采用有限元分析，因此折角管段的布置成为直埋管道工程的技术难点。

经过十余年的工程实践和理论研究，折角的布置可归纳为以下几种：用更小的折角串联来取代小折角；用限制折角两侧臂臂长的方法，如布置补偿器、固定墩来限制两侧臂热伸长向折角的转移；长臂侧构造 L 形、U 形弯管、短臂侧构造大折角来吸收各自的热膨胀；有条件时用大曲率撖弯管取代折角；用大曲率半径曲管来代替一个大折角或两个大折角等。本章介绍了几种折角的分解、组合、替代方案，给出了多种管径，多种温差作用下的最大允许折角以及折角两侧布置补偿器和固定墩的最大允许距离，布置曲管时的最小曲率半径等供设计参考使用。

一、$0°\sim15°$的折角

$0°\sim15°$的折角可通过斜切焊接来制作，但更应优先采用预制撖弯弯管。

在 $0°\sim15°$折角，峰值应力很大。峰值应力的大小和下列因素有关。

（1）折角大小：折角越大，应力也越大。

（2）折角两侧补偿装置的设置：距补偿装置的距离越远，内力越大，峰值应力也越大。

（3）折角两侧固定墩的设置：设置固定墩后，折角两侧臂热膨胀变形向折角转移量减小，峰值应力减小。

（4）折角用撖弯弯管代替，可以降低峰值应力。撖弯曲率半径越大，峰值应力就越小。

1. 最大允许折角

图 8-1　不采取任何保护措施的折角示意图

最大允许折角两侧既不布置固定墩，也不布置补偿器而处于无保护管段的情况，如图 8-1 所示。为防止折角的疲劳破坏和出现局部皱折，折角不应大于最大允许折角 $\phi_{max,n}$。各种管径、各种温差下的最大允许折角 $\phi_{max,n}$ 见附表 8-1。

2. 折角替代

当定线折角大于附表 8-1 中的最大允许值时，可以根据具体条件进行折角的替代，如采用大曲率半径的撖弯弯管来代替折角，也可以设置两个或多个在附表 8-1 允许范围内的小角度折角来替代一个大折角。也可以布置具有补偿能力的大转角来取代大折角。

（1）采用大曲率半径的撖弯弯管来代替大折弯，如图 8-2 所示；

（2）将大折角 β 分解为几个小折角 α，如图 8-3 所示；

（3）串联两个弯管组成 Z 形补偿弯管取代大折角 β，如图 8-4 所示；

（4）串联 4 个弯管，组成 Π 形补偿弯管取代大折角 β，如图 8-5 所示；

（5）一个小折角 α 和 L 形补偿弯管串联，取代大折角 β，如图 8-6 所示；

（6）折角两侧各串联一个 L 形补偿弯管取代大折角 β，如图 8-7 所示；

（7）串联 4 个弯管，将大折角 β 分解为 Z 形和 L 形转角管段，如图 8-8 所示。

图 8-2　采用大曲率半径曲管

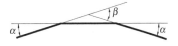

图 8-3　串联使用小折角示意图

图 8-4　Z 形补偿管段代替大折角示意图

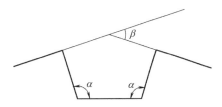

图 8-5　Π 形补偿管段代替大折角示意图

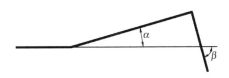

图 8-6　小折角 α 和 L 形补偿弯管串联示意图

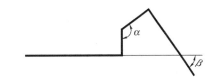

图 8-7　折角两侧各串联一个 L 形补偿弯管示意图

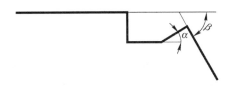

图 8-8　串联 Z 形和 L 形补偿弯管示意图

二、16°～85°折角的弯管

当定线过程中，出现 16°～85°折角的弯头时，与直角弯头类似，可以控制折角两臂的有效臂长来减少折角的受力。控制折角臂长可以采用下面三种方式：

（1）在弯头两侧一定距离内设置两个固定墩，如图 8-9 所示。

（2）在弯头两侧一定距离内设置两个补偿装置（补偿弯管或补偿器），如图 8-10 所示。

（3）在弯头两侧一定距离内分别设置固定墩和补偿装置，如图 8-11 所示。

按照折角的疲劳寿命分析，弯头臂长不应大于给定温差和给定折角下的最大允许距离 $L_{\max, a}$。

当用固定墩控制臂长时，固定墩与折角的距离不应大于 $L_{max,a}$。当用补偿器控制臂长时，补偿器与弯头的距离不应大于 $2L_{max,a}$。各种循环温差和各种折角对应的最大允许距离 $L_{max,a}$ 见附表 8-2～附表 8-5。当两臂不等长时，两臂有效臂长之和不得大于 $2L_{max,a}$。

当采用补偿弯管保护 16°～85°折角的弯头时，还应验算补偿弯管的强度。验算时补偿弯管的弯臂长度应取折角弯头到补偿弯管的长度。

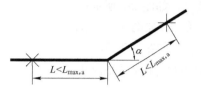

图 8-9 固定墩保护折角最大距离

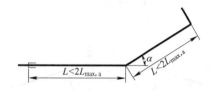

图 8-10 补偿装置保护折角最大距离

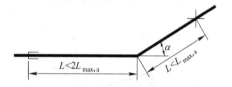

图 8-11 固定墩与补偿装置保护折角最大距离

三、弹性弯曲

任意转角的方向改变都可以通过弹性弯曲管道的方法来实现，如图 8-12 和图 8-13 所示。

图 8-12 弹性弯曲管道

图 8-13 小折角不能揻弯用曲管代替

在弹性弯曲中，先焊接直管，然后在沟槽中，利用管道的弹性使管道改变方向。弹性弯曲可以在水平方向进行，也可在垂直方向上进行。曲管曲率半径计算公式为

$$R = \frac{ED_0}{2\sigma}$$

式中 R——曲管的曲率半径，m；

E——直埋保温管钢管的弹性模量，MPa；

D_0——直埋保温管钢管外径，m；

σ——直埋保温管钢管弯曲时的允许应力，MPa。

弹性弯曲的最小曲率半径见表 8-1。

弹性弯曲的最小曲率半径   表 8-1

公称直径 DN(mm)	曲率半径 R_{min}(m)	8m 直管的转角(°)	12m 直管的转角(°)
40	25	18.1	27.1
50	31	14.8	22.3
70	40	11.5	17.3

公称直径 DN(mm)	曲率半径 R_{min}(m)	8m 直管的转角(°)	12m 直管的转角(°)
80	46	9.9	14.8
100	59	7.7	11.5
125	73	6.3	9.4
150	83	5.5	8.3
200	113	4.0	6.0
250	141	3.3	4.8
300	167	2.7	4.1
350	194	2.3	3.5
400	219	2.0	3.1
450	246	1.8	2.7
500	272	1.6	2.5
600	323	1.4	2.1
700	370	1.2	1.8
800	421	1.0	1.6
900	473	0.9	1.4
1000	524	0.8	1.3

最后应着重指出：用曲管的方法替代临时出现的小折角，需要拖延工期；用更小的折角，或具有补偿能力的转角替代大折角还需要有管线布置的空间。这些方法在理论上可以解决许多大折角问题，但是工程实施则不然，因为这些技术方案会影响其他相邻管线的布置，占据其他管线的位置。所以，采用替代方案还是保护方案应根据具体条件确定。更好的方案还在进一步的研究中。

第九章　直埋供热管线构造

直埋供热管线构造包括供热直埋管道及其附件,附件包括三通、变径管、阀门、补偿器以及与其配套的固定墩、检查小室等。

直埋管道中,三通同时承受来自主管和分支管的轴向作用力,是应力集中较大的部位,是疲劳破坏概率最大的管件。因此正确设计三通分支节点尤为重要。

补偿器在直埋管道中起到吸收热伸长、降低管道热应力的作用,是保障三通、变径管、弯头折角、阀门等安全运行的重要设备,但其自身发生故障的概率也较大,正确选型、布置、设计是减少补偿器事故的惟一途径。

分段阀、分支阀在直埋供热管道中出现的主要问题是关闭不严,起不到缩小事故范围的作用。除了阀门质量制造原因外,应当与阀门承受的管道轴向、横向推力有关,较大推力使阀门发生变形。因而阀门选型要合理,应能满足直埋管道轴向力的作用。

简言之,管道附件是直埋供热管道的故障源,合理选型、正确布置是直埋管道工程设计的重要内容。

第一节　阀　门

在直埋管网中,阀门会承受较地沟或架空敷设大得多的拉力、压力作用。所以阀门选型应满足下列要求:

(1) 阀门应能承受 1.5 倍设计压力的试验压力。

(2) 阀门应能承受管道中轴向内力的变化。

(3) 阀门应采用焊接连接,不应采用法兰或螺纹连接。

(4) 阀门宜采用强度特性好的能承受较大轴向力的钢制阀门。

高温水管道工程中采用较多的阀门有蝶阀、球阀。低温水管道也可采用闸阀、截止阀。排气采用截止阀、球阀,泄水采用闸阀、球阀。

一、蝶阀

蝶阀公称直径为 $DN50\sim DN1200$,压力等级在 2.5MPa 以下。根据传动方式分为蜗轮传动型和手柄型。蜗轮传动省力但占用空间较大,手柄型反之。在工作压力 1.6MPa 以下,公称直径在 $DN150$ 以下,仅用于启闭的蝶阀通常采用手柄型蝶阀,如果用于调节,$DN100$ 以上应使用蜗轮传动。手柄蝶阀如图 9-1 所示,蜗轮蝶阀如图 9-2 所示。根据与管道的连接方式可分为对夹式、法兰式和焊接式。由于承受比沟埋管道大得多的应力,通常采用焊接连接。用做分支阀、入口阀时,和分段阀相比应力较小,可采用法兰式。根据密封材料的耐温性能,分为高温型、标准型和低温型,按照一次网供水管温度采用高温型、标准型，其他采用低温型。根据密封座材料分为金属硬密封和橡胶软密封。橡胶软密封的弱点是密封性不可靠，由于橡胶的脆化性和膨胀性会发生老化现象，也由于热水中的杂质以及焊渣，也常使橡胶密封座损坏等而造成内泄露。直埋管网设计推荐采用金属硬密封，特别是某些关键部位如大管径的分段阀，支干线分段阀、分支阀。根据阀体材料分为铸铁、碳钢、不锈钢。通常采用碳钢即可。

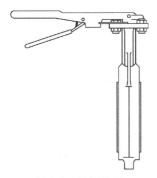

图 9-1 手柄蝶阀

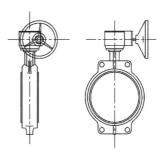

图 9-2 蜗轮蝶阀

二、球阀

按照芬兰威克斯威球阀，公称直径为 DN15～DN300，压力等级为 1.0MPa、1.6MPa、2.5MPa、4.0MPa，耐温 200℃以下。近年来，为了保证事故关断，国内某地尝试了 DN1200 的球阀用于直埋管道工程。球阀根据传动方式分为蜗轮传动型和手柄型。根据和管道的连接方式分为螺纹连接、法兰连接和焊接连接。阀球采用不锈钢，阀球密封采用碳强化 PTFE，阀体材料钢制。芬兰威克斯威球阀如图 9-3 和图 9-4 所示。

根据使用功能，球阀可分为关断球阀和关断调节球阀。关断球阀用于口径 300mm 及其以下的管道分支阀门和大口径主管道的旁通阀门。关断调节球阀将关断和调节功能合二为一。根据其压差确定流量，并通过首柄处的刻度盘直观显示。方便了各种要求下对供水量的需求。与此同时，关断调节球阀也是一个普通的关断门。任何紧急维修需要时，关断后，再开启，其刻度盘上锁定装置仍能保证原所需供水量。

根据安装要求，可分为沟埋球阀和直埋球阀。直埋球阀可按照管道埋深制作阀杆长度，无需建阀门小室就可操作阀门，可方便安装，缩短施工时间，节约基建投资。

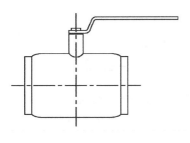

图 9-3 手柄型球阀

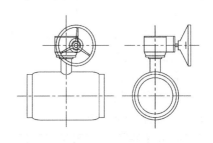

图 9-4 蜗轮型球阀

第二节 补 偿 器

无论无补偿安装还是有补偿安装，都会不同程度地采用一定量的补偿器，以补偿管道的热伸长，从而减小管壁的应力和作用在阀件或固定墩上的推力。

直埋供热管道上采用补偿器的种类很多，主要有管道的自然弯管、U 形弯管、Z 形弯管、普通套筒补偿器、无推力套筒补偿器、波纹补偿器、直埋补偿器、一次性补偿器等。其中，第七章介绍了自然弯管、U 形弯管、Z 形弯管，第十章介绍了一次性补偿器。

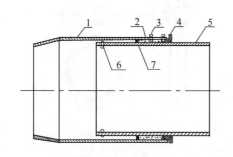

图 9-5 普通套筒补偿器
1—套管；2—柔性填料；3—填料口；4—后压兰；
5—芯管；6—螺柱；7—前压兰

一、普通套筒补偿器

它是由芯管和套管组成的，两者同心套装并用填料密封的可轴向伸缩的补偿器。图 9-5 所示为一单向套筒补偿器。芯管与套管之间用柔性密封材料密封，填料应弹性大、抗老化、防锈能力强，应具有良好的耐热性、工艺性和优异的密封性。柔性填料被紧压在前压兰与后压兰之间，以保证封口严密不渗水。补偿器被直接焊接在钢管上。柔性密封填料可以使用特制的高压枪，通过注射孔注入填料涵内。因而可以在不停止运行情况下进行维护和制止泄漏。

套筒补偿器补偿能力一般为 150～500mm，工作压力≤4.0MPa，工作温度≤400℃，占地面积小、介质流动阻力小、造价低，但是要增设检查井。套筒补偿器只能用在直线管段上，当使用在弯管或阀门附近时，由于弯头或阀门的轴向盲板推力较大，通常需要增加主固定墩。

二、无推力套筒补偿器

近年来，国内出现的无推力补偿器可以消除盲板推力。无推力套筒补偿器见图 9-6～图 9-8。

无推力套筒补偿器利用波斯卡定律——液体在密闭容器内各个方向所产生的压力相等的原理，在套筒补偿器的基础上构造两个盲端或构造一个平衡腔体，来平衡两侧弯头或管道盲端等内压力。这种补偿器称为无推力补偿器。图 9-6 所示为一个构造平衡腔的无推力补偿器的原理图。

在套筒补偿器芯管，设置一个外环平衡腔。平衡腔内，两端环形面积大小相等，且等于补偿器接管横断面积。当芯管受轴向内压力作用时，腔体内右侧环形面积受到大小相等方向相反的内压力作用；当外套管受到轴向内压力作用时，腔体内左侧环形面积上受到大小相等方向相反的内压力作用。

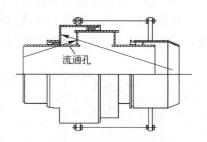

图 9-6 平衡腔无推力套筒
补偿器原理图

流通孔

所以，该补偿器在管道中起到了平衡两侧盲板力的作用。

图 9-7 和图 9-8 是开封市柳圆热能设备集团公司生产的 S-W-I 型双向无推力补偿器和 N-H-I 型无推力补偿器。这两种补偿器均构造了两个盲端，用来抵消管道系统中的轴向盲板力。

无推力补偿器补偿量大于等于普通套筒补偿器，工作压力≤2.5MPa，工作温度≤400℃，流动阻力较大，管间距大，密封面较多，因此容易漏水，维修工作量相对较大。适用于主固定支架难以敷设的场合，应尽力减少使用数量。

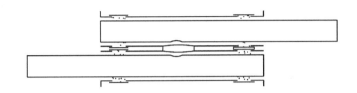

图 9-7 S-W-I 型双向无推力套筒补偿器图

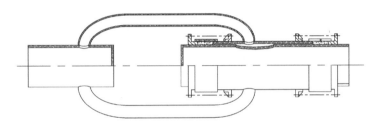

图 9-8 N-H-I 型无推力套筒补偿器

三、直埋补偿器

从补偿器敷设方式上分类，有沟埋补偿器和直埋补偿器。上述补偿器均为沟埋补偿器。直埋补偿器是为了适应供热直埋管道工程需要而设计制造的。

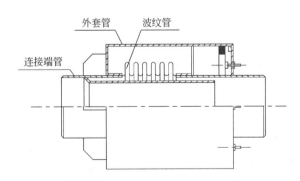

图 9-9 ZRW 型直理波纹补偿器结构简图

直埋补偿器大多是在普通波纹补偿器的外环增加保护套管而成。图 9-9 所示为开封市柳园水暖器材厂的 ZRW 型直埋补偿器的结构简图。

规格 $DN80 \sim DN1600$，工作压力≤1.6MPa。

直埋波纹补偿器具有以下特点。

（1）产品自带密封的保护罩，可直埋于地下，不必配置补偿器小室。

（2）产品自带限位机构，设计管线时不必设置用于分割补偿的次固定支架。

（3）产品自带内压推力承力机构，管线分段试压时不必配置固定支架。

（4）产品具有双向导流功能，安装无方向要求。

（5）便于施工、安装、节省投资。

直埋补偿器主要存在的问题是：补偿器伸缩需要保温接口处留有足够的伸缩空间，并做好防水、防腐处理，这一点是直埋补偿器的原理性缺点，处理不当会造成管道腐蚀。

四、波纹补偿器

波纹补偿器是利用单层或多层薄壁金属管制成的具有轴向波纹的管状补偿设备。工作时，它利用波纹变形进行管道热补偿。波纹管补偿器按照波纹的形状主要分为 U 形、Ω形、S 形、V 形；按照和管道的连接方式分为法兰式和焊接式，直埋管道工程采用焊接式连接。按照补偿方式分为轴向、横向、角向补偿器；按照波纹管材料分为不锈钢、碳钢和复合材料，供热管道上使用的波纹管，多用不锈钢制造；按构成补偿器波纹管的数量分为单式波纹管补偿器和复式波纹管补偿器；按能否抵消内压力，分为平衡式波纹补偿器和不平衡补偿器；按波纹管的承压方式又分为内压式和外压式。

图 9-10 所示为直埋供热管道工程中用到的几种波纹补偿器。图 9-11 所示为直埋供热管道工程中用到的几种波纹补偿器的布置。

（1）单式轴向型波纹管补偿器（图 9-10a），用于补偿管道的轴向变形。除此之外，补偿管道轴向变形的还有复式轴向型波纹管补偿器，压力平衡式轴向补偿器。

（2）大拉杆横向波纹管补偿器（图 9-10b），用于补偿管道的空间横向变形。当直埋管道出现 L 形、Z 形、U 形管段，又不足以形成自然补偿器时，可供选择的一种方案。

（3）角向型波纹管补偿器（图 9-10c），是利用波纹管的平面角偏转来吸收单平面管系上一个或多个方向上的横向位移，一般需要成对布置或三个成套使用。

（4）铰链横向型波纹管补偿器（图 9-10d），吸收单方向的平面横向挠曲位移，除可选用两个角向型波纹补偿器外，还可直接选用铰链横向型波纹补偿器。

（5）小拉杆三向型波纹管补偿器（图 9-10e），作横向补偿的同时，兼作轴向补偿。小拉杆三向型波纹管补偿器安装后应将双头螺栓松开或拆除。视轴向补偿量确定。

（6）曲管压力平衡波纹补偿器（图 9-10f），吸收横向与轴向位移，用于弯头或大折角不能通过应力验算时。

五、轴向补偿器布置与选择计算

（1）单侧补偿：补偿器靠近固定墩，补偿器承担单侧滑动段的膨胀量。

（2）双侧补偿：补偿器不靠近固定墩，补偿器承担两侧滑动段的膨胀量。

（3）除直埋补偿器和一次性补偿器外，补偿器宜设在管井中。

（4）轴向补偿器与管道轴线应一致，轴向补偿器 $1.5L_e$ 长度内，且不小于 12m 长度内，管段不应有折角和弯头，如图 9-12 所示。

（5）要注意预拉伸。

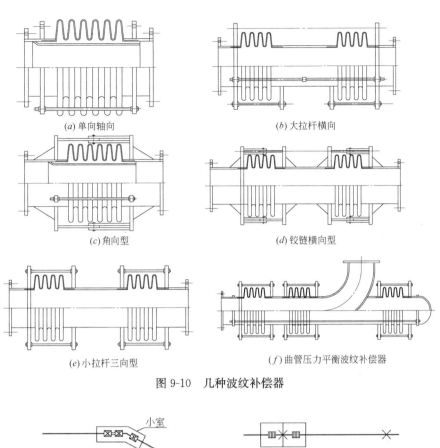

(a) 单向轴向　　　　　　　　　　(b) 大拉杆横向

(c) 角向型　　　　　　　　　　(d) 铰链横向型

(e) 小拉杆三向型　　　　　　　(f) 曲管压力平衡波纹补偿器

图 9-10　几种波纹补偿器

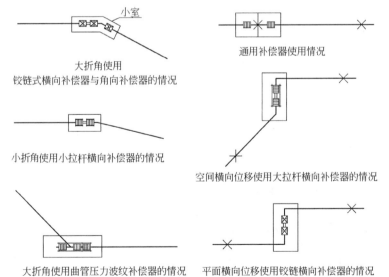

大折角使用
铰链式横向补偿器与角向补偿器的情况

小折角使用小拉杆横向补偿器的情况

大折角使用曲管压力波纹补偿器的情况

通用补偿器使用情况

空间横向位移使用大拉杆横向补偿器的情况

平面横向位移使用铰链横向补偿器的情况

图 9-11　几种波纹补偿器的布置

（6）补偿器的选择计算包括确定有补偿管段的长度，见第六章。

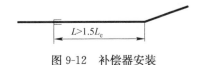

图 9-12　补偿器安装

第三节　变　径　管

变径管是应力集中的管件之一，是疲劳分析的重点。由于目前缺乏变径管疲劳分析的研究，现行《城镇供热直埋热水管道技术规程》CJJ/T 81—2013 规定，直埋供热管道变径处应设补偿器或固定墩进行保护。对于 $DN500$ 以上的变径管若都采用保护措施，工程实施有时难度很大。为此，本节对变径管的受力进行了分析，揭示了处于锚固段变径管两侧局部管段力的再分配规律，局部膨胀和压缩的管段长度，变径管位移等。按照安定性理论进行了变径管小头和小管道连接断面的应力验算，满足安定性理论的变径管允许温差，为有选择地保护变径管提供了理论支持。

一、含变径管的锚固段轴向力分布图

若忽略变径管两侧管道的沿途温降，锚固段两侧管道的热应力大小将处于同一水平，因此，变径管大管侧轴向力将会大于小管侧管道的轴向力。

因此，尽管变径管处于长直管线的锚固管段，但是大管侧的轴向力仍然会通过变径管的传递，作用于小管侧。在变径管两侧局部管段内引起力的再平衡。设大管侧局部膨胀管段长度为 L_1''，小管侧局部压缩管段长度为 L_2''，则 L_1'' 有微量的热膨胀，L_2'' 将额外增加压缩变形。在安定性状态下，变径管产生有限量的位移。轴向压力的变化如图 9-13 所示。

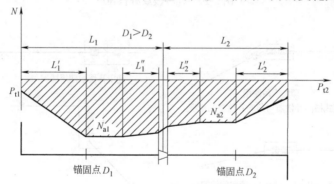

图 9-13　管道轴向力分布

图中　N_{a1}——锚固段大管侧管道的轴向力；

　　　N_{a2}——锚固段小管侧管道的轴向力；

　　　P_{t1}——长直管线大管侧活动端位移阻力；

　　　P_{t2}——长直管线小管侧活动端位移阻力；

　　　f——变径管的盲板力（未标注，见图 9-16）；

　　　L_1——大管侧活动端距变径管长；

　　　L_2——小管侧活动端距变径管管长；

　　　L_1'——大管侧最大过渡段长度；

　　　L_2'——小管侧最大过渡段长度；

　　　L_1''——变径管大管侧局部再膨胀段长度；

　　　L_2''——变径管小管侧局部再压缩段长度；

　　　N_a——变径管小头的轴向力；

　　　C——变径管受到的土壤压缩反力（未标注，见图 9-16）。

二、变径管小头的轴向力

① 变径管两侧直管段的轴向力

直埋供热管道锚固段的轴向力按下式计算：

$$N_{ai} = P_{ti} + F_{max,i} L'_i = [\alpha E(t_1 - t_0) - v\sigma_{t,i}] \cdot A_i \cdot 10^6 \tag{9-1}$$

式中：当 $t_1 - t_0 \geqslant \Delta t_y$ 时，$t_1 - t_0 = \Delta t_y$；下标 $i = 1$，2。$i = 1$ 代表大管；$i = 2$ 代表小管（这里假定安装温度和运行最低温相等）。

其他符号意义同前。

② 变径管小头所受轴向力

变径管小头受到的轴向力按下式计算：

$$N_a = N_{a1} - F_{max,1} L''_1 + f - C = N_{a2} + F_{max,2} L''_2 \tag{9-2}$$

由式（9-2）可见，处于锚固段的变径管，大头的轴向力小于大管的轴向力，而小头的轴向力大于小管的轴向力，因此小头和小管连接处将承受较大的压应力。该截面的轴向力随局部压缩长度线性增大。当长直管线锚固段满足安定性条件时，该截面未必能满足强度条件，所以处于锚固段的变径管小头处进行应力验算是必须的。

三、锚固段变径管的位移及两侧局部变形长度

根据胡克定律，局部再压缩段 L''_2 的应力应变关系为

$$\frac{N_a - N_{a2}}{2A_2} = \varepsilon_2 E = \frac{\Delta}{L''_2} E \tag{9-3}$$

根据胡克定律，局部再膨胀变形段 L''_1 的应力应变关系为

$$\frac{N_{a1} - (N_a + C - f)}{2A_1} = \varepsilon_1 E = \frac{\Delta}{L''_1} E \tag{9-4}$$

变径管的热位移：

$$\Delta = \frac{L''_2 (N_a - N_{a2})}{2A_2 E} \tag{9-5}$$

或者

$$\Delta = \frac{L''_1 (N_{a1} - N_a + f - C)}{2A_1 E} \tag{9-6}$$

由式（9-5）和式（9-6）可得

$$\frac{L''_2 (N_a - N_{a2})}{A_2} = \frac{L''_1 (N_{a1} - N_a + f - C)}{A_1} \tag{9-7}$$

由式（9-2）和式（9-7）可得：

大管局部再膨胀的管段长度：

$$L''_1 = \frac{N_{a1} - N_{a2} + f - C}{F_{max,2} \sqrt{\dfrac{F_{max,1} A_2}{F_{max,2} A_1}} + F_{max,1}} \tag{9-8}$$

小管局部再压缩的管段长度：

$$L''_2 = \frac{N_{a1} - N_{a2} + f - C}{F_{max,1} \sqrt{\dfrac{F_{max,2} A_1}{F_{max,1} A_2}} + F_{max,2}} \tag{9-9}$$

在管顶覆土 1.0m，压力 2.5MPa、1.6MPa、1.0MPa 以及不同安装温差下大管的局部再膨胀和小管的局部再压缩的管段长度见附表 9-1～附表 9-6。

变径管热位移 Δ 如下。

由式（9-2）、式（9-5）和式（9-9）可得

$$\Delta=\frac{F_{\max,2}}{2A_2E}\left\{\frac{N_{a1}-N_{a2}+f-C}{F_{\max,1}\sqrt{\dfrac{F_{\max,2}A_1}{F_{\max,1}A_2}}+F_{\max,2}}\right\} \tag{9-10}$$

某些一级变径管，在 2.5MPa 设计压力和最大允许温差下，随不同埋深的热位移量如图 9-14 所示。

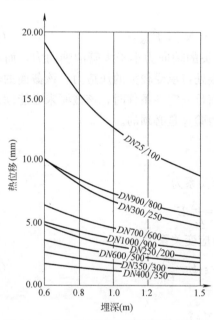

图 9-14　某些变径管随不同埋深的位移量

分析式（9-1）～式（9-10）及图 9-14 可以得出如下结论：

（1）随压力的增加，变径管两侧的局部再变形段增长，变径管的热位移增加；

（2）随埋深的降低，变径管两侧的局部再变形段增长，变径管的热位移增加，小管的最大轴向力增大；

（3）随变径级数的增加，变径管两侧的局部再变形段增长，变径管的热位移量增加，小管的最大轴向力增大。

四、变径管无保护的允许温差

变径管小头和小管连接处是变径管轴向力最大的断面，是变径管的危险断面。只要这一端面满足安定性条件和疲劳分析，变径管就不需要保护。根据第三强度理论，在两向应力作用下，第三相当应力 σ_{eq} 应按下式计算[7,8]：

$$\sigma_{t,2}=\frac{P_nD_{i,2}}{2\delta_2} \tag{9-11}$$

$$\sigma_{a,2}=\frac{-N_a}{A_2} \tag{9-12}$$

$$\sigma_{eq,2}=\sigma_{t,2}-\sigma_{a,2} \tag{9-13}$$

按照安定性条件：$\sigma_{eq}\leqslant 3[\sigma]$；可得该截面满足强度要求的最大允许温差 $\Delta T_{\max}$ 见附表 9-7 和附表 9-8。

附表 9-7 和附表 9-8 中，$\Delta T_{\max,g}$ 是没有变径的长直管线，按照安定性条件确定的最大允许温差。分析附表 9-7 和附表 9-8，可以得出如下结论：

（1）随变径级数的增加，允许温差在减小；

（2）随内压力的增加，允许温差在减小；

（3）按小头和小管连接处确定的允许温差要小十几摄氏度以上。

五、变径管的保护

综上所述,当管网最大温差既不大于 $\Delta T_{\max,g}$, 也不大于 $\Delta T_{\max}$ 时,变径管安装不需要保护;当管网最大温差不大于 $\Delta T_{\max,g}$, 但大于 $\Delta T_{\max}$ 时,变径管不应进入长直管线的锚固段,否则需要设置固定墩或补偿器进行保护。保护措施如下。

图 9-15 大管径管道上设固定墩

(1)在靠近变径管的大管径管道上设置固定墩,切忌在小管径管道上设置固定墩。如图 9-15 所示。固定墩与变径管的最大允许距离参见附表 9-1~附表 9-6。

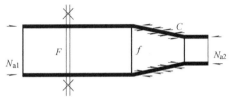

图 9-16 固定墩静力平衡图

在紧靠变径管大头设置固定墩,利用土壤反力抵抗大管的部分轴向力,既起到降低小头处应力的作用又利于分支的引出[10]。

固定墩静力平衡图如图 9-16 所示,固定墩受到的推力 F 根据式(9-15)确定。

根据力学平衡可得

$$F = N_{a1} + f - N_{a2} - C \qquad (9\text{-}14)$$

将式(9-1)代入式(9-14)可得

$$F = \alpha E(t_1 - t_0)(A_1 - A_2) \times 10^6 - \upsilon(\sigma_{t,1}A_1 - \sigma_{t,2}A_2) \times 10^6 + f - C \qquad (9\text{-}15)$$

(2)在距变径管一定距离的大管径管道上设置补偿装置,如图 9-17 所示。补偿装置与变径管的最大允许距离 $L_{\max,1}$ 参见附表 9-1~附表 9-6。

(3)在距变径管一定距离的小管径管道上设置补偿装置,如图 9-18 所示。补偿装置与变径管的最大允许距离 $L_{\max,m}$ 参见附表 9-1~附表 9-6。

图 9-17 大管径设补偿器   图 9-18 小管径设补偿器

设置补偿器进行保护,使变径管进入过渡管段。虽然可以起到降低小头处应力的作用,增加小头的安全性,但是补偿器的加入又增加了管系的故障源,增加了附近分支的横向位移,引起管系热力与热伸长的再分配,增加了设计施工难度。

六、变径管壁厚的设计

变径管壁厚按式(9-16)计算(图 9-19):

$$t_{c,\min} = \frac{PD_{0c}}{2\sigma_d z} \cdot \frac{1}{\cos\alpha} \qquad (9\text{-}16)$$

式中　$t_{c,\min}$——沿圆锥方向上任意点的最小壁厚;

　　　D_{0c}——沿圆锥方向上任意截面的钢管外径;

　　　σ_d——设计应力,$\sigma_d = \sigma_s/\gamma = \sigma_s/1.25$;

　　　z——纵向焊缝系数。

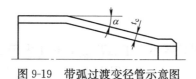

图 9-19　带弧过渡变径管示意图

第四节　分支引出

在主干线上引出分支，往往是直埋管道设计的技术难点。分支点处理的复杂程度既影响工程进度也影响工程造价。同时分支三通也是直埋管网的危险点。通常在主干线走向确定后，应根据分支线的位置反复调整主线补偿装置和固定墩的位置以降低分支三通的受力。即使是无补偿设计，在综合考虑技术可靠、经济合理的条件下也可以因分支引出而设置少量的补偿器，力求分支三通处于主干线位移量小于 50mm 的管段。当分支点受力较大时，分支三通应采取加强措施。以下是几种分支管径不大于 $DN500$ 的分支管道的布置方法。

一、在分支管上设置固定墩

（1）当主管无热位移时（如分支位于驻点处，或主管上设置固定墩），为限制支管的热胀变形向三通转移，在分支管上设置固定墩，固定墩距三通的距离不应大于 9m，如图 9-20 所示。

（2）当三通主管有轴向热移动且热位移小于 50mm 时，为使支管能够吸收主管的轴向移动，减小因主管的轴向热位移而在三通处产生的应力，固定墩与三通的最小距离应大于表 7-1 所示的弹性臂长度 L_e，固定墩与三通的最大距离不应大于 9m，如图 9-21 所示。

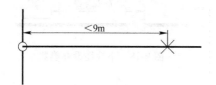

图 9-20　固定墩布置图（主管
轴向热位移等于零）

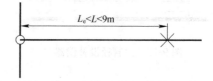

图 9-21　固定墩布置图（主管
轴向热位移小于 50mm）

二、在分支管上设置补偿装置

（1）当主管热位移小于 50mm 时，可采用 Z 形弯管引出分支，如图 9-22（a）所示。弯头距三通的距离 L_1 应大于支管弹性臂长且小于 20m，以补偿主管轴向位移。补偿弯臂长度 L_2 应按 Z 形补偿弯管确定，取弹性臂长 L_e 的 1.25～2 倍，用来补偿支管热伸长。

（2）当主管热位移大于 50mm 时，也可采用 Z 形弯管引出分支，如图 9-22（b）所示。弯头距三通的管段做空穴，且距离 L_1 大于附图 7-1 查得的最小短臂长并不得大于 20m，以补偿主管轴向位移。补偿弯臂长度 L_2 应按 Z 型补偿弯管确定，取弹性臂长 L_e 的 1.25～2 倍，用来补偿支管热伸长。

（3）当主管热位移小于 50mm 时，分支管可装轴向补偿器引出，如图 9-23 所示。分支点距补偿器的最小距离不应小于 $1.5L_e$，最大距离不应大于 20m，以补偿主管轴向位移。特别注意分支内压力对三通的作用。当分支点至补偿器管段的土壤摩擦力足以抵消支线内压力作用时，可以安装普通轴向补偿器，反之应装无推力轴向补偿器。

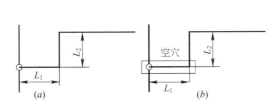

图 9-22　Z 形分支

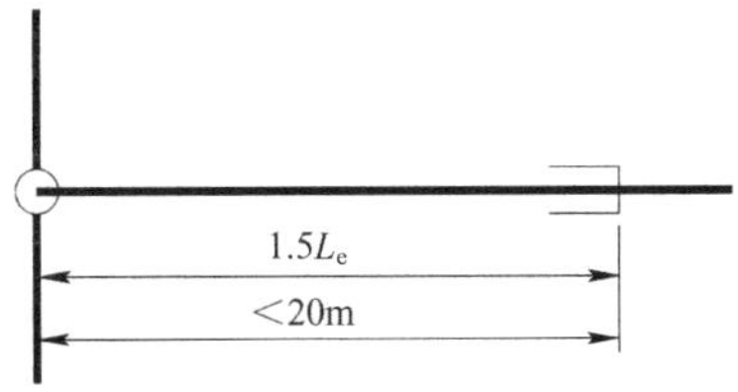

图 9-23　支线装轴向补偿器

（4）当主管轴向热移小于 50mm 时，可采用平行主管引出分支，如图 9-24 所示。补偿弯臂 L 应大于支管的弹性长度 L_e 且小于 20m，以补偿支线热伸长。

（5）当主管轴向热位移小于 50mm，同时分支弯头不具备对支线补偿能力时，分支管可装横向补偿器，如图 9-25 所示，以补偿支线热伸长。分支点到弯头的距离以满足横向补偿器安装要求为宜。

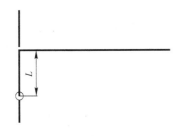

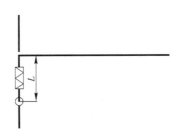

图 9-24　平行引分支

图 9-25　平行臂装横向补偿器

（6）当主管热位移大于 50mm 时，支线弯头具有对支线的补偿能力时，分支管可装轴向补偿器，如图 9-26 所示。分支点距补偿器的距离尽量小，补偿器距支线弯头最小距离满足支线补偿要求为宜且大于 12m，确保补偿器同芯伸缩。按照内压力和分支三通的抗力对补偿器的类型做进一步限制。当分支三通足以抵抗内压力作用时，可选普通补偿器，当分支三通不能抵抗内压力作用时，选无推力补偿器。

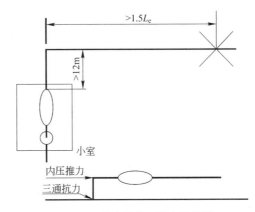

图 9-26　分支管装无推力补偿器

（7）当主管热位移大于 50mm，分支也需要补偿热伸长时，若上返分支高度大于横向补偿器长度，可采用图 9-27 所示的布置方式。

（8）当主管热位移大于 50mm，分支也需要补偿热伸长时，若上返分支高度小于横向补偿器长度,可采用图 9-28 所示的布置方式。这种方法检查井占地大,流动阻力大,又需要泄水,因此一般情况应尽量少用。

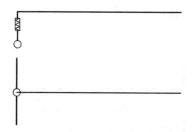

图 9-27　分支立臂装横向补偿器

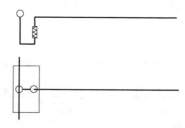

图 9-28　下开口在上翻臂装横向补偿器

(9) 支管上设橡胶球形软接头

当主管位移量大于 50mm,分支弯头又没有对支线的补偿能力时,对于供水温度较低的二次网、庭院管网,支管上可安装可曲挠球体橡胶软接头。其中,橡胶接头的轴向补偿量用来补偿支管的热伸长,橡胶接头的横向补偿量用来补偿主管的轴向位移。当一个橡胶接头不足以补偿管道的轴向或横向位移时,可以串联两个橡胶接头。

三、主管和支管都设补偿器

(1) 当主管热位移大于 50mm 时,分支立臂没有安装横向补偿器的空间,分支平面弯头又不具备对支线的补偿能力时,可在主管上安装补偿器和次固定墩,支线上安装固定支架。需要时结合布置变径管和分支阀门,如图 9-29 所示。

(2) 当主管热位移大于 50mm 时,分支立臂没有安装横向补偿器的空间,分支平面弯头又不具备对支线的补偿能力时,可在主管上安装补偿器和次固定墩,支线上安装补偿器和分支阀门,一并置于检查小室,如图 9-30 所示。当支线内压力较大,分支三通难以承受时,应装无推力补偿器。

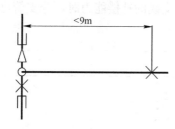

图 9-29　主管装补偿器和固定支架
支线装固定墩

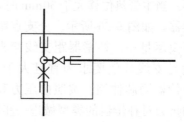

图 9-30　主管装补偿器和固定支架
支线装补偿器

图 9-31　主管装补偿器和固定墩
支线装补偿器

(3) 当主管热位移大于 50mm 时,分支立臂没有安装横向补偿器的空间,分支平面弯头又不具备对支线的补偿能力时,可在主管上安装补偿器和次固定墩,支线上安装补偿器和分支阀门,分别置于检查小室,如图 9-31 所示。当分支点至支线补偿器管段的摩擦力足以抵抗支线内压力作用时,应装普通轴向补偿器，否则装无推力补偿器。

以上抽分支方法主要用于支管直径不大于 $DN500$ 的分支。对于大于 $DN500$ 的支线，推荐采用图 9-22、图 9-25～图 9-28 和图 9-30 所示的方法，其他方法的规定尺寸需要进一步研究。

第五节　检　查　室

在管道安装有补偿器、阀门、泄水、排气等装置处，应设置检查室（井）。检查室可与固定墩合并也可独立设置。检查室的净空尺寸要尽可能紧凑，但必须考虑便于维护检修。检查室净空高度不得小于 1.8m，人行通道宽度不小于 0.6m，保温外壳与检查室地面距离不小于 0.6m。检查室顶部应设入口以及入口扶梯，入口人孔直径不小于 0.7m。为了检修时迅速通风换气，人孔数量不得小于两个，并应对角布置。检查室地面正对人孔下方应设集水坑，以便检修时将集水抽出。集水坑通常为 0.4m×0.4m×0.3m。大型阀室还应设置照明设施和机械通风设备。

当检查室内需更换的设备、附件不能从人孔进出时、应在检查室顶板上设安装孔。安装孔的尺寸和位置应保证需更换设备的出入和便于安装。

当检查室内装有电动阀门时，应采取措施，保证安装地点的空气温度、湿度满足电气装置的技术要求。

当地下敷设管道只需安装放气阀门且埋深很小时，可不设检查室，只在地面设检查井口，放气阀门的安装位置应便于工作人员在地面进行操作；当埋深较大时，在保证安全的条件下，也可只设检查人孔。

近年来，一次网的排气小室或泄水小室出现了主、副井成对的设计形式。例如，泄水小室的阀门在主井，而泄水管口通向副井。这种设计虽然增加了投资，但是启闭阀门的小室环境得到了极大的改善，维修人员的安全得到了保障，值得推广。

检查室用于高温管道时采用混凝土结构，低温管道时可采用砖砌小室。

第六节　直埋保温管散热量计算

一、单根散热量计算

直埋敷设的管道直接埋于土壤中，在计算管道散热损失时，需要考虑土壤的热阻。根据福尔赫盖伊默推导的传热学理论计算公式，土壤的热阻可用下式计算：

$$R_t = \frac{1}{2\pi\lambda_t}\ln\left(\frac{2H_z}{D_c} + \sqrt{\left(\frac{2H_z}{D_c}\right)^2 - 1}\right) \quad \text{m·℃/W} \tag{9-17}$$

式中　λ_t——土壤的导热系数。当土壤温度为 10～40℃时，中等湿度土壤的导热系数 λ_t 在 1.2～2.5W/(m·℃) 范围内。对于湿土，λ_t 可取 1.5～2.5W/(m·℃)；对于干砂，λ_t 可取 1.0W/(m·℃)；

H_z——管子的折算埋深，按下式计算

$$H_z = H + h_j = H + \frac{\lambda_t}{\alpha_\kappa} \tag{9-18}$$

式中　H——从地表面到管中心埋深，m；

　　　h_j——假想土壤层厚度，m，此厚度的热阻等于土壤表面层的热阻；

　　　α_κ——土壤表面的放热系数，可采用 $\alpha_\kappa = 12\sim15W/(m^2\cdot℃)$ 计算。

此时，直埋供热管道的散热损失（$H/D_c<2$ 的条件），可按下式计算：

$$q = \frac{t-t_{d,b}}{R_b+R_t} = \frac{t-t_{d,b}}{\frac{1}{2\pi\lambda_b}\ln\frac{D_c}{D_w}+\frac{1}{2\pi\lambda_t}\ln\left[\frac{2H_z}{D_c}+\sqrt{\left(\frac{2H_z}{D_c}\right)^2-1}\right]}(1+\beta)l \tag{9-19}$$

式中　$t_{d,b}$——土壤地表面温度，℃；

　　　R_b——保温材料热阻，m·℃/W；

　　　λ_b——保温材料的导热系数，W/(m·℃)；

　　　β——管道附件、阀门、补偿器、支座等的散热损失附加系数，对直埋敷设 $\beta=0.1\sim0.15$；

如埋设深度较深（$H/D_c\geqslant2$ 的条件），式（9-18）和式（9-20）可近似采用更简单的公式进行计算：

$$R_t = \frac{1}{2\pi\lambda_t}\ln\frac{4H_z}{D_c} \tag{9-20}$$

$$q = \frac{t-t_{d,b}}{\frac{1}{2\pi\lambda_b}\ln\frac{D_c}{D_w}+\frac{1}{2\pi\lambda_t}\ln\frac{4H_z}{D_c}}(1+\beta)l \tag{9-21}$$

二、双根散热量计算

以上是单根管道直埋敷设的散热损失计算方法。当几根管道并列直埋时，需要考虑其相互间传热的影响。根据苏联学者舒宾提出的方法，其相互传热影响可以考虑为一个假想的附加热阻 R_c。在双管直埋情况下，附加热阻可用下式表示：

$$R_c = \frac{1}{2\pi\lambda_t}\ln\sqrt{\left(\frac{2H_z}{b}\right)^2+1} \tag{9-22}$$

式中　b——供回水管中心间距，m；

　　　其他符号同前。

供水管的散热损失：

$$q_1 = \frac{(t_1-t_{d,b})\sum R_2-(t_2-t_{d,b})R_c}{\sum R_1\sum R_2-R_c^2} \tag{9-23}$$

回水管的散热损失：

$$q_2 = \frac{(t_2-t_{d,b})\sum R_1-(t_1-t_{d,b})R_c}{\sum R_1\sum R_2-R_c^2} \tag{9-24}$$

式中　q_1，q_2——供水管和回水管道单位长度的散热损失，W/m；

　　　t_1，t_2——供水管和回水管热媒温度，℃；

$\sum R_1$，$\sum R_2$——供水管和回水管的总热阻，m·℃/W；

$$\sum R_1 = R_{b,1} + R_t; \quad \sum R_2 = R_{b,2} + R_t;$$

$R_{b,1}$，$R_{b,2}$——供水管和回水管保温层热阻，m·℃/W；

R_t——土壤热阻，m·℃/W，按式（9-20）计算；

R_c——附加热阻，m·℃/W，按式（9-22）计算；

$t_{d,b}$——土壤地表面温度，℃。

【**例 9-1**】　一直埋供热系统管道构造如图 9-32 所示。管径 $d_w \times \delta = 325 \times 7$（mm），两管中心距 $b = 0.76$m。管子中心埋设深度 $h = 1.2$m。采用聚氨酯保温，外护聚乙烯保护壳，供回水管采用相同的保温层，其厚度 $\delta = 45$mm，其导热系数 $\lambda_b = 0.023$W/(m·℃)。

设在整个供暖期间，供水管的平均水温 $t_1 = 86$℃，回水管的平均水温 $t_2 = 55$℃。供暖期小时数 $n = 4296$h。供暖期间土壤地表面平均温度 $t_{d,b} = -3$℃。求在平均水温下双管的散热损失及年总散热量。

【**解**】　（1）计算管路的热阻，如忽略保护壳厚度及热阻，则直埋敷设管道与土壤接触的外径 $d_z = d_w + 2\delta = 0.325 + 2 \times 0.045 = 0.415$m。

$h/d_z = 1.2/0.415 = 2.89 > 2$，因此，本例中可按式（9-20）计算土壤热阻 R_t。

设土壤的导热系数 $\lambda_t = 2.4$W/(m·℃)，土壤表面的放热系数 $\alpha_\kappa = 15$W/(m·℃)，则本例中管道的折算埋深 H_z 为

$$H_z = h + \frac{\lambda_t}{\alpha_\kappa} = 1.2 + 2.4/15 = 1.36\text{m}$$

土壤热阻按式（9-21）计算：

$$R_t = \frac{1}{2\pi\lambda_t}\ln\frac{4H}{d_z} = \frac{1}{2\pi \times 2.4}\ln\frac{4 \times 1.36}{0.415} = 0.171\text{m·℃/W}$$

供回水管采用同一厚度，保温热阻为

$$R_b = R_{b1} = R_{b2} = \frac{1}{2\pi\lambda_b}\ln\frac{d_z}{d_w} = \frac{1}{2\pi \times 0.023}\ln\frac{0.415}{0.325} \approx 1.692\text{m·℃/W}$$

则　　　　　　$\sum R = \sum R_1 = \sum R_b + R_t = 1.692 + 0.171 = 1.863\text{m·℃/W}$

（2）计算附加热阻 R_c，根据式（9-23）有

$$R_c = \frac{1}{2\pi\lambda_t}\ln\sqrt{\left(\frac{2H_z}{b}\right)^2 + 1} = \frac{1}{2\pi \times 2.4}\ln\sqrt{\left(\frac{2 \times 1.36}{0.76}\right)^2 + 1} \approx 0.087\text{m·℃/W}$$

（3）根据式（9-24）和式（9-25），确定供、回水管单位管长的散热量：

$$q_1 = \frac{(t_1 - t_{d,b})\sum R_2 - (t_2 - t_{d,b})R_c}{\sum R_1 \sum R_2 - R_c^2}$$

$$= \frac{[86 - (-3)] \times 1.863 - [55 - (-3)] \times 0.087}{1.863^2 - 0.087^2}$$

$$\approx 46.42\text{W/m}$$

$$q_2 = \frac{(t_2 - t_{d,b})\sum R_1 - (t_1 - t_{d,b})R_c}{\sum R_1 \sum R_2 - R_c^2}$$

$$= \frac{[55 - (-3)] \times 1.863 - [86 - (-3)] \times 0.087}{1.863^2 - 0.087^2}$$

$$\approx 28.96\text{W/m}$$

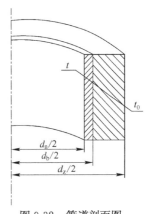

图 9-32　管道剖面图

总散热损失：

$$\sum q = q_1 + q_2 = 46.42 + 28.96 = 75.38 \text{W/m}$$

（4）计算双管在整个供暖期的总散热损失：

$$\Delta Q_a = n \sum q = 4296 \times 3600 \times 75.38 = 1.1658 \times 10^9 \text{J/(m} \cdot \text{a)} = 1.1658 \text{GJ/(m} \cdot \text{a)}$$

第十章 预制保温管直埋敷设方式

供热用预制保温管直埋敷设按照长直管线是否安装补偿器分为有补偿敷设和无补偿敷设。按照施焊时管道温度又分为冷安装和预热安装。

有补偿敷设可用于各种温度、各种压力、各种施工环境的供热系统，而无补偿敷设是有条件的，对施工质量、施工环境有一定的要求，即使采用预热安装也是如此。基于管段应力变化范围，冷安装和预热安装一样；但是冷安装应力变化幅度约为预热安装的2倍，即管道的升温轴向力约为预热安装的2倍。这就增大了直管段向管道附件，包括折角、弯头、变径管、三通等释放变形的能力，引起附件承受较大峰值应力。从管道施工速度和工程造价角度分析，无补偿冷安装速度快、节省投资，预热安装次之，有补偿敷设最差。从预制保温管的质量、管道附件质量、工程施工质量等角度分析，同等管网寿命，冷安装要求施工质量最高、施工环境最好。

综上所述，了解预制保温管直埋敷设方式，掌握设计原理，布置特点，才能扬长避短，获得最佳的技术经济效果。

第一节 有补偿和无补偿冷安装

一、概述

有补偿敷设因设置了补偿器，直管段热应力小，所以只有冷安装敷设方式。有补偿管段安装的补偿装置包括：管道定线时自然形成的补偿弯管；人为设置的L形、Z形和U形补偿弯管；波纹补偿器、套筒补偿器、直埋补偿器等。

但是，人为地设置补偿弯管和补偿器在降低管道应力的同时，也带来了新的问题：

(1) 补偿装置不可避免地要维护，所以宜安装在补偿小室内，不仅增加了投资，也增大了管网的热损失，降低了系统的经济性；

(2) 补偿器是管网的危险点，几十年的集中供热经验证明，设置补偿器增加了管网的事故概率，降低了管网的可靠性；

总结近几十年的运行经验，在管网设计中，应尽量减少补偿装置的设置，尽力创造条件采用无补偿敷设。

无补偿敷设在长直管线上不专门布置补偿器，只有自然形成的弯管补偿器，或自然形成的弯管补偿器不能满足要求时设置少量补偿器进行保护。因此，对于设计供水温度较高的供热管道，无补偿管段热应力会比有补偿敷设高得多，设计不当或施工不规范等都可能引起下列问题：

(1) 在整个锚固段内，可能产生沿轴线方向的循环塑性变形；

(2) 浅埋的管道、高程上变化剧烈的管道，地下管线复杂和地下水位较高的管道可能产生整体失稳；

（3）大管径的管道，特别是有缺陷、有折角的大管径管道可能产生局部皱结；

（4）管件及管道附件，如三通、折角和阀门等，也可能产生局部皱结和疲劳破坏。

为了减小无补偿管道的轴向力，无补偿敷设有时采用预热安装方式，所以工程中又分为无补偿冷安装和无补偿预热安装。预热安装可以减小轴向力，降低大管径局部屈曲的风险，但是不解决直管道的安定性问题，而且增加了施工周期和工程费用。

选择有补偿和无补偿敷设方式是一个技术问题，而选择无补偿冷安装和无补偿预热安装是一个技术经济问题。设计中必须认真进行管网定线，减少折弯；依据热力计算结果，灵活应用有补偿和无补偿敷设，权衡冷安装和预热安装的利弊，扬长避短，保证管网使用寿命。

二、有补偿敷设和无补偿敷设的判别

选择有补偿敷设和无补偿敷设的设计依据是安定性分析原理，只要管道的运行最高温度和循环最低温度满足式（6-4），长直管段就可进入自然锚固。长直管段在整个运行期间，允许有限量的塑性变形，但是仍能安定在弹性状态下工作，布置样图见图 10-1。在图 10-1 中，A-A 管段为无补偿管段。

反之，管网运行最高温度和循环最低温度之差（t_1-t_2）超过了安定性分析法控制的最大允许温升 $\Delta T_{\max}$，长直管段不能进入锚固段，需要植入补偿器，增加活动段和过渡段。过渡段最大长度 $L_{\max}$ 按安定性分析的强度条件确定。

按安定性条件控制的最大允许温升 $\Delta T_{\max}$ 见表 6-1，过渡段最大安装长度见式（6-7）。布置样图见图 10-2。在驻点 A 处的最大轴向力不得超过其极限值，最大轴向力可表示为

$$F_1 L_{\max} + P_t = (\alpha E \Delta T_{\max} - \upsilon \sigma_t) A \times 10^6 \tag{10-1}$$

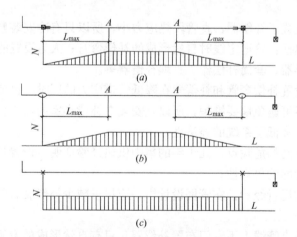

图 10-1　无补偿直埋敷设管道轴向力分布示意图

(a) 布置有推力补偿器形成的锚固管段；(b) 布置无推力补偿器形成的锚固管段；

(c) 布置固定墩形成的强制锚固管段

研究表明，即使管网的设计供水温度高达 140℃，长直管线也有可能采用无补偿直埋敷设。这样就极大地拓宽了无补偿直埋敷设的使用范围，简化了施工，缩短了工期，节省

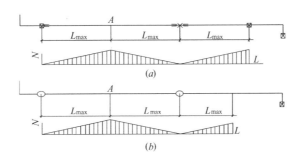

图 10-2　有补偿直埋敷设管道轴向力分布示意图
（a）有推力补偿器补偿形式；（b）无推力补偿器补偿形式

了工程造价。

　　但是，在如此高的应力状态下进行无补偿设计应当特别注意下列问题：①采取措施局部降低管道三通、弯头、阀门等处的应力值，或者在仔细应力验算的基础上，采取保护措施，例如，对三通进行补强，采用加厚弯头，采用钢制焊接高强度阀门等，工程中发现，采用无补偿敷设后，部分阀门关不严密，除阀门本身质量、施工质量等因素外，还与阀门选型、阀门反抗轴向力变形等有关；②管道及其安装过程中造成的各种缺陷而引起应力集中的地方，增大了发生疲劳破坏的危险性，特别是管道组对接头处的疲劳破坏，所以施工质量是非常重要的；③高应力状态下大管径管道有局部屈曲的危险，所以必须进行防止局部屈曲的应力验算。对于局部屈曲应力验算不合格的，要采取相应技术措施。

第二节　预应力安装与冷安装

一、概述

　　直埋管道预应力方式包括管道预拉伸和管道预热安装。采用机械力将管道在冷态下进行拉伸，称为管道预拉伸。这需要提供较大的预应力所需的机械力，因此工程中极少采用；和预拉伸相比，预热安装得到了较为广泛的应用。

　　预热安装是指：在安装过程中对管道预升温加热、焊接。预热温度指在预热安装时给管道施加的预升温温度值，是计算预热热伸长量的基准参数。预热温度的高低决定着直埋供热管道冷态下拉应力的大小和热态下压应力的数值。

　　预热安装的分类：从预热管道是否回填，分为敞沟预热和覆土预热；按照预热整体性，分为整体预热和分段预热，分段预热需要有移动热源；基于预热采用的热介质，分为热水预热、热风预热、电预热。

　　敞沟预热即管道在回填前进行预加热。管道焊接完毕，试压合格，无损探伤合格后，进行预加热。当加热到预热温度左右，观测管段热伸长量是否达到计算值。当管段热伸长量达到计算值后再进行覆土夯实。敞沟预热热膨胀量的释放是在沟槽敞口条件下进行的，可以在管段中立即产生均匀分布的预应力效果。敞沟预热也有整体预热和分段预热。

　　敞沟分段预热，即上一段预热回填后，再进行下一段敞沟预热。回填后总存在最小过渡段长度的冷缩量，其冷缩量必须由下一段预热伸长量补足。上一段与下一段的连接，可以直接焊接，也可用短管、一次性补偿器或普通补偿器等连接。上下段连接方式和预热介质有关。

覆土预热，又分为设置一次性补偿器的覆土预热，采用补偿弯管覆土预热等。

设置一次性补偿器的覆土预热：在管道的直线部分，按一定间距安装一次性补偿器。补偿器间距的大小以保证直管段热膨胀量能够释放给一次性补偿器为出发点。除一次性补偿器外，其余沟槽立即回填，再进行预热升温。升温达到或超过预热温度，逐个观测一次性补偿器，哪个补偿器热膨胀量达到计算值，就将哪个补偿器焊死，直到全部焊死。

根据一次预热范围又可将覆土预热分为整体预热和分段预热两种。整体覆土预热是用供热系统热源对所有直埋供热管道进行统一预热。其优点是可利用该管网热源进行预热，施工速度快，管沟裸露时间短，而且管路可不设闭路阀门。缺点是安装一次性补偿器较多。如果供热系统热源不能使用，或者为了提高施工速度，可以采用移动锅炉房进行分段预热。分段预热的系统形式与整体预热基本相同，但要在每分段的末端设闭路阀门。分段预热的优点是便于管路维修，并且可以做到管道敷设和管道预热两道工序交叉进行，对交通影响小。分段预热的缺点是不如整体预热简便，而且由于增加阀门提高了工程造价。

采用补偿弯管预热：管道焊接完毕，试压合格后，长直管回填，弯管作为膨胀元件敞口，管线升温达到或超过预热温度，热膨胀量达到计算值时回填弯管膨胀区。弯管要预拉伸，在到达预计的伸长量后，弯管应等于90°。另一种不需要弯管预拉伸的方法是，先预热弯管两侧，弯管两侧预热到位后，在保持预热伸长量的条件下和90°弯管焊接。

二、热水、热风、电预热

1. 热水预热特点

热水作为预热介质，预热温度比较均匀。采用热水覆土整体预热能够做到只预热供水管，只在供水管安装一次性补偿器，只在补偿器处晾槽，不会提高回水管的安装温度，避免回水管降温拉断，经济快速。

采用热水分段预热，管道中需设置分段阀门和一次性补偿器。在管道预热之前，必须焊接完毕形成连续的回路，预热结束后，应将上段水导入下段使用，最后预热用水需要排放。在工程中找到合适的排放场地比较困难。加之分段覆土预热需要移动锅炉，所以热水分段预热费用较高。移动锅炉体积大、自重大、运输不便，放置位置受限制，所以分段水预热实施也比较困难。

采用热水预热，预热管道重，摩擦阻力大，管道膨胀速度较慢；达到预热温度后，一般预热伸长量小于理论计算值，仍需进一步提高预热温度，才能达到理论计算值。因此要严格控制预热上限温度，必要时采取其他辅助膨胀措施，避免预热温升过高造成覆土运行降温断裂。

热水作为介质，耗量大，对水资源依赖性大，如果不合理利用会造成大量的水资源浪费。

2. 热风预热

热风预热需要在管道两端设置燃油暖风机、暖风箱，将空气加热后经风机由管道入口吹向出口进暖风箱，两端对称循环加热。

热风预热以风为加热介质，由于空气热容小，减少了升温时间，克服了预热时间长的缺陷，也节约了水资源。空气预热的预热速度是水预热速度的24倍，施工周期较短，预热费用较低，比热水预热节约水资源。

热风在管道回路中流动时存在热损失，通常情况下，管道起始端和末端的预热温差在20℃左右，影响预热的均匀性。热风预热设备对施工现场有一定的要求，设备庞大，安装环节多。热风预热设备的拆卸、搬运和稳放安装时间很难保证。在非常顺利的情况下，热风预热设备从一个预热段移到另一个预热段，至少需要24h。

热风预热的升温速度比电预热慢，大约是电预热的20%。

3. 电预热

利用发电机产生低电压高电流的电，管网供回水管作为电阻，从而把电能转化为热能加热管道，使之伸长。

电预热与其他预热方式比较，具有明显的技术优势：①施工条件要求简单、时间短、易于敞沟分段预热（稍加回填可以起到保温作用）；②热消耗量小、预热均匀、预热时间短；③能做到自动监控；④适用范围广，只要介质输送管为钢管，都可以实现；⑤低电压可以保证施工安全。

但是电预热也具有难以克服的缺点：①预热管段内不能有变径或不同材质的保温管；②在预热过程中，不允许供、回水管道之间存在任何短接，否则将发生短路或局部发热；③管道水压试验后，要确保将管道中的积水排净；④不能带一次性补偿器预热；⑤一般情况下，预热公司总是把回水管作为回路，使得本来较低温度的回水管道也预热到较高的温度，造成了安全隐患。

三、冷安装和预热安装的选择

由于集中供热负荷的逐步增加和规划负荷的变化，通常需要输配管线和支干线重新抽分支。冷安装便于分支引出，适宜市内集中供热管道敷设，应优先采用冷安装。

对于分支较少、地下障碍较少、地势平坦、地质条件好的高温水系统，即使温度高达140℃也可以采用冷安装。对于低温水系统无论如何应采用无补偿冷安装。

在预热安装中，由于一部分热膨胀量提前释放，所以无补偿管段的内力水平和应力幅度水平都较低。在冷安装技术处理难度大的工程中应优先采用预热安装。例如，地形复杂、分支多、平面折弯多、高程起伏大、地下障碍多、地质条件不好等条件下，采用冷安装施工质量难以保证、安全隐患多，此时应优先考虑预热安装。

无补偿冷安装管道固定墩推力大到难以实施时，或在安定性条件满足的情况下，管道局部屈曲应力验算通不过时，或无补偿冷安装会发生整体失稳，预热安装也是一种解决方案。

特别需要指出，预热安装不能解决管道的安定性问题，所以不能扩大预热安装的应用范围。

第三节　基于循环中温的预热安装

一、循环中温、预热伸长量

预热安装的预热伸长量和预热方式、管径大小、系统压力均无关，如第五章直管道热力转换以及过渡段长度所述，预制保温管道的热膨胀力是钢管的本质属性，存在安装温差必然产生热膨胀力，但热膨胀力是否转化为钢管的热应力，则要考察钢管的热膨胀量是否被压缩。预热就是在安装过程中创造条件释放热膨胀量，使得管网投运后，在运行温度达到预热温度时，管道的热膨胀是完全释放的，管道的温差、被压缩的热膨胀量、热应力均为零，这就是预热的本质所在。

预热温度基于循环中温理论确定时，循环中温 t_m 按下式计算：

$$t_m = \frac{t_1 + t_2}{2} \tag{10-2}$$

式中　t_1——管道工作循环最高温度，℃；

t_2——管道工作循环最低温度，℃。

预处理管道伸长量 ΔL 总是可以按式（10-3）计算：

$$\Delta L = \alpha(t_m - t_i)L \times 1000 \tag{10-3}$$

式中　ΔL——预热管段伸长量，mm；

L——预热管段长度，m；

t_i——预热管道初始应力为零时的管道温度，℃。

二、敞沟预热

1. 敞沟预热温度

在忽略内压力对轴向力的影响，以及铺底砂摩擦力阻碍管道伸缩的影响因素外，敞沟预热温度理论上等于循环中间温度。实际预热温度常常因为管道自重所引起的槽底摩擦力的约束作用而需要提高，以达到预热温度下的自由膨胀量。当分段预热时还要再加上前段回缩的量为准。

需要指出的是，包括水在内的管道重量作用在槽底垫砂层造成的阻力会阻碍管道的预热伸长，所以必要时可略撬动管段协助伸长。

2. 敞沟预热应力和应变图

下面通过一个整体敞沟预热的例子来说明敞沟预热直埋敷设管道中应力、应变及位移，如图 10-3 所示。假设设计温度 $t_1 = 120$℃，预热管道的初始温度为 10℃，循环终温 10℃，则敞沟预热温度就等于循环中温，$t_m = (t_1 + t_i)/2 = 65$℃。

对于温度循环 10℃→65℃→10℃→65℃→120℃，相对于 65℃ 的初始位置，管道活动端的位移和锚固段的应力、应变如表 10-1 所示。

管道活动端的位移和锚固段的应力、应变　　　　　表 10-1

	图 10-3(a)		图 10-3(b)				图 10-3(c)
管道温度	10℃→65℃	→	10℃	→	65℃	→	120℃
相对预热温度温差 ΔT	0℃		−55℃		0℃		+55℃
锚固段应变 ε	0		ε_{55}		0		$-\varepsilon_{55}$
锚固段内应力 σ	0		σ_{55}		0		$-\sigma_{55}$
活动端热位移 ΔL（相对于原始长度）	ΔL_{55}		$0.5\Delta L_{55}$		$0.75\Delta L_{55}$		$1.5\Delta L_{55}$

从以上的分析可以看出，管道的应变与应力总是一一对应的，有应变必有应力，无应

变必无应力。

图10-3（a）中，管道热位移 $\Delta L \neq 0$，但是内应力 $\sigma = 0$，这正是预应力安装的本质——热膨胀量提前释放。由于预热阶段敞沟，管道热伸长量为自由膨胀量。图10-3（b）中，预热安装完毕后，管道焊死回填。此时因温度下降管道有收缩的趋势，但是由于回填土壤的摩擦力的作用使得管道的收缩受阻从而产生拉伸方向的应变和应力（本例为 $+\sigma_{55}$）。根据推导结果，直埋管道的热伸长量近似等于自由伸长量的一半，得到 $0.5\Delta L_{55}$。

图10-3（c）中，管网温度由预热温度继续升高，直至最高供水温度（本例为120℃）。随着温度的升高，直埋管道活动端的热位移达到最大（本例为 $1.5\Delta L_{55}$），锚固段的应力也由原来的正值变为了负值。

由图10-3（c）可见，在设计温度下，锚固段的应力为 $-\sigma_{55}$，应变为 $-\varepsilon_{55}$。

若采用冷安装，此时的应力应变分别为 $-\sigma_{120}$，$-\varepsilon_{120}$，可见预热安装的应力与冷安装相比减少了一半（该例为 σ_{55}）。

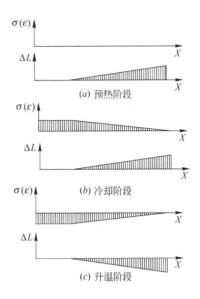

图10-3　敞沟预热安装管道应力及热位移示意图

（a）预热阶段；（b）冷却阶段；（c）升温阶段

三、一次性补偿器覆土预热安装

1. 一次性补偿器

由于这种补偿器必须在预热到位后焊死，以后不再起补偿作用，因此称为一次性补偿器，如图10-4所示。预热前将一次性补偿器的补偿量调整到预热温度的伸长量，当管道预热到预热温度 t_{dp} 时，观察一次性补偿器 e-max 的收缩量，待收缩到位即里面管段接触后，将外套筒与管道焊死，此时补偿器成为一个刚性管件，不再起补偿作用了。

覆土预热在三通、弯头等处有时需要设置固定支架，以使管道的热伸长量集中在补偿器处吸收，便于检查热伸长量是否达到设计值，同时可以防止损坏三通支管，保护弯头；有时也采用主管预热完成后再焊接支管和弯头，同样能达到保护三通和弯头的效果。

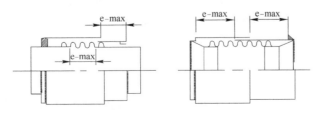

图10-4　一次性补偿器示意图

2. 覆土预热温度

采用一次性补偿器覆土预热的预热温度理论上按下式计算：

$$t_{dp} = \frac{t_1 + t_2}{2} + \frac{F_1 L_C}{2\alpha EA \times 10^6} = t_m + \frac{F_1 L_c}{2\alpha EA \times 10^6} \qquad (10\text{-}4)$$

式中　L_c——一次性补偿器到固定墩或驻点的距离，m；

其他符号意义同前。

固定墩或驻点到一次性补偿器之间的距离 L_c 不得超过预热温度 t_{dp} 下的最小过渡段长度，否则一次性补偿器起不到补偿作用，而预热温度的计算又依赖于 L_c。这样，L_c 与 t_{dp} 形成了耦合关系，势必给计算带来困难。因此，实际工程中覆土后预热温度以一次性补偿器刚好压缩到限位装置为下限，通常要比理论计算值高。

3. 覆土后预热管段应力变化过程

安装一次性补偿器覆土预热管段应力变化过程如图 10-5 所示。

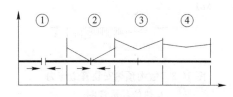

图 10-5　一次性补偿器覆土后预热
管段应力变化示意图

图 10-5 中，①段表示预热管段开始向一次性补偿器转移热位移；②段表示预热管段温度达到计算的预热温度，观察到一次性补偿器收缩到限位器，表明管子末段相接触；③段表示预热管段一次性补偿器被焊死以后继续升温，温度的变化就转化为管道的压应力。第一次到达工作循环最高温度 t_1 下的压应力如下。

一次性补偿器处：

$$\sigma_{c1} = \alpha E(t_1 - t_{dp}) \qquad (10\text{-}5a)$$

驻点处：　　　$$\sigma_{c1} = \alpha E(t_1 - t_{dp}) + F_1 L_C / (A \times 10^6) \qquad (10\text{-}5b)$$

第一次降温到达循环终温度 t_2 下的拉应力分别如下。

一次性补偿器处：　　$$\sigma_{d1} = \alpha E(t_{dp} - t_2) \qquad (10\text{-}6a)$$

驻点处：

$$\sigma_{d2} = \alpha E(t_{dp} - t_2) - F_1 L_C / (A \times 10^6) \qquad (10\text{-}6b)$$

图 10-5 中④经过几次温度循环后，热应力稳定下来并沿管长均布。均布后最大应力绝对值为

$$\sigma_{max} = \alpha E(t_m - t_2) = \alpha E(t_1 - t_m) \qquad (10\text{-}7)$$

该计算公式未考虑内压力的作用，当压力提升到设计压力时，沿管线的最大拉应力为

$$\sigma_{d,max} = v\sigma_t + \alpha E(t_m - t_2) \qquad (10\text{-}8)$$

沿管线的最大压应力为

$$\sigma_{c,max} = v\sigma_t - \alpha E(t_1 - t_m) \qquad (10\text{-}9)$$

显然，在管网最高运行温度和最高运行压力下，不计内压力的作用，预应力安装和冷安装的热膨胀应力 $\alpha E(t_1 - t_2)$ 相比，减小了一半。因而，轴向热膨胀力减小了一半。因此，与冷安装相比，管壁局部屈曲的危险性降低了。

四、小结

1. 敞口预热安装

采用敞口预热安装，可立即产生预应力效果，同时也可以利用供热热源作为预热热源，但要求现场允许沟槽敞口。

对于敷设在城市郊区的输送干线和敷设在市区内现场条件允许沟槽敞口的管线，敞口预热安装是可以考虑选用的一种预热安装方式。

对于不允许整体敞口预热安装的市区，也可以采用分段敞口预热安装。

2. 一次性补偿器安装方式

采用一次性补偿器安装方式，需通过多次温度变化，才能达到预应力效果。尽管增加了一次性补偿器的费用，但安装时不需要预热热源，预热和运行合并。同时除一次性补偿器部位外，大部分沟槽可立即回填。

对于市区内敷设的管钱，分段敞口预热也不允许时，可考虑这种预热安装方式。

3. 一次性补偿器的布置

采用设置一次性补偿器的预热安装方式时，应按一定的间距布置一次性补偿器。布置间距见表 10-2。值得注意的是，表中的数据是在假定预热温度为 70℃ 时计算得到的一次性补偿器的布置距离，如果预热温度不等于 70℃，则一次性补偿器的实际布置距离应根据实际的预热温度按式（5-13）计算并乘 2 后得到。事实上工程实际中的预热温度不会严格局限于某个温度，在一定的范围内可以调整到较大值。因此只要一次性补偿器的预留补偿量足够大，其布置间距可以取到较大值，但是最大值不能超过 $L_{min \cdot y}$，即屈服温差下对应的最小过渡段长度。一次性补偿器与固定墩的间距不应大于最大间距的一半（表 10-2）。

一次性补偿器的布置距离　　　　表 10-2

DN(mm)	不同管顶埋深(m)对应的最大间距(m)					
	0.6	0.8	1.0	1.2	1.4	1.5
40	87.7	66.6	53.7	44.9	38.7	36.1
50	102.1	77.7	62.8	52.6	45.3	42.4
65	149.5	114.1	92.2	77.4	66.7	62.4
80	151.5	115.8	93.7	78.7	67.9	63.5
100	143.6	110.2	89.4	75.2	64.9	60.8
125	175.9	135.6	110.3	92.9	80.3	75.2
150	184.8	142.8	116.3	98.1	84.9	79.5
200	261.7	204.0	167.1	141.5	122.7	115.1
250	267.7	209.8	172.6	146.5	127.3	119.5
300	318.1	251.0	207.3	176.6	153.8	144.4
350	295.7	234.6	194.5	166.0	144.9	136.2
400	290.7	231.8	192.7	164.9	144.1	135.5
450	285.8	228.9	190.8	163.6	143.2	134.8
500	317.9	256.0	214.3	184.2	161.6	152.2
600	298.3	242.4	204.1	176.3	155.1	146.4
700	332.5	272.3	230.5	199.9	176.4	166.7
800	355.4	293.8	250.4	218.1	193.3	182.8
900	441.3	366.2	312.9	273.2	242.4	229.5
1000	468.3	390.9	335.4	293.7	261.2	247.5

注：以上数据的计算压力为 2.5MPa。

4. 预热安装的整体焊接

为了控制整体的预热效果，整体焊接的条件不应按温度控制，而应按所释放的热膨胀量来控制。不同的一次性补偿器应根据各自的设计膨胀量来决定是否焊接，而不是同时焊接。前一个预热管段的收缩量应加到相连的后一个预热管段上。

第四节　基于平均应力温度的预热安装

现行规程确定预热温度基于循环中间温度理论。循环中间温度等于循环最高温和循环最低温度的算术平均值，和管道内压力大小、管径大小和管道壁厚等无关。

但是基于循环中间温计算的预热温度数值较高，既增加了预热能耗、延长了预热时间和增加了预热成本，更严重的是，管道的拉应力远高于压应力，在冷运行和降温到最低时和一次应力的耦合会拉断管道、撕裂补偿器等。

一、平均应力温度和预热温度

预热直埋管道总存在某一温度值 t_{ms}，使得温差 t_1-t_{ms} 和管内介质压力共同作用下的轴向压应力等于温差 t_2-t_{ms} 和管内介质压力共同作用下的轴向拉应力。称 t_{ms} 为平均应力温度。

当不计内压力作用时，平均应力温度等于循环中间温度。工程实践证明：按照循环中温的预热安装，大口径直埋供热管道，内压力的作用会使降温拉应力比升温压应力大得多。

当确定平均应力温度前，首先要选择压力工况和温度工况。

1. 预热管道压力、温度的确定

在管网设计过程中会涉及几个压力：①管网的计算压力（≤设计压力），等于循环泵出口最高压力加上循环水泵与管道最低点地形高差产生的静水压力；②管网水压试验压力，分段试验压力为设计压力的 1.5 倍；整体水压试验压力，取设计压力的 1.25 倍，均对应环境冷水；③管网的工作压力，按照管网水压图确定的最大压力。

因此，计算升温最大压应力时，应把管网最高工作压力和最高运行温度作为计算参数，既安全可靠又较设计压力、水压试验压力接近实际。

同理，降温压力及循环最低温度应选取管网冷水试运行压力和环境冷水温度。

2. 敞沟预热平均应力温度和预热温度

1）预热管道的拉应力与压应力

考虑压力、管径的影响，按平均应力温度计算的最大压应力为

$$\sigma_{c,max}=v\sigma_{t,1}-\alpha E(t_1-t_{ms}) \tag{10-10a}$$

按平均应力温度计算的最大拉应力为

$$\sigma_{d,max}=v\sigma_{t,2}-\alpha E(t_2-t_{ms}) \tag{10-10b}$$

式中　t_{ms}——直埋管道的平均应力温度，℃；

　　$\sigma_{c,max}$——钢管最大压应力，MPa；

　　$\sigma_{d,max}$——钢管最大拉应力，MPa；

　　$\sigma_{t,1}$——管道最大工作压力引起的环向应力，MPa；

$\sigma_{t,2}$——管道冷运行压力引起的环向应力，运行压力应达到工作压力，MPa；

其他符号代表意义同上。

2）敞沟预热平均应力温度

按照最大拉应力等于最大压应力，$-\sigma_{c,max} = \sigma_{d,max}$，得敞沟预热平均应力温度为

$$t_{ms} = \frac{t_1 + t_2}{2} - \frac{v\sigma_{t,1}}{2\alpha E} - \frac{v\sigma_{t,2}}{2\alpha E} = t_m - \frac{v\sigma_{t,1}}{2\alpha E} - \frac{v\sigma_{t,2}}{2\alpha E} \tag{10-11}$$

3）敞沟预热温度

忽略管道自重产生的土壤摩擦力影响，理论敞沟预热温度就等于平均应力温度。

3. 覆土预热平均应力温度和预热温度

1）覆土预热管道的拉、压应力，覆土预热管段初运行时，最高温度下压应力和最低温度下的拉应力按下式计算。

（1）一次性补偿器处

压应力：

$$\sigma_{c1} = v\sigma_{t,1} - \alpha E(t_1 - t_{dp}) \tag{10-12}$$

拉应力：

$$\sigma_{d1} = v\sigma_{t,2} - \alpha E(t_2 - t_{dp}) \tag{10-13}$$

（2）管段与一次性补偿器相对应的另一端

压应力：

$$\sigma_{c2} = v\sigma_{t,1} - \alpha E(t_1 - t_{dp}) - \frac{FL_c}{A} \tag{10-14}$$

拉应力：

$$\sigma_{d2} = v\sigma_{t,2} - \alpha E(t_2 - t_{dp}) - \frac{FL_c}{A} \tag{10-15}$$

由式（10-12）和式（10-14）可得管段内应力均布后的压应力为

$$\sigma_{c,max} = v\sigma_{t,1} - \alpha E(t_1 - t_{dp}) - \frac{FL_c}{2A} \tag{10-16}$$

由式（10-13）和式（10-15）可得管段内应力均布后的拉应力为

$$\sigma_{d,max} = v\sigma_{t,2} - \alpha E(t_2 - t_{dp}) - \frac{FL_c}{2A} \tag{10-17}$$

2）覆土预热平均应力温度

令均布后的压应力和拉应力均处于平均应力温度确定的应力水平，则式（10-16）和式（10-17）又可改写为

$$\sigma_{c,max} = v\sigma_{t,1} - \alpha E(t_1 - t_{ms}) \tag{10-18}$$

$$\sigma_{d,max} = v\sigma_{t,2} - \alpha E(t_2 - t_{ms}) \tag{10-19}$$

按照最大拉应力等于最大压应力，$-\sigma_{c,max} = \sigma_{d,max}$ 和式（10-18）、式（10-19），可得平均应力温度为

$$t_{ms} = \frac{t_1 + t_2}{2} - \frac{v\sigma_{t,1}}{2\alpha E} - \frac{v\sigma_{t,2}}{2\alpha E} \tag{10-20}$$

平均应力温度和循环中间温度随管径的变化曲线如图10-6所示。

由图10-6可知，对于一定的供热管网，循环中间温度是一个确定的值，和管径、

壁厚、压力等无关。

而平均应力温度不仅和循环最高、最低温度有关，还受管道压力，钢管直径和壁厚的显著影响。

比较式（10-11）和式（10-20）可以看出，平均应力温度和敞沟预热、覆土预热方式无关。

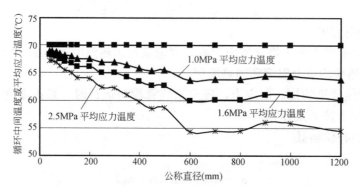

图 10-6 循环中间温度和平均应力温度随管径的变化曲线

3）覆土预热温度

按照最大拉应力等于最大压应力（$-\sigma_{c,max}=\sigma_{d,max}$）和式（10-16）、式（10-17）可得覆土预热温度：

$$t_{dp}=\frac{t_1+t_2}{2}-\frac{v\sigma_{t,1}}{2\alpha E}-\frac{v\sigma_{t,2}}{2\alpha E}+\frac{L_c F}{2AE\alpha}\times10^{-6} \tag{10-21}$$

或

$$t_{dp}=t_{ms}+\frac{FL_c}{2AE\alpha}\times10^{-6} \tag{10-22}$$

4. 预热管段伸长量

在式（10-3）中，由平均应力温度 t_{ms} 替代循环中间温度 t_m，则得预热管段的伸长量为

$$\Delta L=\alpha(t_{ms}-t_i)L \tag{10-23}$$

按照平均应力温度理论，管网中管径不同所需要的预热温度不同，所以，即使分段长度 L 相等，预热伸长量也不一定相等（当管径规格不同时）。

二、循环中温和平均应力温度对比分析

某市集中供热一次管网的设计压力为 2.0MPa，工作压力为 1.6MPa，钢管规格为 DN800，（外径为 0.82m，壁厚为 10mm），设计供回水温度为 130/70℃，预热安装过程中室外大气温度为 10℃，最低循环温度为 10℃，$\alpha=12.6\times10^{-6}$ m/(m·℃)，$E=19.6\times10^4$ MPa，管道平均埋深为 1.5m。

采用一次性补偿器覆土预热，集中供热热源作为整体热水预热热源。管道安装完备后，被加热到预热温度，一次性直埋补偿器被压缩，达到预热伸长量后将补偿器外套筒焊缝焊死并回填，使补偿器成为刚性整体，不再有补偿能力。根据表 10-2，一次性补偿器间距取 $L=180$m。

依据循环中间温度原理，各项预热数值计算如下。

（1）循环中间温度：

$$t_m = \frac{t_1 + t_2}{2} = 70℃$$

（2）覆土预热温度：

$$t_{dp} = t_m + \frac{FL_C}{2AE\alpha} \times 10^{-6} = 93.0℃$$

（3）预热管段的伸长量：　　$\Delta L = \alpha(t_m - t_i)L = 0.121m$

由于管道含热媒的自重以及摩擦力偏差等因素影响，实际达到计算伸长量时的预热温度为98.0℃。第二个采暖季冷水试运行期间，靠近一次性补偿器的供水管道被拉断。事故分析表明，设计、施工、管材等均满足相关规范、规定和标准要求。

如果按照平均应力温度的计算原理，各项预热参数值计算如下。

（1）平均应力温度：

$$t_{ms} = \frac{t_1 + t_2}{2} - \frac{v\sigma_{t,1}}{2\alpha E} - \frac{v\sigma_{t,2}}{2\alpha E} = 61.2℃$$

（2）覆土后预热温度：

$$t_{dp} = 74.0℃$$

（3）预热管段的伸长量：

$$\Delta L = \alpha(t_{ms} - t_i)L = 0.104m$$

（4）两种计算方法的对比：

① 基于循环中间温度的敞沟预热温度比基于平均应力温度的敞沟预热温度高出8℃左右。

② 基于循环中间温度算法的覆土预热温度，比基于平均应力温度算法的覆土预热温度高出19℃，实际预热温度值高出24℃。

③ 拉应力与压应力，基于循环中间温度的预热温度，管网在初次升降温时，一次性补偿器处：最大压应力由式（10-5a）确定，并增加压力项的影响，可得

$$\sigma_{c1} = v\sigma_{t,1} - \alpha E(t_1 - t_{dp}) = -59.8MPa$$

最大拉应力由式（10-6a）确定，并增加压力项的影响，可得

$$\sigma_{d1} = v\sigma_{t,2} - \alpha E(t_2 - t_{dp}) = 241.4MPa$$

而基于平均应力温度算法，在初次升温和冷水试运行工况下，最大压应力正好等于最大拉应力，即

$$\sigma_{d1} = -\sigma_{c1} = 150.6MPa$$

（5）断裂原因：

① 该管网次年冷水试运行期间，即当年采暖期结束（初次）降温的延续作用。管道的拉应力比压应力大得多，尤其一次性补偿器处的拉应力约为最大压应力的4倍，最大拉应力超过了屈服应力，$\sigma_s = 235MPa < 241.4MPa$；

② 低碳钢在压缩时不会发生断裂，有很高的强度极限，而拉伸到达屈服极限时，最大切应力面发生滑移；

③ 直埋管道覆土静压力和车辆动压力的持续作用会造成管道的纵向弯曲。

冷水试运行期间管道的降温拉应力和纵向弯曲拉应力耦合作用超过钢管强度极限时就会发生断裂。

三、小结

（1）对于大直径、高压力的直埋管道，确定预热温度应从拉应力等于压应力着手，即以平均应力温度取代循环中间温度。然后按照平均应力温度来计算预热温度。

（2）平均应力温度不仅和最高、最低循环温度有关，还受到内压力、管径和壁厚的显著影响；而循环中间温度只和最高、最低循环温度有关。

（3）预热效果是通过控制管道的热伸长来实现的。预热伸长的计算应按照平均应力温度和环境温度之差以及计算管段长度来确定。因此，等长不等径的管段预热伸长量也因平均应力温度不同而不同。

（4）平均应力温度与敞沟预热和覆土预热方式无关。

（5）当实际预热温度超过计算值而预热管段的预热伸长尚未达到计算量时，应采取其他辅助技术措施促使管道伸长。避免实际预热温度过高造成降温拉应力过大。

（6）平均应力温度的确定使得预热直埋管真正实现了升温压应力等于降温拉应力。如果对直埋管道，特别是大管径、高压力的直埋管道的实际预热温度上限加以限定，既有利于降低预热能耗、缩短预热施工周期，又能确保管道的安全运行。

第五节　管道壁厚及预热安装的安全性

基于平均应力温度理论，预热温度不仅和热媒温度变化有关，也和热媒压力、管道壁厚、管基性质、施工质量、管材特性等有关。当系统温度和压力确定后，有一最小壁厚以及对应这一壁厚的预热温度范围。把预热温度控制在这一区间的预热安装，供热管道是安全的，同时也可节约大量钢材和显著降低预热能耗。

一、预热温度范围的确定

1. 预热上限温度确定

考虑压力、管径的影响，预热管道在初次降温时的最大拉应力为

$$\sigma_{d1}=v\sigma_{t,2}-\alpha E(t_2-t_{dp}) \tag{10-24}$$

式中符号意义同上。

为保证管道拉伸时不会屈服，则

$$\sigma_{d1}\leqslant\sigma_s \tag{10-25}$$

由式（10-24）和式（10-25）可得

$$t_{dp}\leqslant t_2+\frac{\sigma_s-v\sigma_{t,2}}{\alpha E} \tag{10-26}$$

在不考虑其他拉应力条件下，由式（10-26）可得理想的预热上限温度为

$$t_{dp,max}=t_2+\frac{\sigma_s-v\sigma_{t,2}}{\alpha E} \tag{10-27}$$

2. 预热下限温度确定

为了防止大口径、高温、高压直埋管道升温时发生局部屈曲，大口径管道的升温轴向力应不大于防止局部屈曲的临界压应力：

$$\sigma_{cr} = 0.0627 \times E \frac{\delta}{R_0} \tag{10-28}$$

式中　σ_{cr}——直埋管道局部屈曲的许用轴向临界压应力，MPa；

　　　　δ——钢管壁厚，mm；

　　　　R_0——钢管外半径，mm。

通过预热，提高安装温度，使得升温压应力不大于局部屈曲的许用轴向临界压应力，即

$$\alpha E(t_1 - t_{dp}) - v\sigma_{t,1} \leqslant \sigma_{cr} \tag{10-29}$$

由式（10-28）和式（10-29）可得理想条件下预热下限温度：

$$t_{dp,min} = t_1 - \frac{0.0627 \times E \dfrac{\delta}{R_0} - v\sigma_{t,1}}{\alpha E} \tag{10-30}$$

3. 预热温度范围的确定

由式（10-27）和式（10-30）可得预热温度的理论范围为

$$t_1 - \frac{0.0627 \times E \dfrac{\delta}{R_0} - v\sigma_{t,1}}{\alpha E} \leqslant t_{dp} \leqslant t_2 + \frac{\sigma_s - v\sigma_{t,2}}{\alpha E} \tag{10-31}$$

实际上，预热管道还可能存在下列拉应力，这些拉应力大小难以准确预计。例如，实际施工过程中，由于受地理条件限制，管道敷设在软土地基上。当管基压缩沉降时，管体上部受覆土及车辆载荷或土体侧向位移的作用而产生纵横向弯曲，导致较大的弯曲拉应力；管基土质虽然好，但是由于施工不规范，一次性补偿器工作坑两侧管段预热前就形成弯曲。在管底悬空的情况下，采用大型机械作业，覆土冲击和覆土压力等作用，以一次性补偿器为中心的弯曲就会进一步加大，形成以工作坑为中心的纵横向弯曲。可以证明这种纵横向弯曲拉应力不容忽视。悬空管段越长，这种弯曲应力就越大，其次，还有交通载荷的冲击作用造成的弯曲。

在分析预热上限温度的时候也没有考虑 Q235 材料的特性：低碳钢在压缩时有很高的强度极限，不会发生断裂。而拉伸达到屈服极限时，最大切应力面发生滑移，当达到强度极限时管道断裂，其次，Q235 的冷脆现象和低应力脆断现象等均会降低管道允许的最大拉应力。

预热的下限温度同样受下列因素的影响：对于承受高轴向压应力的直管段，因壁厚偏差及屈服强度偏差，组对焊接偏差、其他几何尺寸及材料的偏差等均会导致直埋管道局部屈曲的许用临界轴向应力明显下降。

简言之，实际预热上限温度应该比理论值要低，和施工过程中的不确定因素有关。据工程总结和模拟计算分析，取 10～20℃的安全余量为宜。同理，实际预热下限温度也要比理论下限温度高，取 5～10℃方可。

二、预热安装最小理论壁厚的确定

从式（10-20）、式（10-21）可以看出，预热温度与热媒压力、管道壁厚有关。壁厚除了满足受压时不发生局部屈曲外，首先应同时满足承受内压力作用的基本要求和大口径管道径向稳定性的要求，下面就满足这两个条件的最小壁厚进行分析。

1. 内压要求的最小壁厚

根据《火力发电厂汽水管道设计技术规定》DL/T 5054—1996 的规定，对于 $\frac{D_0}{D_n}$ 承受内压力的汽水管道，管子理论计算壁厚应按下列规定计算：

$$\delta_1 = \frac{PD_0}{2[\sigma]_j^t \eta + P} \tag{10-32}$$

式中　δ_1——管子理论计算壁厚，mm；

　　　P——设计压力，MPa；

　　　D_0——钢管外径，mm；

　　$[\sigma]_j^t$——钢材在设计温度下的基本许用应力，MPa；

　　　η——基本许用应力修正系数。

管子取用壁厚应按下列方法确定：

$$\delta = \delta_1 + c \tag{10-33}$$

式中　δ——管子取用壁厚，mm；

　　　c——管子壁厚负偏差的附加值，mm。

2. 径向稳定性要求的最小壁厚

直埋管道椭圆变形的理论研究表明，由于柔性管道能够利用其周围土壤的承载能力，当椭圆变形达到钢管外径的 20％时，钢管才会发生整体结构破坏。但试验表明，当椭圆变形达到钢管外径的 5％时，管壁就开始出现屈服。为保证管道安全，输油和输气管道工程设计规范（GB 50253—2003 和 GB 50251—2003）规定管道的椭圆变形量应小于钢管外径的 3％。管道的椭圆变形量推荐采用依阿华公式计算：

$$\Delta X \leqslant 0.03D_0 \tag{10-34}$$

$$\Delta X = \frac{JKWr^3}{EI + 0.061E_s r^3} \tag{10-35}$$

$$I = \frac{\delta^3}{12} \tag{10-36}$$

式中　ΔX——钢管水平方向最大变形量，m；

　　　J——钢管变形滞后系数，宜取 1.5；

　　　K——基床系数；

　　　W——单位管长上总垂直荷载，包括管顶垂直土荷载和地面车辆传递到钢管上的荷载，MN/m；

　　　r——钢管平均半径，m；

　　　I——单位长度管壁截面的惯性矩，m^4/m；

　　　E_s——回填土的变形模量，MPa。

其他符号代表意义同前。

3. 最小壁厚计算

管壁的最小厚度要同时满足内压和径向稳定性条件且能使预热温度存在较大的安全范围。在预热温度范围内，既不会在升温时管壁发生局部屈曲，也不会在降温过程拉断管道等。

管壁厚度计算框图如图 10-7 所示

三、计算实例

在设计压力分别为 2.5MPa、1.6MPa、1.0MPa 下，计算确定满足预热安装直埋管道安全性要求的最小管道壁厚，见表 10-3。表 10-3 所示为满足安全性要求的最小壁厚和目前工程冷安装常用壁厚的对照表。DN600～DN1000 对应最小壁厚的理想最高预热温度和最低预热温的计算结果见图 10-8 和图 10-9。图中数字是对应管径的管壁厚度。

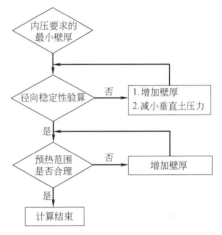

图 10-7 最小壁厚及预热温度范围
计算流程图

预热安装最小壁厚和冷安装常用壁厚对照表

表 10-3

公称直径 DN(mm)	预热安装最小壁厚 (mm)	冷安装常用壁厚 (mm)	节省钢材 (%)
600	7	8	37.20
700	8	9	33.05
800	9	9～10	22.03～29.27
900	10	10～12	19.82～33.04
1000	11	12～14	24.78～35.39

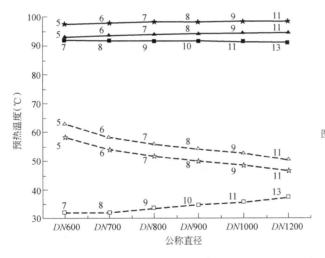

注：设计压力为 1.6MPa。

图 10-8 几种压力下 DN600～DN1200 管道的壁厚及其对应的最大和最小预热温度

由图 10-8 和图 10-9 可知，设计压力和壁厚对预热下限温度的影响较预热上限温度大。

由图 10-8 可知，相同公称直径的管道，设计压力越小，壁厚越薄。

由图 10-8 可知，比较 1.6MPa、1.0MPa 曲线可知，相同规格的管道，设计压力越小，预热上限温度越高，下限温度越低。

由图 10-9 可知，公称直径和内压力相同的管道，随管壁厚度的增加，预热上限温度升高，下限温度降低，预热温度范围变大，预热平均温度降低。说明壁厚加大，满足安全

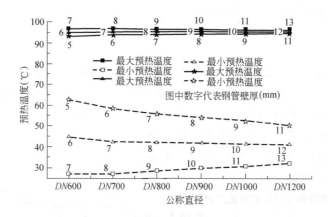

图 10-9　设计压力 1.6MPa、DN600～DN1200 管道几种壁厚对应的最大
和最小预热温度

性的储备加大，换言之，是以增加壁厚获得降低预热温度的效果。

目前，我国大口径预热直埋供热工程中采用的壁厚见表 10-3，显然，既浪费了管材，也浪费了能源，还延长了预热时间。

由表 10-3 可知，采用最小壁厚平均能节省钢材 30% 左右。

四、小结

只按照循环中间温度来计算预热温度缺乏科学性。预热温度应综合考虑各种影响因素：热媒温度、热媒压力、管道壁厚、管基性质、施工质量、管材特性等。只有同时满足了各种安全条件要求，大口径供热管道预热安装才是安全的、可靠的。

增大壁厚虽然可以提高预热上限温度，但提高得并不多。这说明增大壁厚解决降温断裂并不经济有效。因此，虽然工程采用管壁厚度比本书最小壁厚大得多，但仍然有降温断裂事故发生。所以预防降温断裂应从限制预热上限温度着手。在预热温度范围内选取较低的预热温度，既可提高防止拉断的安全系数，又可降低预热费用。以电预热为例，节约预热耗能 40% 以上，缩短施工周期，整体降低管网初投资。

增加壁厚，预热温度范围增大，其中，下限温度降低得多。说明增加壁厚可以有效地提高抵抗局部屈曲的能力。

采用预热安装方式，管道壁厚应小于冷安装。尽量降低预热温度，使经济效益和节能效益最大化。

第十一章 固定墩及其推力计算

直埋供热管道设置固定墩，同样是为了将管道分为若干补偿管段，分别进行热补偿，从而保证各个补偿器的正常工作。但是，直埋供热管道中的固定墩受力之大是地沟和架空敷设无法比拟的，为了节约投资，应尽可能加大固定墩的间距或尽可能利用驻点虚拟固定；为了减小固定墩推力，应采取允许固定墩微量位移的设计原理进行设计。

第一节 固定墩分类

直埋供热管道固定墩可按下述方法进行分类。

（1）按照是否承受介质内压产生的轴向推力分为主固定墩和次固支墩。固定墩既承受土壤摩擦力、补偿器位移力、泊松力等，同时也承受介质内压轴向推力的固定墩称为主固定墩。仅承受土壤摩擦力、补偿器位移力、泊松力，而不受管道介质内压推力作用的固定墩称为次固定墩。

主固定墩：当管道中布置普通套筒补偿器、普通波纹补偿器时，管道介质的轴向内压力不能相互抵消，只有利用主固定墩来强制固定。管道介质的轴向内压力发生在管道的盲端、变径管、转弯、三通、关闭分段阀、分支阀等处，如图 11-1 和图 11-2 所示。当管道中布置方型补偿器、无推力套筒补偿器、无推力波纹补偿器时，发生在管道的转弯等处的介质轴向内压力被平衡抵消，不需要布置主固定墩来强制固定，此时可以采用次固定墩或者布置虚拟固定，如图 11-3 所示。

（2）按照是否布置固定墩分为固定墩和虚拟固定墩。当直埋管道利用驻点或锚固点进行固定时，称为虚拟固定墩。

直管段两侧为活动端如弯头或补偿器，当管道温度变化且全线管道产生朝向两端或背向两端的热位移时，两侧热位移管段的分界点，即管段的驻点；或当管道温度变化时，直线管段有热位移和没有热位移的管段的分间点、自然锚固点等称为设置了虚拟固定墩。如图 11-4 和图 11-5 所示。

虚拟固定是直埋供热管网突出的优点之一，充分利用虚拟固定可以大大降低工程投资。

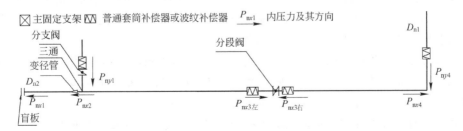

图 11-1 内压力对管道附件作用力示意图

图 11-1 中　P_{nx1}——介质在盲板产生的轴向内压推力；

　　　　　P_{nx2}——变径管环型面积上作用的轴向内压推力；

　　　　　P_{ny1}——三通分支阀开启时分支上产生的垂直于主管的轴向内压推力；当分支阀关闭时，若主管卸压，P_{ny1} 大小和方向不变，若支管卸压，P_{ny1} 和作用于分支阀门的内压力相抵消；

　　$P_{nx3右}$，$P_{nx3左}$——分段阀关闭时作用于分段阀的介质轴向内压力。当分段阀左段卸压时，管段承受来自于右段介质的轴向内压推力 $P_{nx3右}$，当分段阀右段卸压时，管段承受来自于左段介质的轴向内压推力 $P_{nx3左}$。当分段阀开启后（正常运行工况），$P_{nx3左}$、$P_{nx3右}$ 不存在；

　　　　　P_{nx4}，P_{ny4}——管道转弯时产生的轴向内压推力和垂直于轴向的内压推力。

⊠主固定支架　⋈ 普通套筒补偿器或波纹补偿器　$\underrightarrow{F_{nx1}}$ 包括内压力在内的固定支架受力及其方向

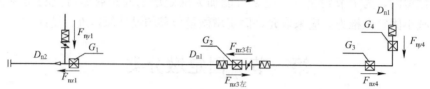

图 11-2　内压力作用于固定墩的方向示意图

图 11-2 中　G_1，G_2，G_3，G_4——为了抵消（图中补偿器为普通套筒或波纹补偿器）管系的轴向推力而布置的主固定墩；

　　　　　F_{nx2}——G_1 受到的轴向合力，包括 P_{nx1}、P_{nx2} 以及土壤摩擦力、补偿器和弯管的位移阻力，如图 11-1 所示；

　　　　　F_{ny1}——G_1 受到的横向合力，包括 P_{ny1} 以及来自分支的土壤摩擦力、补偿器和弯管的位移阻力，如图 11-1 所示；

　　　　　F_{ny1} 的大小受分支阀关闭和开启以及哪侧卸压等影响；

　　　　　$F_{nx3右}$，$F_{nx3左}$——分段阀关闭时，G_2 受到的轴向合力，包括 $P_{nx3右}$ 或 $P_{nx3左}$ 以及补偿器的位移阻力，取其中较大值，如图 11-1 所示；

　　　　　F_{nx4}——G_3 受到的轴向合力，包括 P_{nx4} 以及土壤摩擦力、补偿器和弯管的位移阻力，如图 11-1 所示；

　　　　　F_{ny4}——G_4 受到的横向合力，包括 P_{ny4} 以及土壤摩擦力、补偿器和弯管的位移阻力，如图 11-1 所示；

P_{nx1}、P_{nx2}、P_{ny1}、$P_{nx3右}$、$P_{nx3左}$、P_{nx4}、P_{ny4} 见图 11-1，图 11-3。

　　图 11-3 中，箭头显示了成对内压力。其中，$P_{nx3右}$、$P_{nx3左}$ 是分段阀关闭后其两侧成对的内压力；P_{nx3} 是分段阀开启时其两侧成对的力。由于布置了无推力补偿器，所以在管道的盲端、变径、三通、分段阀，分支阀等处的内压力由补偿器产生的大小相等方向相反的内压力相抵消。因此，主固定墩可改为次固定墩或虚拟固定。

　　图 11-4 由于布置了无推力补偿器，因而图 11-2 的主固定墩改为次固定墩，并取消了部分次固定墩，利用了直埋供热管网特有的虚拟固定。当采用普通套筒补偿器时，仍有可能在长直管段上采用虚拟固定，如图 11-5 所示。

　　（3）按照是否允许固定墩有位移，分为有微量位移的固定墩和锚死的固定墩。目前，固定墩的设计都是按锚死设计的，靠固定墩与土壤之间的静摩擦力和被动土压力来抵抗管道的推力。按照这种原理设计的固定墩体积大、消耗材料多、施工难度大、成本较高。无论理论还是工程实践都证明，很多固定墩不需要锚死，允许一定量的轴向位移，既是安全的，又能够降低固定墩的受力。

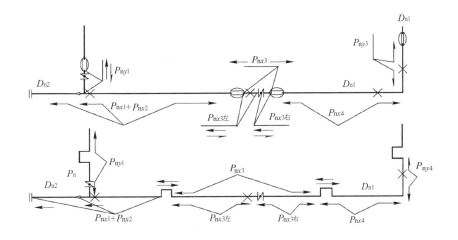

图 11-3　无推力补偿器和弯管等处内压抵消示意图

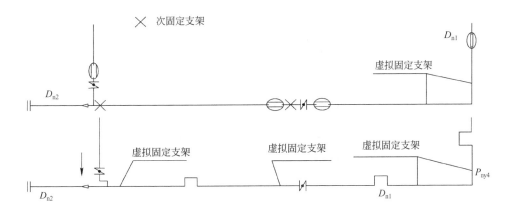

图 11-4　无推力补偿器和固定墩示意图

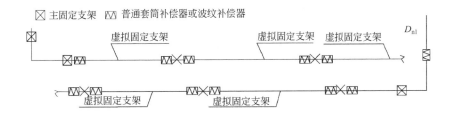

图 11-5　普通轴向补偿器和固定墩示意图

（4）按照固定墩形状分为矩形体、T形体、箱式等。其中，箱式固定墩和管道阀门小室、补偿小室、泄水排气小室等合用，以降低土建造价。固定墩常用形式如图 11-6所示。

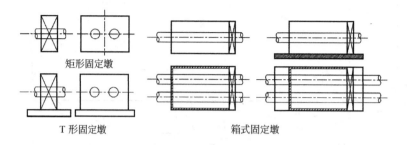

矩形固定墩　　　　　　　　　　　　　　　　　　

T 形固定墩　　　　　　　　箱式固定墩

图 11-6　直埋固定墩的常用形式

第二节　固定墩设计

一、固定墩稳定性验算

本节以矩形固定墩为例，如图 11-7 所示，介绍锚死固定墩的设计计算。

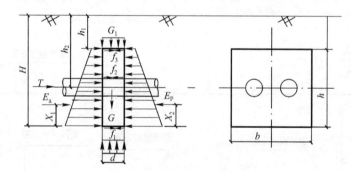

图 11-7　固定墩受力简图

1. 抗滑移条件

$$K_s = \frac{KE_p + f_1 + f_2 + f_3}{E_a + T} \geqslant 1.3 \tag{11-1}$$

2. 抗倾覆条件

$$K_{ov} = \frac{KE_p X_2 + (G + G_1)d/2}{E_a X_1 + T(H - h_2)} \geqslant 1.5 \tag{11-2}$$

土壤承载条件：

$$\sigma_{max} \leqslant 1.2f \tag{11-3}$$

$$E_p = \frac{1}{2}\rho gbh(h_1 + H)\tan^2\left(45° + \frac{\phi}{2}\right) \tag{11-4}$$

$$E_a = \frac{1}{2}\rho gbh(h_1 + H)\tan^2\left(45° - \frac{\phi}{2}\right) \tag{11-5}$$

式中　K_s——抗滑移系数；

K_{ov}——抗倾覆系数；

K——固定墩被动土压力折减系数，可取 0.4～0.7；

f_1，f_2，f_3——固定墩底面、侧面和顶面与土壤的摩擦力，N；

　　E_a——主动土压力，N，当固定墩前后均为黏性土时，E_a可以略去；

　　E_p——被动土压力，N；

　　T——直埋管道对固定墩的最大推力，应分别计算水压试验推力和运行状态推力，设计固定墩承受单根还是双管推力，从中选取最大值；

　　X_1——主动土压力E_a作用点至固定墩底面的距离，m；

　　X_2——被动土压力E_p作用点至固定墩底面的距离，m；

　　G——固定墩自重，N；

　　G_1——固定墩上部覆土重，N；

b，d，h——固定墩几何尺寸，对于矩形为宽、厚、高，m；

h_1，h_2，H——固定墩顶面、管道中心、和固定墩底面至地表面距离，m；

　　f——地基承载力设计值，Pa；

　　σ_{max}——固定墩底面对土壤的最大压应力，Pa；

　　ϕ——回填土的内摩擦角，砂土取30°。

3. 回填土与固定墩的摩擦系数

在计算固定墩底面、侧面和顶面与土壤的摩擦力时，摩擦系数按表11-1选取。

回填土与固定墩的摩擦系数　　　　表11-1

土壤类别		摩擦系数
黏性土	可塑性	0.25~0.30
	硬性	0.30~0.35
	坚硬性	0.35~0.45
粉土	土壤饱和度<0.5	0.30~0.40
中砂、粗砂、砾砂		0.40~0.50
碎石土		0.60

4. 其他说明

固定墩强度及配筋计算应符合现行国家标准《混凝土结构设计规范》GB 50010—2010。制作固定墩所用混凝土强度等级不应低于C20，钢筋直径不应小于ϕ9mm，间距不应大于250mm。钢筋应双向布置，保护层不应小于30mm。固定墩穿管洞口应设置加强筋。

当允许固定墩少量位移时，可增加固定墩的推力，大大减少固定墩的尺寸。固定墩做法参见图11-8。

二、有位移固定墩减少的推力

按照工程实际，针对固定墩两种典型布置方案，确定允许其发生微量位移时，固定墩推力的减少量。

1. 固定墩的一端为锚固段一端为过渡段

在过渡段设置固定墩A，如图11-9所示，使固定墩左侧成为锚固段，右侧为过渡段。允许固定墩向右有轴向位移u_A。因而在OA管段靠近A侧，产生一个"小过渡段"GA。

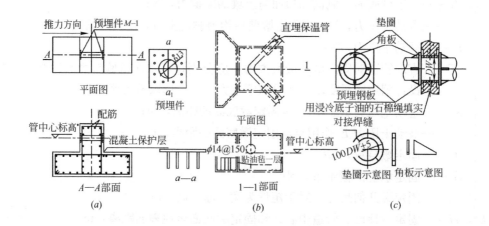

图 11-8　固定墩洞口及配筋示意图

(*a*) 直管固定墩；(*b*) 弯头固定墩；(*c*) 墙式固定墩

图 11-9　固定墩一端为锚固段一端为
过渡段示意图

GA 管段内有轴向位移，管道与土壤之间产生摩擦力作用。而 OG 段仍然被完全锚固，没有轴向热位移。

若固定墩锚死，固定墩左侧所受的力等于锚固段的轴向力。即

$$P_1 = N_{max} = \alpha E(t_1 - t_0)A - vA\frac{PD_i}{2\delta} \tag{11-6}$$

设允许固定墩移动量等于 u_A，固定墩左侧所受的力为

$$P_1 - FL_2 \tag{11-7}$$

则允许微量位移的固定墩较锚死的固定墩减少的推力为 FL_2。

根据胡克定律，若固定墩锚死，L_2 局部管段压缩变形量为

$$\frac{N_{max}}{EA \times 10^6}L_2 \tag{11-8 (\textit{a})}$$

若固定墩发生微量位移，L_2 局部管段压缩变形量为

$$\frac{N_{max} + (N_{max} - FL_2)}{2EA \times 10^6}L_2 \tag{11-8 (\textit{b})}$$

则微量位移 u_A 等于锚死固定墩的 L_2 管段压缩变形量减去位移固定墩的 L_2 管段压缩变形的量：

$$u_A = \frac{N_{max}}{EA \times 10^6}L_2 - \frac{N_{max} + (N_{max} - FL_2)}{2EA \times 10^6}L_2 = \frac{FL_2}{2EA \times 10^6}L_2 \tag{11-8 (\textit{c})}$$

$$L_2 = \sqrt{\frac{2u_A EA \times 10^6}{F}} \tag{11-9}$$

则得一端为锚固段一端为过渡段的固定墩在发生微量位移时推力的减小值：

$$FL_2 = \sqrt{2u_A FEA \times 10^6} \tag{11-10}$$

2. 固定墩的两端均为过渡段

两端均为过渡段时，当固定墩有微量位移时，轴向力较大的一侧，靠近固定墩会出现一段管道摩擦力反向的情况，如图 11-10 所示。假设有 L_1 长度的管段摩擦力反向，单长摩擦力为 F，则固定墩减小的推力为锚死固定墩左侧所受的力减去微量位移固定墩左侧所受的推力。

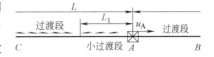

图 11-10　固定墩两端均为过渡段示意图

若锚死固定墩左侧所受的力为

$$P_1 = P_t + F(L - L_1) + FL_1 \tag{11-11}$$

若有微量位移，固定墩左侧所受的力为

$$P_1 - 2FL_1 = P_t + F(L - L_1) - FL_1 \tag{11-12}$$

允许固定墩发生微量位移，减少的推力为 $2FL_1$。

根据胡克定律，锚死固定墩的 L_1 局部管段的压缩变形量为

$$\varepsilon_1 L_1 = \frac{2(P_t + F(L - L_1)) + FL_1}{2EA \times 10^6} L_1 \tag{11-13}$$

微量位移固定墩 L_1 局部管段的压缩变形量减少量为

$$\varepsilon_2 L_1 = \frac{2(P_t + F(L - L_1)) - FL_1}{2EA \times 10^6} L_1 \tag{11-14}$$

设允许固定墩微量位移量为 u_A，则有

$$u_A = \varepsilon_1 L_1 - \varepsilon_2 L_1 = \frac{2FL_1^2}{2EA \times 10^6} \tag{11-15}$$

得两端均为过渡段的固定墩，允许微量位移时推力的减小值为

$$2FL_1 = 2\sqrt{u_A FEA \times 10^6} \tag{11-16}$$

比较两种条件下的固定墩推力的减小量可得：在微量位移相等的条件下，两侧均为过渡段的固定墩减少的推力是一端为锚固段一端为过渡段固定墩减少量的 1.414 倍。

3. 固定墩后背土壤压缩反力

1) 固定墩后背的被动土压力 E_p

当一定尺寸和重量的固定墩以一定深度埋入某种土壤中时，其所受土壤侧向力即确定。土壤压缩反力 P_R 的大小取决于土体对墩的静摩擦力 f 和对墩后背的被动土压力 E_p。较为可靠的 f 和 E_p 值，必须配合试验测得。若无试验数据可取土壤对墩的最大静摩擦力 f 及偏保守的 E_p 近似计算公式，详见式（11-4）。

国内外一些试验研究结果表明，式（11-4）所得计算值比试验中的实测值低。

2) 土壤侧向压缩反力系数 c

后背土壤侧向压缩反力系数反映了土壤的抗压缩能力，一般由试验测得较为可靠。在无实测数据时可采用下式近似取为

$$c = \frac{E_p}{0.02H}(松土)，\quad 或\ c = \frac{E_p}{0.015H}(密实土) \tag{11-17}$$

3) 土壤压缩反力 P_R

P_R 和固定墩轴向位移 u_A 近似成正比，通常取为

$$P_R = cu_A \tag{11-18}$$

4. 固定墩允许位移量

固定墩的位移是有最大限制的，当位移量达到最大压缩极限时，如果继续移动，土体突然开始破裂（处于塑性阶段），固定墩开始受损。土壤固定墩的位移量大小与固定墩底部埋深 H 有关，约为 $0.015H$，实验得出的极限荷载对应的位移量为 $0.02H$，为了安全我们取 $0.01H$，但最大位移量不超过 20mm。

固定墩的位移也应考虑管道构件的允许量。

5. 固定墩尺寸

根据《埋地输油输气钢管道结构设计规范》CECS 15—1990，锚固墩尺寸的优先选择范围如下：

$$h 可取(2D_0+0.4)\sim(2D_0+0.7)m$$
$$b 可取0.5(2D_0+0.4)\sim2.4(2D_0+0.7)m$$
$$d 可取1.5(2D_0+0.4)\sim3.0(2D_0+0.7)m$$

式中　D_0——钢管外径，m；

　　　d——沿管道固定墩的长度，m；

其他符号同上。

6. 固定墩位移与推力减少量

1）固定墩微量位移与推力减少量

固定墩一端为锚固段一端为过渡段条件下，推力减小的数值见表 11-2，两端均为过渡段的减小值等于 P_1 的 1.414 倍。

固定墩微量位移与推力减少值　　　　　　表 11-2

公称直径 DN	减少的推力(kN)		
	10mm	20mm	30mm
500	1107	1566	1918
600	1322	1869	2289
700	1614	2282	2795
800	1966	2781	3406
900	2437	3446	4220
1000	2836	4011	4913

由式（11-10）和式（11-16）可知，推力减少值与位移量成正比。

两端均为过渡段的固定墩实际受力往往都比较小，较小的位移量会使固定墩受力大幅度衰减，直至固定墩受力为 0。如果固定墩微量位移太大，计算结果为负值，已与事实不符，说明人为的使固定墩的位移量超过了固定墩最大位移量。固定墩受力为 0 是固定墩临界位移状态，因此在确定固定墩位移量时，不能超过临界状态，即保证固定墩受管道作用力不为负。

2）固定墩土壤反力的估算

固定墩尺寸：h 可取 $2D_0+0.5$m；b 可取 $2(2D_0+0.4m)$；ρ 为土壤的密度，取1800 kg/m³；g 为重力加速度，取 9.81m/s²；h_1 为固定墩的顶面埋深，取 0.5m；H 为底面埋深，取 $H=h+h_1$；ϕ 为土壤的内摩擦角，30°；$c=\dfrac{E_s}{0.02H}$（松土）。

计算不同位移量下固定墩土壤压缩反力 P_R 增加的数值，见表11-3。

固定墩微量位移与土壤增加的压缩反力　　　表11-3

公称直径 DN	土壤增加的压缩反力（kN）		
	10mm	20mm	30mm
500	62	124	186
600	80	161	241
700	98	196	294
800	120	239	359
900	143	286	429
1000	169	338	506

从表11-3中可以看出，主动力的减小值远大于增加的土壤压缩反力值。适当的位移量可以大大减小固定墩的受力。

7. 增加固定墩被动力的措施

（1）增加受保护区的土壤密实度可以增加固定墩土壤的压缩反力。

（2）在保护区内的回填土换成压缩系数高的中砂或者砂砾，从而提高土壤的压缩反力。

（3）固定墩所受最大推力是在最冷天供水温度最高时，而此时冻土层达到最厚，冻土地耐力也达到最大，合理利用冻土地耐力，特别是严寒地区，可以提高固定墩抵抗外力的能力。

（4）固定墩的样式也是影响固定墩受力的一个重要因素，关于这方面的研究和实验很多，可以参考相关文献。

（5）采取措施加大邻近固定墩锚固区的土壤载荷，可以增加单长摩擦力，从而减小固定墩所受的主动载荷。

第三节　固定墩推力与布置原则

一、固定墩的布置与推力

1. 固定墩间距必须满足的条件

（1）管段的热伸长量不得超过补偿器所允许的补偿量；

（2）管段因膨胀和其他作用而产生的推力，不得超过固定墩所能承受的允许推力。

2. 管道对固定墩的作用力

（1）管道热胀冷缩受到土壤约束产生的作用力；

（2）内压产生的不平衡力；

（3）活动端位移产生的作用力。

3. 管道作用于固定墩两侧作用力的合成应遵循的原则

（1）作用于固定墩的合成力应是其两侧管道单侧作用力的矢量和；

（2）根据两侧管段摩擦力下降造成的轴向力变化的差异，应按最不利情况进行合成；

（3）当 $L_1 \geqslant L_2 > L_{max}$ 时，L_{max} 为最大过渡段长。对于地形复杂、管基承载力变化较大、地下水位较高等复杂的情形，当引出分支时，为了防止漂移、蠕变以及重力持久的单方向作用，宜设置固定墩。固定墩的抵消系数取 0.95。

（4）当 $L_1 > L_{max} > L_2$ 时，应对分支点热位移进行计算。①若分支横向位移在规范允许范围内，不需要固定墩。②若分支横向位移很大，分支管需要设横向补偿器，此时，也不需要设置固定墩。③介于上述两者之间的情形，或第②种条件下要用固定墩来强制固定分支点，则固定墩的设置是必须的。固定墩的推力合成的抵消系数（L_2）侧取 0.8。当考虑固定墩允许有微小正位移时，保守估计抵消系数上调到 0.9 是安全的。

（5）当 $L_{max} > L_1 \geqslant L_2$ 时，如果引分支，宜设置固定墩。L_2 侧摩擦力和补偿器位移阻力应乘以 0.8 的安全系数。当允许固定墩有微小正位移时，抵消系数上调至 0.9 也是安全的。补偿器的位移阻力对于 L 形、Z 形、U 形补偿器及波纹补偿器等指弹性力，对于套筒补偿器指摩擦力。

（6）在任何情况下，两侧内压推力不平衡抵消系数取 1。

4. 固定墩的取舍原则

（1）管段两端同类型的补偿器时（普通、无推理、补偿弯管），直管段上不应设固定墩。

（2）当管段一端为普通补偿器，另一端为无推力补偿器或补偿弯管时，有选择地设置阻力墩（固定墩），实践证明这种情况下，驻点漂移大。①当驻点漂移不能接受时，例如，对于波纹补偿器补偿量有限，需要设置阻力墩，防止过载；②当补偿器至弯管的摩擦力小于内压推力时，如图 11-11 所示，为防止内压力作用拉脱补偿器，直管上也要设置阻力墩，阻力墩加上管段的最小摩擦力（摩擦系数取 0.15 工程实践）大于管道的内压力；③设置固定墩应尽量利用土壤的摩擦力。

固定点

图 11-11　直管段设固定墩示意图

二、固定墩推力合成细节

（1）固定墩的合成推力是两侧管道单侧推力的代数和，并在力较小侧乘以抵消系数。

（2）固定墩推力较大时，应当考虑允许有微小位移的设计原理。不仅减少造价，也便于敷设。

（3）管道的单侧推力包括滑动段上的土壤摩擦阻力、弯头和补偿器处的内压不平衡力，以及弯头处的侧向土壤压缩反力和补偿器处的位移力。但是目前弯头侧土壤的压缩反力并未计入。

（4）推力的合成应明确是单管推力还是双管推力。

（5）应明确设计压力还是强度实验压力（主固定墩，作为分段试压的分界点）。

（6）有分段阀时应按分段阀关闭计算。

（7）预热管道应在预热温度下和固定墩焊接；应对升温、降温两种条件分别计算，选出最大值。

（8）复杂情况下，取多种情况计算，选出最大推力。

（9）过渡段固定墩上的推力按被动力计算，在锚固段内的轴向推力按主动力计算。

（10）由于L形管段补偿位移引起的侧向推力全部被管侧土壤反力所平衡，故直管段对固定墩的推力计算公式亦可用于L形管段直臂对于固定墩的推力计算。

三、固定墩推力计算表

固定墩推力详见表11-4～表11-6。

配置普通套筒、普通波纹补偿器的直埋供热管道固定墩（H）受力计算表　　　表11-4

序号	示　意　图	计　算　公　式	备　注
1		$H=P_{t1}-0.8P_{t2}+P_n(f_1-f_2)$	$D_1 \geqslant D_2$ f_1、f_2分别为套筒补偿器外套管内径计算的截面积(下同)
2		(1)$L_1 \geqslant L_2 \geqslant L_{max}$ 　$H=N_{a1}-0.9N_{a2}+P_n(f_1-f_2)$ (2)$L_1 \geqslant L_{min}$，$L_1 \geqslant L_2$且$L_{max}>L_2$ 　$H=N_{a1}-0.8(F_{min}L_2+P_{t2})+P_n(f_1-f_2)$ (3)$L_{min}>L_1 \geqslant L_2$ 　$H=(F_{max}L_1+P_{t1})-0.8(F_{min}L_2+P_{t2})+$ 　$P_n(f_1-f_2)$	P_{t1}、P_{t2}为活动端对管道伸缩的阻力(下同)
3		(1)$L_1 \geqslant L_{min}$ 　$H=N_{a1}-0.8P_{t2}+P_n(f_1-f_2)$ (2)$L_1<L_{min}$ 　$H=(F_{max}L_1+P_{t1})-0.8P_{t2}+P_n(f_1-f_2)$	固定墩推力较大,不推荐使用此布置方式
4		(1)$L_1 \geqslant L_{min}$ 　$H_1=N_{a1}+P_nf_1$，$H_2=P_nf_2+P_{t2}$ (2)$L_1<L_{min}$ 　$H_1=(F_{max}L_1+P_{t1})+P_nf_1$ 　$H_2=P_{t2}+P_nf_2$	阀门关闭时(下同)
5		(1)$L_1 \geqslant L_{min}$ 　$H_1=N_{a1}+P_nf_1$ (2)$L_1<L_{min}$ 　$H_1=(F_{max}L_1+P_{t1})+P_nf_1$	来自于支管的推力
6		$H_1=P_{t1}+P_nf_1$	来自于支管的推力
7		(1)$L_1 \geqslant L_2 \geqslant L_{max}$ 　$H=N_{a1}-0.9N_{a2}+P_nf_1$ (2)$L_1 \geqslant L_{min}$，$L_1 \geqslant L_2$且$L_{max}>L_2$ 　$H=N_{a1}-0.8(F_{min}L_2+P_{t2})+P_nf_1$ (3)$L_{min}>L_1 \geqslant L_2$ 　$H=(F_{max}L_1+P_{t1})-0.8(F_{min}L_2+P_{t2})+P_nf_1$	

序号	示　意　图	计　算　公　式	备　注
8		(1)$L_2 \geq L_{min}$ 　　$H = N_{a2} - 0.8P_{t1} - P_n f_1$ (2)$L_2 < L_{min}$ 　　$H_1 = (F_{max}L_2 + P_{t2}) - 0.8P_{t1} - P_n f_1$	
9		(1)$L_2 \geq L_{min}$ 　　$H = N_{a2} - 0.8P_{t1} - P_n f_1$ (2)$L_2 < L_{min}$ 　　$H = (F_{max}L_2 + P_{t2}) - 0.8P_{t1} - P_n f_1$	阀门开启
		(1)$L_2 \geq L_{min}$　$H_1 = P_n f_1 + P_{t1}$ 　　$H_2 = N_{a2}$ (2)$L_2 < L_{min}$　$H_1 = P_n f_1 + P_{t1}$ 　　$H_2 = (F_{max}L_2 + P_{t2})$	阀门关闭

注：$F_{max}L_1$、$F_{min}L_1$ 指 L_1 管段摩擦力最大、最小值；$F_{max}L_2$、$F_{min}L_2$ 指 L_2 管段摩擦力最大、最小值；H 指管道 H 点固定墩的推力。

配置无推力偿器的直埋热管道固定墩（H）受力公式表　　　　　表 11-5

序号	示　意　图	计　算　公　式	备　注
1		$H = P_{t1} - 0.8P_{t2}$	$D_1 \geq D_2$（下同）
2		(1)$L_1 \geq L_2 \geq L_{max}$　$H = N_{a1} - 0.9N_{a2}$ (2)$L_1 \geq L_{min}$，$L_1 \geq L_2$ 且 $L_{max} > L_2$ 　　$H = N_{a1} - 0.8(F_{min}L_2 + P_{t2})$ (3)$L_{min} > L_1 \geq L_2$ 　　$H = (F_{max}L_1 + P_{t1}) - 0.8(F_{max}L_2 + P_{t2})$	
3		(1)$L_1 \geq L_{min}$，$H = N_{a1} - 0.8P_{t2}$ (2)$L_1 < L_{min}$，$H = (F_{max}L_1 + P_{t1}) - 0.8P_{t2}$	
4		(1)$L_1 \geq L_{min}$，$H_1 = N_{a1}$　$H_2 = P_{t2}$ (2)$L_1 < L_{min}$，$H_1 = F_{max}L_1 + P_{t1}$　$H_2 = P_{t2}$	阀门关闭时
5		(1)$L_1 \geq L_{min}$　$H_1 = N_{a1}$ (2)$L_1 < L_{min}$　$H_1 = F_{max}L_1 + P_{t1}$	
6		$H_1 = P_{t1}$	
7		(1)$L_1 \geq L_2 \geq L_{max}$　$H = N_{a1} - 0.9N_{a2}$ (2)$L_1 \geq L_{min}$，$L_1 \geq L_2$ 且 $L_{max} > L_2$ 　　$H = N_{a1} - 0.8(F_{min}L_2 + P_{t2})$ (3)$L_{min} > L_1 \geq L_2$ 　　$H = (F_{max}L_1 + P_{t1}) - 0.8(F_{min}L_2 + P_{t2})$	

续表

序号	示　意　图	计　算　公　式	备　注
8		$(1)L_2 \geqslant L_{\min}, H = N_{a2} - 0.8P_{t2}$ $(2)L_2 < L_{\min}, H = (F_{\max}L_2 + P_{t2}) - 0.8P_{t1}$	
9		$(1)L_2 \geqslant L_{\min}, H = N_{a2} - 0.8P_{t1}$ $(2)L_2 < L_{\min}, H = (F_{\max}L_2 + P_{t2}) - 0.8P_{t1}$	阀门开启
		$(1)L_2 \geqslant L_{\min}, H_1 = P_{t1} \quad H_2 = N_{a2}$ $(2)L_2 < L_{\min}, H_1 = P_{t1} \quad H_2 = F_{\max}L_2 + P_{t2}$	阀门关闭

注：$F_{\max}L_1$、$F_{\min}L_1$ 指 L_1 管段摩擦力最大、最小值；$F_{\max}L_2$、$F_{\min}L_2$ 指 L_2 管段摩擦力最大、最小值；H 指管道 H 点固定墩的推力。

配置方型补偿器的直埋供热管道固定墩（H）受力公式表　　　　表 11-6

序号	示　意　图	计　算　公　式	备　注
1		$(1)L_1 \geqslant L_2 \geqslant L_{\max}, H = N_{a1} - 0.9N_{a2}$ $(2)L_1 \geqslant L_{\min}, L_1 \geqslant L_2 \text{ 且 } L_{\max} > L_2$ $\quad H = N_{a1} - 0.8(F_{\min}L_2 + P_{t2})$ $(3)L_{\min} > L_1 \geqslant L_2$ $\quad H = (F_{\max}L_1 + P_{t1}) - 0.8(F_{\max}L_2 + P_{t2})$	
2		$(1)L_1 \geqslant L_{\min}, H_1 = N_{a1}$ $(2)L_1 < L_{\min}, H_1 = F_{\max}L_1 + P_{t1}$ $(3)L_2 \geqslant L_{\min}, H_2 = N_{a2}$ $(4)L_2 < L_{\min}, H_2 = F_{\max}L_2 + P_{t2}$	阀门关闭时
3		$(1)L_1 \geqslant L_{\min}, H_1 = N_{a1}$ $(2)L_1 < L_{\min}, H_1 = F_{\max}L_1 + P_{t1}$	
4		$(1)L_1 \geqslant L_2 \geqslant L_{\max}, H = N_{a1} - 0.8N_{a2}$ $(2)L_1 \geqslant L_{\min}, L_1 \geqslant L_2 \text{ 且 } L_{\max} > L_2$ $\quad H = N_{a1} - 0.8(F_{\min}L_2 + P_{t2})$ $(3)L_{\min} > L_1 \geqslant L_2$ $\quad H = (F_{\max}L_1 + P_{t1}) - 0.8(F_{\max}L_2 + P_{t2})$	
5		$(1)L_1 \geqslant L_{\min}, H_1 = N_{a1}$ $(2)L_1 < L_{\min}, H_1 = F_{\max}L_1 + P_{t1}$ $(3)L_2 \geqslant L_{\min}, H_2 = N_{a2}$ $(4)L_2 < L_{\min}, H_2 = F_{\max}L_2 + P_{t2}$	阀门关闭时
6		$(1)L_1 \geqslant L_2 \geqslant L_{\max}, H = N_{a1} - 0.9N_{a2}$ $(2)L_1 \geqslant L_{\min}, L_1 \geqslant L_2 \text{ 且 } L_{\max} > L_2$ $\quad H = N_{a1} - 0.8(F_{\min}L_2 + P_{t2})$ $(3)L_{\min} > L_1 \geqslant L_2$ $\quad H = (F_{\max}L_1 + P_{t1}) - 0.8(F_{\max}L_2 + P_{t2})$	

注：$F_{\max}L_1$、$F_{\min}L_1$ 指 L_1 管段摩擦力最大、最小值；$F_{\max}L_2$、$F_{\min}L_2$ 指 L_2 管段摩擦力最大、最小值；H 指管道 H 点固定墩的推力。

141

第十二章 设 计 方 法

本章介绍了直埋供热管道工程设计过程中可行性研究、初步设计、施工图设计等阶段的相关内容：管道定线、热媒参数选择、安装方式选择等。直埋管道热力设计计算流程，并编制了水力计算表和直埋设计常用特征参数表。

第一节 概 述

对于整体预制保温管，按照国家标准《高密度聚乙烯外护管硬质聚氨酯泡沫塑料预制直埋保温管及管件》GB/T 29047—2012 要求而生产制造的聚氨酯硬质泡沫塑料保温层、高密度聚乙烯外壳管和钢管紧密地粘接在一起，当管道温度变化时，钢管的热胀冷缩可以通过保温层传递到外壳，使外壳管与周围回填土之间发生滑动，同时，作用于外壳上的土壤摩擦阻力又通过保温层限制钢管的热胀冷缩变形，如图 12-1 所示。

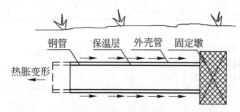

图 12-1 直埋供热管道力传递及变形示意

一、预制保温管道系统构成

预制保温管道和周围回填土壤系统共同构成了城镇供热管网的完整系统，通常保温管规格为 $DN40 \sim DN1400$，系统由直管、弯头包括 L、Z、U 形等补偿弯管、折角和曲管、变径管、三通、补偿器和固定墩等构成。回填土壤包括周围回填砂和外围回填土。目前由于缺乏天然砂，少数工程采用了机械砂，机械砂代替天然砂是一个必然的趋势，应当认真总结这方面的经验。

二、设计规范

供热直埋管道设计应使预制保温管道及管件满足各种强度验算和稳定验算条件，具体遵循下列标准：

1. 《城镇供热直埋热水管道技术规程》CJJ/T 81—2013；
2. 《城镇供热管网设计规范》CJJ 34—2010；
3. 《城镇供热管网工程施工及规范》CJJ 28—2014。

三、设计步骤

1. 进行工程的可行性研究

通过可行性分析，确保供热工程采用直埋敷设方式经济合理、技术可靠。具体包括如下。

适宜的布管线路：明确管线途经地下土壤能否满足直埋敷设的要求，需要采取的技术措施，规划部门是否认可。管线走向宏观上应直，微观上要弯，减少管线长度。尽量避让主车道，减少施工、维修给交通带来的不便。避开湿陷性黄土、垃圾回填土、地震断裂带、滑坡危险地带以及地下水位高等不利地带。主干线应尽量走热负荷密集区域，管线上的阀门、补偿器和管路其他附件如放气阀、泄水阀等是否合理，检查室的位置是否合理，数量是否最少，固定墩的数量是否最少，检查室和固定墩的总混凝土量是否最少。供热管线应少穿越主要交通干线，非穿不可时，综合管沟最好，顶方涵较好，顶圆涵次之，顶管、拖管施工造价最低，但综合社会效益最差。供热管道应沿街道一侧敷设，与各种管道、构筑物应协调安排，相互之间的距离，应能保证运行安全，施工检修方便。为避免热力管道的温度场和应力场对相邻管道的影响，根据《城镇供热管网设计规范》CJJ 34—2002 有关规定，直埋管道与其他设施或管道的相互水平或垂直距离应符合表 12-1 的规定。

直埋供热管道与设施的净距　　　　表 12-1

设　施　名　称			最小水平净距(m)	最小垂直净距(m)
给水、排水管道			1.5	0.15
排水盲沟			1.5	0.50
燃气管道	≤0.4MPa		1.0	钢管 0.15 聚乙烯管在上 0.5 聚乙烯管在下 1.0
	≤0.8MPa		1.5	
	>0.8MPa		2.0	
压缩空气或 CO_2 管道			1.0	0.15
乙炔、氧气管道			1.5	0.25
铁路钢轨			钢轨外侧 3.0	轨底 1.2
电车钢轨			钢轨外侧 2.0	轨底 1.0
铁路、公路路基边坡底脚或边沟的边缘			1.0	—
通讯、照明或 10kV 以下电力线路的电杆			1.0	—
高压输电线铁塔基础边缘(35～220kV)			3.0	—
桥墩(高架桥、栈桥)			2.0	—
架空管道支架基础			1.5	—
地铁隧道结构			5.0	0.80
电气铁路接触网电杆基础			3.0	—
乔木、灌木			1.5	—
建筑物基础			2.5(DN≤250mm)	—
			3.0(DN≥300mm)	
电缆	通讯电缆管块		1.0	0.15
	电力及 控制电缆	≤35kV	2.0	0.50
		≤110kV	2.0	1.00

注：直埋热水管道与电缆平行敷设时，电缆处的土壤温度与月平均土壤自然温度比较，全年任何时候，对于 10kV 的电缆不高出 10℃；对于 35～110kV 的电缆不高出 5℃时，可减少表中所列净距。

总之，供热管线的路线应综合考虑城市规划、热负荷分布和热源位置，与各种地下管道及构筑物、园林绿地的关系和水文、地质条件等多种因素，经技术经济比较确定。

供水温度的选择，采用130℃及其以下的供水温度，聚氨酯保温材料寿命可靠。然而，采用130℃以上如150℃的供水温度更适合冷热联供，并且末端溴化锂冷水机组能效比（COP）较高，可提高供热设备以及管网的利用率，充分利用能源，实现总体节能，提高经济效益。95/70℃，120/70℃支干线经济比摩阻确定水力计算表见附表11-1和附表11-2。

安装方式比较选择，即冷安装和预热安装的选择，敞沟预热和一次性补偿器覆土预热，整体预热和分段预热。折点多、地下障碍多的局部技术处理难度较大的直埋供热管道可采用预热直埋方式。

至少对两种布管线路进行经济技术比较，确定经济合理技术可靠的线路和敷设方式。

2. 进行工程的初步设计

依据可行性研究报告对布管线路进行仔细踏勘，进一步了解地下、地上障碍物情况，包括地下管线情况、构筑物情况、地下水位、土质资料等，并进行钻探。当穿越河流时，应了解河床50年最低冲刷深度。提出穿越主要交通干线、铁路的节点处理方案等。

确定预制保温管的规格、埋深；采用预应力敷设时热源的形式，预热热媒；补偿器、阀门的规格型号等。值得注意的是，当地大气环境、地下水氯离子含量对不锈钢补偿器的影响。

3. 进行施工图设计

供热直埋预制保温管路系统的设计，就是根据初步设计选定的管径和管网走向，通过采取一定技术措施，使预制保温管系统中的管道及管件，在相应的设计条件下，都能满足相应标准的强度和稳定性条件，从而使预制保温管系统处于安全运行状态。管网的设计寿命应为30～50年。

技术措施包括：

（1）通过现场踏勘，搜寻自来水井、污水井、雨水井、电力电缆井、通信电缆井等障碍物以确定最少障碍的管线平面位置。应注意煤气管线不宜发现；

（2）多次调整供热管线纵断面埋深、坡度大小以及变坡点位置，穿越各种管线和障碍物，避免局部绕行；

（3）泄水小室、排气小室、补偿器小室、阀门小室等综合考虑，降低小室数量；

（4）充分利用自然补偿，合理设计弯头曲率半径；

（5）有选择地在局部管段上采用预热方式或设置一次性补偿器方式；

（6）合理地布置补偿器和固定墩，充分利用土壤摩擦力作用以减少主固定墩数量和无推力补偿器数量。

4. 施工图设计流程

设计流程图如图12-2所示。

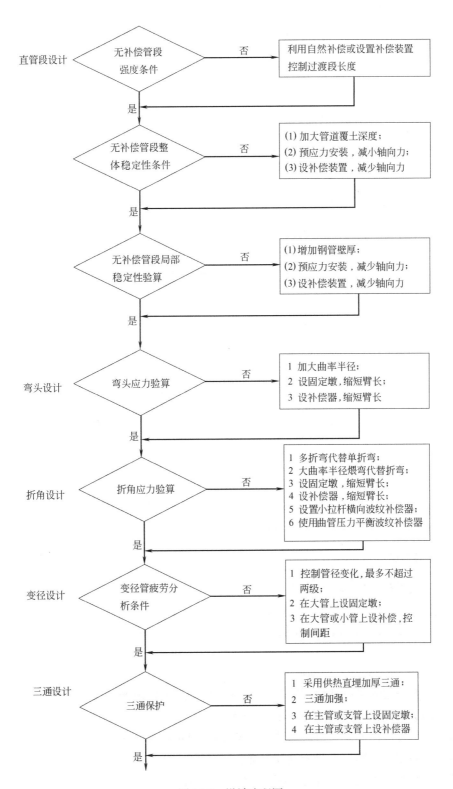

图 12-2　设计流程图

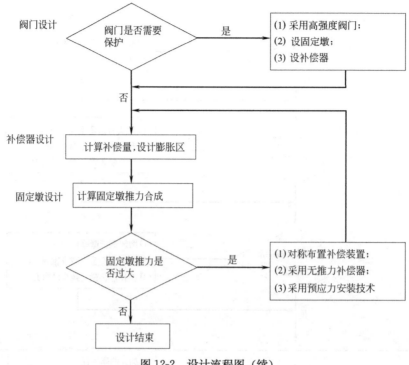

图 12-2 设计流程图（续）

第二节 《直埋供热管道工程设计计算软件》（V1.0版）简介

由图 12-2 可知，直埋供热热水管道热力计算采用手工计算不但效率低下，有些参数的计算甚至是不可能的，必须通过计算机迭代计算才能完成。因此《直埋供热管道工程设计计算软件》（V1.0 版）的应用具有重要的意义。

一、软件编制依据

（1）《城镇供热直埋热水管道工程技术规程》CJJ/T 81—2013；

（2）《城镇供热管网设计规范》CJJ 34—2010；

（3）《Design and installation of preinsulated bonded pipe systems for district heating》（EN 13941）；

（4）《Power Piping》（ASME B31.1）；

（5）《工业金属管道设计规范》GB 50316—2000（2008 年版）；

（6）《锅炉房设计规范》GB 50041—2008；

（7）《火力发电厂汽水管道应力计算技术规程》DL/T 5366—2006；

（8）《钢制压力容器——分析设计标准》JB 4732—1995；

（9）《输油管道工程设计规范》GB 50253—2003；

（10）《埋地输油输气钢管道结构设计规范》CECS 15：90；

（11）《给水排水工程埋地钢管管道结构设计规程》CECS 141：2002.

（12）贺平，孙刚，王飞等. 供热工程（第四版）. 北京：中国建筑工业出版社，2009.

（13）贺平，王刚. 区域供热手册. 哈尔滨：哈尔滨工程大学出版社，1998.

（14）北京市市政工程设计研究总院. 地下管设计. 北京：机械工业出版社，2003.

（15）未公开发表的研究成果。

二、适用范围　新建、改建、扩建

设计温度小于或等于 150℃，设计压力小于或等于 2.5MPa，管道公称直径小于或等于 1400mm 的城镇热水直埋管道。

三、软件功能简介

1. 主程序功能

（1）一次应力验算；

（2）径向稳定性验算；

（3）整体稳定性验算；

（4）局部稳定性验算；

（5）安定性分析；

（6）计算驻点和锚固点位置；

（7）弯头、折角、变径管等应力验算；

（8）补偿器补偿量验算；

（9）任意点热位移计算及给出弯头处理方式；

（10）生成计算 CAD 结果简图及生成计算成果文件。

2. 辅助程序功能

（1）弯头、折角、变径管等应力验算；

（2）竖向弯头应力验算；

（3）热伸长计算、热位移计算；

（4）过渡段长度计算；

（5）最大允许过渡段计算；

（6）摩擦力计算；

（7）轴向力计算；

（8）各种直埋温差的查看；

（9）弹性臂长计算；

（10）竖向稳定性验算；

（11）固定墩推力计算；

（12）变径管相关计算；

（13）大口径管道相关计算；

（14）热损失计算；

（15）水力计算。

四、V1.0 版和 2007 试用版的区别

（1）管道规格增加到 $DN1400$。

（2）增加了各种固定墩推力计算（包括可移动固定墩衰减力的计算）。

（3）增加了变径管应力验算。

（4）主程序和辅助程序中都增加了大口径管道的壁厚计算。大口径管道壁厚必须满足流体内压力要求、径向稳定性要求、整体稳定性要求、局部稳定性要求（局部屈曲）、弹塑性分析要求、预热安装降温安全性要求。

（5）辅助程序中增加了预热安装的预热温度范围、预热伸长量、一次性补偿器间距等。

（6）在主程序和辅助程序中限制了管顶埋深。

（7）主程序中不再计算固定墩推力。

（8）弯头软回填厚度增加到 150mm，增加了处理弯头的灵活性。

（9）辅助程序在计算过渡段长度时，引入了屈服温差。

（10）修订了竖向稳定性数据、直埋温差、屈服温差、弹性臂长。

（11）增加了计算结果输出在 CAD 平面图上功能。平面图标注内容包含里程标注（始点、终点、弯头、变径、补偿器、固定墩等）、弯头曲率半径、弯头应力验算结果、补偿器验算结果。

（12）主程序和辅助程序中都考虑了壁厚减薄量。

五、V1.0 计算流程（图 12-3）

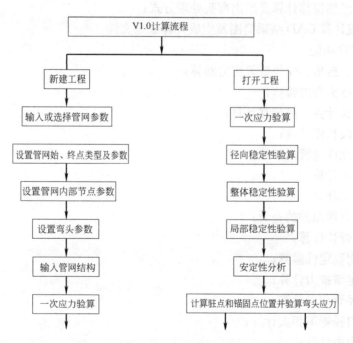

图 12-3　V1.0 计算流程

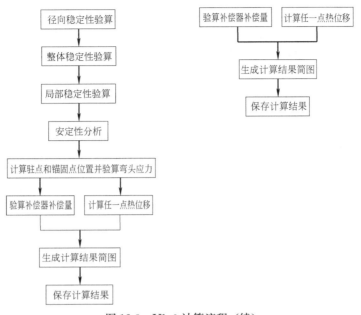

图 12-3　V1.0 计算流程（续）

第三节　特 征 参 数

处于无补偿管段和有补偿管段的管道具有不同的力学状态。在直埋管道设计中，总会涉及下面几个特征参数：①过渡段最大长度 $L_{\max}$；②最大轴向内力 $N_{\max}$；③最大热伸长量 $\Delta L_{\max}$。这些参数主要与温度变化和埋深有关，而与管段长度无关，如图 12-4 所示。

1. 过渡段最大长度 $L_{\max}$

用于判别管道的变形属性，热膨胀全部被压缩，还是部分被压缩。依照《规程》的规定，过渡段最大长度又分为摩擦系数取 $\mu_{\max}=0.4$ 时的最小过渡段长度；当 $\mu_{\min}=0.2$ 时的最大过渡段长度，$L_{\max}=2L_{\min}$。

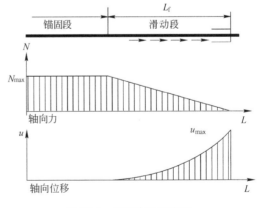

图 12-4　特征参数示意图

2. 最大轴向力 $N_{\max}$

无补偿管段中的轴向力，也是管道中可能出现的最大轴向力，它描述了无补偿管段的力学特征。

3. 最大位移量 $\Delta L_{\max}$

当过渡段长度等于过渡段最大长度时，补偿装置处管道的位移量，也是补偿装置可能出现的最大位移量，它描述了过渡段的力学特征。依照《规程》对计算管道热伸长计算公式的分类，当安装温差大于屈服温差且过渡段长度取 $L_{\max}$ 时，最大位移量 $\Delta L_{\max}$ 的计算公式应采用弹塑性工况下的公式，即式（5-25）。

管顶埋深分别为 1.4m、1.2m、1.0m、0.8m、0.6m 时，各种安装温差对应的过渡段最大长度、最大位移量见附表 5-1～附表 5-16。

注意，管道的特征参数与预制保温管的规格有关。尽管预制保温管公称直径相同、但钢管壁厚不同或保护壳外径不同，它们的特征参数也不相同。

4. 对预热安装的修正

在设计供水温度不大于屈服温度条件下，预热安装的温差通常为相同条件下冷安装温差的一半，所以可根据冷安装的特征参数，通过修正来计算预应力安装的特征参数。

（1）过渡段极限长度

$$L_{f,p} = 0.5 L_{max}$$

式中　L_{max}——冷安装时过渡段最大长度；

$L_{f,p}$——预应力安装时的过渡段最大长度。

（2）最大轴向力

$$N_{max,p} = 0.5 N_{max}$$

式中　N_{max}——冷安装时的最大轴向力；

$N_{max,p}$——预应力安装时的最大轴向力。

（3）最大位移量

$$\Delta L_{max,p} = 0.25 \Delta L_{max}$$

式中　ΔL_{max}——冷安装时的最大位移量；

$\Delta L_{max,p}$——预应力安装时的最大位移量。

第十三章　直埋供热管道工程设计实例

工程实例分析有助于贯通全书内容，有助于掌握直埋供热管道工程设计的整个方案布置、方案调整过程以及热力分析计算过程的细节。每个案例都具有一定的工程针对性、技术难点问题的代表性和实用参考价值。

【例 13-1】　太原市某居民小区的热力站二次管网工程，供水温度 85℃，回水温度 60℃，安装温度 10℃，工作循环最低温度按规程取 10℃，设计压力为 1.0MPa。管网起点为热力站，终点为各建筑采暖入口。要求设计该小区的直埋供热管线。

【解】　（1）工程的初步设计。

管道安装温差为 75℃，因此采用预制直埋保温管的无补偿、冷安装方式。根据现场踏勘，明确了各建筑的采暖入口，并确认管线敷设完全可以躲开自来水井、污水井、雨水井、电力电缆井、通信电缆井等障碍物，地下无燃气管道。由此确定了管线的初步走向，平均管顶埋深约为 1.2m。

（2）本书全部例题中所述工程中所用的管材见表 1-7，以下所有例题将不再叙述管壁厚度的验证。

（3）水力计算、管网的节点编号和里程标注。

① 热负荷计算：根据建筑类型——节能建筑或非节能建筑确定热指标，再根据建筑面积和热指标计算用户的热负荷，建筑面积包括现状面积和规划面积。

② 主干线管径的确定：根据各建筑的热负荷情况，以及规范推荐的经济比摩阻确定主干线各管段的管径，并计算各段的阻力损失。水力计算表见附表 13-1 和附表 13-2。

③ 各支线管径的确定：支线管径应按照并联环路的允许压力降确定，并按照《城镇供热管网设计规范》CJJ 34—2010 规定，比摩阻不宜大于 400Pa/m。

水力计算的具体方法参见有关资料。结合地形图上的建筑和道路分布情况，通过和规划局及用户协商确定了管线的具体走向，见图 13-1（图中已略去地形图），分支的抽引方式待分支点位移计算完成后确定。

④ 对管网主干线进行节点编号和里程标注，本例主干线节点为 $J_i(i=0,1,2,\cdots,10)$。主干线里程热源出口为 0+0.00，终点为 0+357.90m。

⑤ 对管网支干线进行节点编号和里程标注，如 J_2 节点分支，起点为 J_2，终点为 J_{14}。里程从 J_2 起算，终点 J_{14} 里程为 $J_2+104.1$m。J_4 分支起点为 J_4，终点为 J_{18}，终点里程为 $J_4+53.2$m。

（4）直管设计。

① 长直管段的强度条件：管网供水最高温度 $t_1=85℃$，循环最低温度取 $t_2=10℃$，管道循环温差为 $t_1-t_2=75℃$，小于表 6-1 安定性控制的最大温差，即直管段允许进入锚固，无需控制安装长度，无补偿直埋敷设验算通过。

② 无补偿管段整体稳定性条件：由于各种管道的最小埋深都大于表 6-4 所列的垂直稳

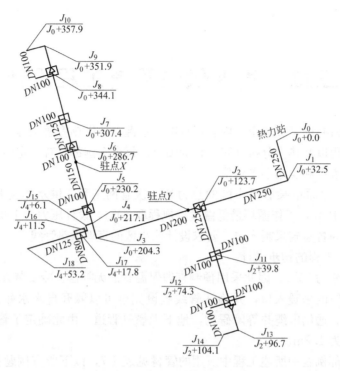

图 13-1　例 13-1 管网布置示意图

定性要求的最小覆土深度，因此整体稳定性验算通过。

③ 无补偿管段管径为 $DN250$，满足局部稳定性条件，不会出现局部皱结。

（5）弯头设计。由于采用无补偿直埋敷设，应力验算前不考虑设置补偿器和固定墩，尽量利用自然补偿弯头进行补偿。因此，弯头应力验算的前提是确定各个弯头的臂长，即先确定管网的驻点和锚固点的位置。

① 锚固点：当管段长度（两弯头间的距离）大于两倍的最大过渡段长度时，管段出现锚固段，存在两个自然锚固点，锚固点的位置可以根据最大过渡段长度来确定。

② 驻点：当管段长度小于两倍的最大过渡段长度的时候，管段中存在驻点，驻点计算需根据驻点处的力平衡关系来确定，即驻点两侧的摩擦力和弯头的轴向力之和相等：

$$l_1 \times F_{\text{min.}1} + P_{t1} = l_2 \times F_{\text{min.}2} + P_{t2}$$

$$l_1 + l_2 = L$$

式中　l_1，l_2——驻点两侧的过渡段长度，m；

　　　　L——直管段总长度，m；

$F_{\text{min.}1}$，$F_{\text{min.}2}$——驻点两侧的过渡段的平均单长摩擦力，N/m。

其中，弯头的轴向力与弯头的两臂长有关，因此驻点位置的确定需要采用迭代法计算。在管线出现变径时，管道的摩擦力实际上是驻点两侧各种规格管道单长摩擦力的平均值，即平均单长摩擦力，根据每次迭代得到的驻点位置重新确定两侧的平均摩擦力的值。根据《城镇供热直埋热水管道技术规程》5.7.1 条的规定，当前后两次迭代过程的弯头轴向力的相对误差小于等于 10% 时即认为迭代已收敛。驻点的迭代计算量非常大，采用手工计算是不现实的，因此，本书例题全部采用"直埋供热管道设计计算软件 V1.0"进行计算。计算驻点的管线以始点弯头（或补偿器、人为设置的固定点）至该段终点弯头（或补偿器、人为设置的固定点）划分为一个计算管线，计算管线中可以包含若干个弯头。

（6）弯头设计。

① 弯头应力验算：由于管网中没有出现人为设置的补偿器、固定点，所以在计算软件中输入主干线管网结构和支线管网全部结构，其中，热力站出口和采暖用户入口等处的分界点按弯头考虑，内部弯臂长度按 3m 计；支线分支点 J_2 安装可曲挠橡胶球体接头，弹性力较小，近似地按活动端考虑，J_4 分支点支线轴向位移忽略不计，据此计算得到各过渡段长度如表 13-1 所示。

例 13-1 过渡段长度计算表

表 13-1

主干线各过渡段长度		备 注
$l_{(1)} = 16.84m$	$ls_{(1)} = 15.66m$	$J_0 \sim J_1$
$l_{(2)} = 78.28m$	$ls_{(2)} = 93.52m$	$J_1 \sim J_3$
$l_{(3)} = 58.44m$	$ls_{(3)} = 89.16m$	$J_3 \sim J_9$
$l_{(4)} = 2.42m$	$ls_{(4)} = 3.58m$	$J_9 \sim J_{10}$
$J_2 \sim J_{14}$ 支干线的各过渡段长度		
$l_{(1)} = 50.55m$	$ls_{(1)} = 46.15m$	$J_2 \sim J_{13}$
$l_{(2)} = 3.27m$	$ls_{(2)} = 4.13m$	$J_{13} \sim J_{14}$
$J_4 \sim J_{18}$ 支干线的过渡段长度		
$l_{(1)} = 0.00m$	$ls_{(1)} = 6.10m$	$J_4 \sim J_{15}$
$l_{(2)} = 2.89m$	$ls_{(2)} = 2.51m$	$J_{15} \sim J_{16}$
$l_{(3)} = 20.85m$	$ls_{(3)} = 20.85m$	$J_{16} \sim J_{18}$

注：$l_{(i)}$、$ls_{(i)}$ 为第 i 个计算管段驻点前后的过渡段长度，方向同供水方向。例如，$l_{(1)}$、$ls_{(1)}$ 表示第 1 段计算管段的，即 $J_0 \sim J_1$ 管段，$l_{(1)}$ 算得 16.84m，$ls_{(1)}$ 算得 15.66m，表示 $J_0 \sim J_1$ 管段的驻点距始点 J_0 为 16.84m，距该段终点 J_1 为 15.66m。根据本软件 V1.0 计算结果可知，设计管网没有自然锚固点，也就是说没有无补偿管段。

各弯头的验算如下。

按照驻点的计算结果，确定了各弯头的臂长，从而可以进行弯头的应力验算。

J_1：1.5DN 的 90°预制保温弯头（DN250）。

J_1 两侧臂长分别为表 13-1 中的 $ls_{(1)}$ 和 $l_{(2)}$，即臂长 $L_1 = 15.66m$，臂长 $L_2 = 78.28m$。所以 $\dfrac{L_1 + L_2}{2} = 46.97m$。查附表 7-6 得，$h = 1.2m$ 时，$L_{max,b}$ 允许无限长，$\dfrac{L_1 + L_2}{2} < l_{max,b}$，所以弯头应力验算通过。弯头的应力验算结果见表 13-2。

例 13-1 各弯头强度验算表

表 13-2

节点编号	L_1/ls 长度 (m)	L_2/l 长度 (m)	查表	$l_{max,b}$ (m)	$\dfrac{L_1+L_2}{2}$ (m)	是否合格
主干线弯头应力验算						
J_1(DN250)	15.66/$ls_{(1)}$	78.28/$l_{(2)}$	附表 7-4	无限长	46.97	1.5DN 合格
J_3(DN200)	93.52/$ls_{(2)}$	58.44/$l_{(3)}$	附表 7-4	无限长	75.98	2DN 合格
J_9(DN100)	89.16/$ls_{(3)}$	2.42/$l_{(4)}$	附表 7-4	无限长	45.79	1.5DN 合格
$J_2 \sim J_{14}$ 支干线弯头应力验算						
J_{13}(DN100)	46.15/$ls_{(1)}$	3.27/$l_{(2)}$	附表 7-4	无限长	24.71	1.5DN 合格

153

② 弯点热伸长计算：弯头的位移量，以 J_9 弯头为例。由表 5-1 得 $\Delta T=75℃<\Delta T_y=119.6℃$（$DN120$），

所以 $J_9X=ls(3)=89.16m$ 全部处于弹性状态。J_9X 段在 J_9 点的位移量按弹性理论公式计算，计算公式见式（5-19），式（5-19）要求计算弯头的轴向力，手工计算比较烦琐，本例使用软件 V1.0 进行计算。为了便于下一步三通的应力验算，表 13-3 列出了全部节点的热伸长计算结果，表中的正负号是软件自动生成的，正值表示计算点热伸长与供水方向相同，负值表示计算点热伸长与回水方向相同，其中，弯头处给出两个值，分别表示其两臂在弯头处产生的热伸长。

例 13-1 各计算点热伸长表　　　　　　　表 13-3

里程	热伸长（mm）	里程	热伸长（mm）
主干线弯头、分支点的热伸长		主干线弯头、分支点的热伸长	
0+32.5（J_1）	14.24/−60.12mm	0+123.7（J_2）	7.12mm
0+204.3（J_3）	68.61/−47.00mm	0+217.1（J_4）	−35.30mm
0+230.2（J_5）	−24.14mm	0+286.7（J_6）	13.74mm
0+307.4（J_7）	27.83mm	0+344.1（J_8）	57.89mm
0+351.9（J_9）	65.11/−2.26mm		
$J_2\sim J_{14}$支线上弯头、分支点的热伸长		$J_2\sim J_{14}$支线上弯头、分支点的热伸长	
J_2+0.00（J_2）	−38.20mm	J_2+39.80（J_{11}）	−6.52mm
J_2+74.30（J_{12}）	16.35mm	J_2+96.70（J_{13}）	35.64/−3.04mm
$J_4\sim J_{18}$支线上分支点的热伸长			
J_4+17.80（J_{17}）	−12.27mm		

③ 弯头的软回填和空穴：按照第七章第一节的论述，当弯头应力验算完成后，弯臂软回填的长度按对应管径下的弹性臂长 L_e 取用即可，L_e 查取表 7-1。软回填的厚度根据弯头处的热伸长确定，热伸长小于 40mm，软回填厚度取 40mm；大于 40mm 小于 60mm，软回填取 60mm；热伸长大于 60mm 小于 80mm，软回填厚度为 100mm。

所有弯头的软回填的计算结果见表 13-4。

例 13-1 各弯头处软回填和空穴计算表　　　　　表 13-4

弯头名称	热伸长（mm）$\Delta ls(i)/\Delta l(i+1)$	软回填（空穴）长度（m）		软回填厚度（mm）	
		$l(i+1)$侧	$ls(i)$侧	$l(i+1)$侧	$ls(i)$侧
主干线					
J_1（$DN250$）	14.24/−60.12	5.4	5.4	100	60
J_3（$DN200$）	68.61/−47.00	4.8	4.8	100	60
J_9（$DN100$）	65.11/−2.26	3.0	3.0	100	40
$J_2\sim J_{14}$支线					
J_13（$DN100$）	35.64/−3.04	3.0	3.0	40	40

注：二次网弯管处理保留了原工程做法。

（7）折角设计。本设计中无折角。

（8）变径管设计。变径管疲劳分析：变径管都在两级以内，且温度变化不大于附表 9-7 和附表 9-8 的最大允许温差。验算通过。

（9）三通设计。

① 三通疲劳分析：三通设计前首先需要确定三通处主管的轴向和支管的轴向位移量，其中，分支点支管产生的轴向位移根据三通支管的抽引方式确定：当支线由 Z 形弯头引出时，应将分支点支线位移作零处理，计算支线侧弯头及支线的驻点位置，进一步计算支线上任意点的热伸长；当支线采用可曲挠橡胶球体接头抽引分支时，将分支点看做活动端并忽略可曲挠橡胶球体接头的弹性力，计算支线上的驻点和任意点热伸长。全部计算由软件完成，计算结果见表 13-3。由于本设计是热力站二次网，管道供水温度较低，可以在分支点支线侧安装可曲挠橡胶球体接头。橡胶接头既可以补偿轴向位移又可以补偿横向位移；当分支长度小于 20m，且主管轴向位移小于 50mm 时，三通处不做任何处理，只在支管上作软回填，软回填长度取弹性臂长 L_e。当分支点有足够位置时，通常采用 Z 形弯管引出分支的方法。

如 J_2 点，支管长度大于 20m，分支支线侧安装橡胶球体接头，由表 13-3 得 J_2 点的主管轴向位移为 7.12mm，支管轴向位移量为 38.20mm。选用的橡胶接头应能承受 38.20mm 的轴向压缩和 7.12mm 的横向位移。

J_4 点，由 Z 形补偿弯管（1.5DN）引出分支，J_4 点的主管轴向位移为 35.30mm。该处三通的应力验算实际上是验算 Z 形补偿器的补偿量。本例中，Z 形补偿弯管的 $J_4 \sim J_{15}$ 臂用来补偿主管轴向位移，$J_{15} \sim J_{16}$ 臂用来补偿支管的轴向位移。

弯臂 $J_4 \sim J_{15}$ 臂长确定：由于 J_4 节点的主管轴向位移小于 50mm，按照第九章第四节的抽引方法，本例的 $J_4 \sim J_{15}=6.1m$，大于 $L_e=3.5m$，小于 20m，符合要求。

支管补偿弯臂 $J_{15} \sim J_{16}$ 臂长确定：$J_{15} \sim J_{16}$ 根据地形长度为 5.4m，在 $1.25L_e \sim 2L_e$ 的范围内，符合 Z 形补偿弯臂的设计要求，但需要确定被补偿管段 $J_{16} \sim J_{18}$ 的长度是否小于不等臂臂长的限制要求。按照第七章第四节的 Z 形补偿器被补偿弯臂的确定原则，查附表 7-4 得 DN125 埋深 1.2m 时 $L_{max,b}$ 数值无限制要求，因此，对有限长度的 $J_{16} \sim J_{18}$ 管段，该 Z 形补偿弯臂完全能满足补偿要求。所有三通设计见表 13-5。

例 13-1 各三通应力验算表　　　　表 13-5

三通名称	分支方式	主管轴向位移（mm）	支管轴向位移（mm）	橡胶可曲挠橡胶软接型号×个数	Z 形弯管补偿量（m）	软回填长度（m）
长分支三通						
J_2	可曲挠橡胶球体接头	7.12	35.30	KST-F(Ⅱ) DN125 ×1 轴向补偿量：35.30 横向补偿量：7.12	—	—
J_4	Z 形弯管(1.5DN)	35.30	—	—	横向补偿量：35.30	—
短分支三通						
J_8	可曲挠橡胶球体接头	57.89mm	—	KST-F(Ⅱ) DN100 ×2 横向补偿量：57.89	—	—
J_5	—	—	—	—	—	3.0
J_6	—	—	—	—	—	3.0
J_7	—	—	—	—	—	3.0
J_{11}	—	—	—	—	—	3.0
J_{12}	—	—	—	—	—	3.0
J_{17}	—	—	—	—	—	2.6

② 三通加固：由于三通处的应力计算需采用有限元方法。在不进行应力测定和计算时，三通应采用加固的方法。

（10）小室设计。根据《城镇供热管网设计规范》CJJ 34—2010，在管道安装有套筒补偿器、阀门、放水、排气和除污置等管道附件处应设小室。小室的相关尺寸要求参见《城镇供热管网设计规范》。小室内设置一个积水坑，并置于人孔正下方，以便将积水抽出。本设计的 J_2、J_5、J_6、J_7、J_{11}、J_{12} 分支三通处的小室内需安装分支阀，J_8 三通处的小室内需安装分支阀和橡胶接头。为了更换橡胶接头，在橡胶接头前后安装阀门。回水管上安装平衡阀。小室内支管上抽且下坡时，加放气装置，放气装置装在分支阀门和用户侧管段上。上坡的支管加泄水装置，泄水装置装在阀门和用户侧。

（11）阀门设计。管线分支阀门采用蝶阀，排气采用截止阀，泄水采用闸阀。阀门承压为 1.0MPa，阀门采用钢制阀门，采用焊接连接，能承受管道中轴向力的变化。用户入口阀门见相关入户标准图集。直埋管道对其无特殊要求。

（12）固定墩设计。

本工程没有设置固定墩。

【例 13-2】　太原市化工厂的庭院管网工程，供水温度 95℃，回水温度 70℃，安装温度 10℃，工作循环最低温度 10℃，设计压力为 1.0MPa。管网起点为锅炉房，终点为各建筑采暖入口。要求进行供热直埋管网设计。

【解】　（1）管网布置的前期方案。管道安装温差为 85℃，采用预制直埋保温管的无补偿、冷安装方式。根据现场踏勘，明确了各建筑的采暖入口、地下管线、构筑物等情况，与甲方协商共同确定管网的平面布置，如图 13-2 所示，管顶平均埋深 1.0m. 初定管网弯头的曲率半径均为 1.5DN。

（2）水力计算。略，具体步骤参见例 13-1。

（3）对管网主干线进行节点编号和里程标注。

本例主干线节点为 $J_i(i=0,1,2,\cdots,18)$。主干线里程起点为热源出口 J_0 节点，里程为 0＋0.00，终点为 $J_1$8 节点，里程为 0＋775.16m。

对管网支干线进行节点编号和里程标注，J_{11} 节点分支，起点为 J_{11}，终点为 J_{25}。里程从 J_{11} 点起算，终点 J_{25} 里程为 J_{11}＋35.64m。J_{14} 分支起点为 J_{14}，终点为 J_{24}，终点里程为 J_{14}＋156.45m。

（4）直管的设计。庭院管网的供水温度 95℃，循环温差 85℃，小于《城镇供热直埋热水管道技术规程》弹塑性分析法控制的最大温差，直管段允许进入锚固，无需控制安装长度，验算通过。但是直埋管网的设计是一个系统工程，除了直管段的应力满足要求外，还要考虑弯头、三通、变径等多处的应力要求，考虑到 $J_5\sim J_{10}=180.05$m，$J_{10}\sim J_{12}=229.70$m，因此需要验证这两个管段无补偿直埋的可行性。由附表 5-13 得 $DN250$mm 埋深 1.0m 时最大过渡段长度为 269mm，这两个管段都处于过渡段，即管段中存在驻点。锅炉房出口管道管径 $DN250$mm，由表 7-1 得 $DN250$mm 管道弹性臂长 $L_e=5.4$m，管网的驻点及热伸长计算从 J_0 点开始，站内弯臂长为 5.4m，终点 J_{18} 用户内弯臂长为 3m，暂定弯头曲率半径为 1.5DN，经软件 V1.0 计算，得驻点位置，计算结果见表 13-6。

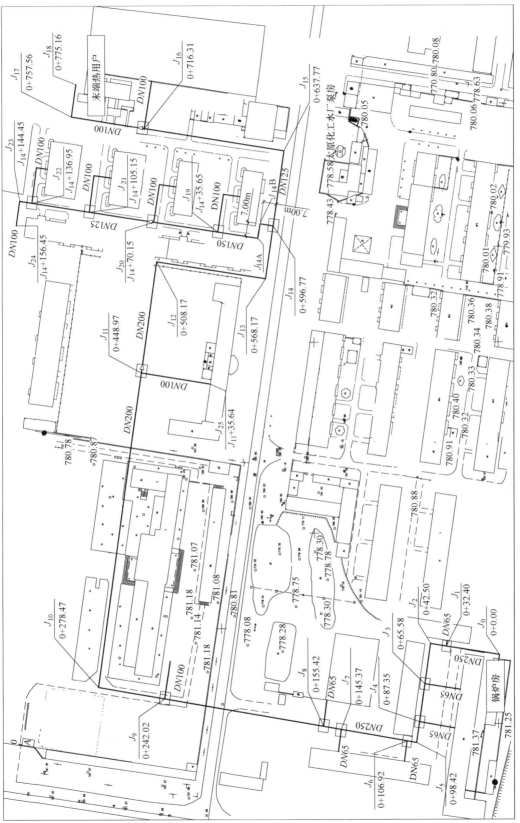

图 13-2 例 13-2 管道平面布置图

例 13-2 管网前期方案的过渡段长度计算表　　　　　　　　表 13-6

主干线各过渡段长度		备　注
$l(1) = 21.53\text{m}$	$ls(1) = 20.97\text{m}$	$J_0 \sim J_2$
$l(2) = 28.49\text{m}$	$ls(2) = 27.43\text{m}$	$J_2 \sim J_5$
$l(3) = 89.97\text{m}$	$ls(3) = 90.08\text{m}$	$J_5 \sim J_{10}$
$l(4) = 107.00\text{m}$	$ls(4) = 122.70\text{m}$	$J_{10} \sim J_{12}$
$l(5) = 29.26\text{m}$	$ls(5) = 30.74\text{m}$	$J_{12} \sim J_{13}$
$l(6) = 26.68\text{m}$	$ls6) = 42.92\text{m}$	$J_{13} \sim J_{15}$
$l(7) = 55.41\text{m}$	$ls(7) = 64.38\text{m}$	$J_{15} \sim J_{17}$
$l(8) = 8.09\text{m}$	$ls(8) = 9.51\text{m}$	$J_{17} \sim J_{18}$
$J_{14} \sim J_{24}$支干线各过渡段长度		
$l(1) = 0.00\text{m}$	$ls(1) = 7.00\text{m}$	$J_{14} \sim J_{14B}$
$l(2) = 4.15\text{m}$	$ls(2) = 2.85\text{m}$	$J_{14B} \sim J_{14A}$
$l(3) = 58.11\text{m}$	$ls(3) = 72.34\text{m}$	$J_{14A} \sim J_{23}$
$l(4) = 5.21\text{m}$；	$ls(4) = 6.79\text{m}$	$J_{23} \sim J_{24}$
$J_{11} \sim J_{25}$支线过渡段长度		
$l(1) = 20.95\text{m}$	$ls(1) = 14.69\text{m}$	$J_{11} \sim J_{25}$

（5）管网弯头的应力验算。所有弯头经软件自动进行应力验算，结果见表 13-7。

例 13-2 管网前期方案的各 1.5DN 弯头强度验算表　　　　　　　　表 13-7

弯头名称	L_1/ls 长度 (m)	L_2/l 长度 (m)	查表	$l_{\max,\text{b}}$ (m)	$\dfrac{L_1+L_2}{2}$ (m)	是否合格
主干线						
$J_2(DN250)$	$20.97/ls(1)$	$28.49/l(2)$	附表 7-3	51.7	24.73	1.5DN 合格
$J_5(DN250)$	$27.43/ls(2)$	$89.97/l(3)$	附表 7-3	51.7	58.70	1.5DN 不合格
$J_{10}(DN250)$	$90.08/ls(3)$	$107.00/l(4)$	附表 7-3	51.7	98.54	1.5DN 不合格
$J_{12}(DN200)$	$122.70/ls(4)$	$29.26/l(5)$	附表 7-3	44.4	75.98	1.5DN 不合格
$J_{13}(DN200)$	$30.74/ls(5)$	$26.68/l(6)$	附表 7-3	44.4	28.71	1.5DN 合格
$J_{15}(DN125)$	$42.92/ls(6)$	$55.41/l(7)$	附表 7-3	35.5	49.165	1.5DN 不合格
$J_{17}(DN100)$	$64.38/ls(7)$	$8.09/l(8)$	附表 7-3	32.1	36.235	1.5DN 不合格
$J_{14} \sim J_{24}$分支						
$J_{23}(DN100)$	$72.34ls(3)$	$5.21/l(4)$	附表 7-3	32.1	38.775	1.5DN 不合格

从表 13-7 的计算结果分析，当管网弯头曲率半径全部采用 1.5DN 时，弯头 J_5、J_{10}、J_{12}、J_{15}、J_{17}、J_{23} 应力验算不合格，其他弯头应力验算合格。手工验算弯头的应力过程如下。

弯头 J_5：查附表 7-3，管径 DN250，曲率半径为 1.5DN 的弯头的在埋深为 1.0m 时最大允许臂长为 $L_{\max,\text{b}} = 51.70\text{m}$，而 J_5 弯头的两臂分别为 $L_1 = 27.43\text{m}$，$L_2 = 89.97\text{m}$，$0.5 \times (L_1 + L_2) = 58.70\text{m} > 51.70\text{m}$，$J_5$ 弯头的应力验算不合格。

弯头 J_{10}：查附表 7-3，管径 DN250，曲率半径为 1.5DN 的弯头，在埋深为 1.0m 时

最大允许臂长 $L_{max,b}=51.70$m，而 J_{10} 弯头的两臂分别为 $L_1=90.08$m，$L_2=107.00$m，$0.5\times(L_1+L_2)=98.54$m>51.70m，所以 J_{10} 弯头的应力验算不合格。对于应力验算不合格的弯头应调整弯头的曲率半径。由于弯头的轴向力与弯头的曲率半径无关，因此调整曲率半径以后，管网的驻点位置不会改变。

调整曲率半径以后再一次验算弯头的应力，验算结果见表 13-8。

例 13-2 调整弯头曲率半径后各弯头的强度验算表　　　表 13-8

弯头名称	L_1/ls 长度 (m)	L_2/l 长度 (m)	查表	$l_{max,b}$ (m)	$\dfrac{L_1+L_2}{2}$ (m)	是否合格
主干线						
$J_2(DN250)$	20.97ls(1)	28.49/l(2)	附表 7-5	51.7	24.73	1.5DN 合格
$J_5(DN250)$	27.43/ls(2)	89.97/l(3)	附表 7-5	无限制	58.70	3.0DN 合格
$J_{10}(DN250)$	90.08/ls(3)	107.00/l(4)	附表 7-11	无限制	98.54	3.0DN 合格
$J_{12}(DN200)$	122.70/ls(4)	29.26/l(5)	附表 7-11	无限制	75.98	3.0DN 合格
$J_{13}(DN200)$	30.74/ls(5)	26.68/l(6)	附表 7-5	44.4	28.71	1.5DN 合格
$J_{15}(DN125)$	42.92/ls(6)	55.41/l(7)	附表 7-11	无限制	49.165	3.0DN 合格
$J_{17}(DN100)$	64.38/ls(7)	8.09/l(8)	附表 7-11	无限制	36.235	3.0DN 合格
$J_{14}\sim J_{24}$分支						
$J_{23}(DN100)$	72.34/ls(3)	5.21/l(4)	附表 7-11	无限制	38.775	3.0DN 合格

可见，调整弯头 J_5、J_{10}、J_{12}、J_{15}、J_{17}、J_{23} 曲率半径为 3.0DN 后，所有弯头均能通过应力验算。

事实上，首次布置的管网，通常总会有部分弯头应力验算无法通过，往往需要调整弯头的曲率半径，直到全部弯头应力验算合格，若弯头的曲率半径调整到 6.0DN 以后，应力验算仍然无法通过时，需要采取下列措施：直管上安装补偿器、固定墩或者加大管顶埋深。此时，管网的驻点位置必须重新计算，直至所有的弯头应力验算合格为止。至此，管网的前期布置完成。

（6）无补偿管段整体稳定性验算：在确定弯头曲率半径以后，进行无补偿管段整体稳定性验算。本例各种规格管道的最小埋深都大于表 6-4 垂直稳定性要求的最小覆土深度，因此整体稳定性验算通过。

（7）无补偿管段管径 $DN250$，满足局部稳定性，因此不会出现局部皱结。

（8）弯臂处理：首先计算各个弯头的两臂在弯头处产生的热位移，可以手工计算，计算过程见第五章，本例采用软件进行计算，所有计算点热伸长的计算结果见表 13-9。

根据表 13-9 的计算结果，弯臂软回填的长度按对应管径下的弹性臂长 L_e 取用即可，L_e 可查表 7-1。软回填的厚度根据弯头处的热伸长确定，热伸长小于 40mm，软回填厚度取 40mm；大于 40mm 小于 60mm，软回填取 60mm；热伸长大于 60mm 小于 80mm，软回填厚度为 100mm；热伸长大于 80mm 弯头处做空穴，空穴长度按附图 7-1 查取，空穴的具体做法参见表 7-2。

所有弯头的软回填和空穴的计算结果见表 13-10。

例 13-2 各计算点热伸长表　　　　　表 13-9

里　程	热伸长(mm)	里　程	热伸长(mm)
主干线弯头、分支点的热伸长		主干线弯头、分支点的热伸长	
0+32.4(J_1)	10.99mm	0+42.5(J_2)	21.61/−28.95mm
0+65.58(J_3)	−5.26mm	0+87.35(J_4)	16.31mm
0+98.42(J_5)	27.93/−80.82mm	0+106.92(J_6)	−71.85mm
0+145.37(J_7)	−34.77mm	0+155.42(J_8)	−26.01mm
0+242.02(J_9)	44.41mm	0+278.47(J_{10})	80.90/−92.62mm
0+448.97(J_{11})	45.84mm	0+508.17(J_{12})	102.51/−29.59mm
0+568.17(J_{13})	31.00/−27.12mm	0+596.77(J_{14})	1.73mm
0+637.77(J_{15})	42.21/−49.66mm	0+716.31(J_{16})	17.07mm
0+757.56(J_{17})	55.88/−8.41mm		
$J_{14}\sim J_{24}$支干线弯头、分支点的热伸长		$J_{14}\sim J_{24}$支干线弯头、分支点的热伸长	
$J_{14}+14.00$(J_{14A})	3.03/−52.32mm	$J_{14}+35.65$(J_{19})	−30.51mm
$J_{14}+70.15$(J_{20})	−1.44mm	$J_{14}+105.15$(J_{21})	24.55mm
$J_{14}+136.95$(J_{22})	54.24mm	$J_{14}+144.45$(J_{23})	62.11/−5.47mm
$J_{11}\sim J_{25}$支线分支始点热伸长			
$J_{11}+0.00$(J_{11})	−20.71mm		

注：庭院管网弯管保留了原工程做法。

例 13-2 各弯头处软回填和空穴计算表　　　　　表 13-10

弯头名称	热伸长(mm) $\Delta ls(i)/\Delta l(i+1)$	软回填(空穴)长度(m) $l(i+1)$侧	$ls(i)$侧	软回填厚度(mm) $l(i+1)$侧	$ls(i)$侧
主干线					
J_2(DN250)	21.61/−28.95mm	5.4	5.4	40	40
J_5(DN250)	27.93/−80.82mm	9.4	5.5	空穴	空穴
J_{10}(DN250)	80.90/−92.62mm	9.4	10.1	空穴	空穴
J_{12}(DN200)	102.51/−29.59mm	9.5	5.1	空穴	空穴
J_{13}(DN200)	31.00/−27.12mm	4.8	4.8	40	40
J_{15}(DN125)	42.21/−49.66mm	3.5	3.5	60	60
J_{17}(DN100)	55.88/−8.41mm	3.0	3.0	60	40
$J_{14}\sim J_{24}$分支					
J_{23}(DN100)	62.11/−5.47mm	3.0	3.0	80	40

（9）折角设计。本设计中无折角。

（10）变径管设计。变径管疲劳分析：当温度变化不大于变径管最大允许温差 ΔT_{max} 时，变径管满足疲劳寿命的要求，对变径管可以不采取任何保护措施，查取附表 9-7 和附表 9-8 得，本设计变径管都在两级以内，且温差小于最大允许温差，通过验算。

（11）三通设计。

① 三通设计：设计温度较低，三通处仍可采用安装可曲挠橡胶球体接头的方法，问题的关键是计算三通处主管轴向位移和支管的轴向位移，确保可曲挠橡胶球体接头能满足

轴向和横向的位移要求。当分支点场地允许时优先采用 Z 形弯管引出分支，此时应验算 Z 形弯管的补偿能力，详细设计见本书的第九章第四节和第七章第四节。

② 三通疲劳分析：三通处主管的轴向位移见表 13-10。主干线上的 J_1、J_3、J_4、J_6、J_7、J_8、J_9、J_{16} 分支管长度不超过 20m，且 J_1、J_3、J_4、J_7、J_8、J_9、J_{16} 的轴向位移小于 50m，工程中这类支管（含分支三通）只作软回填，软回填长度为弹性臂长。J_6、J_{22} 分支长度不超过 20m，但是主管的轴向位移大于 50mm，所以本设计安装可曲挠橡胶球体接头，用于保护三通，补偿支管的横向位移。可曲挠橡胶球体接头、分支阀、平衡阀、三通一并置入检查小室内。

三通 J_{11} 和 J_{14} 的分支长度大于 20m，且 J_{14} 分支管上还有用户分支 J_{19}、J_{20}、J_{21}、J_{22}，长度不超过 20m。根据地形条件，J_{11} 分支处安装可曲挠橡胶球体接头，用户接入口 J_{25} 内侧有 3m 的弯臂，分支点当做活动端，计算 $J_{11} \sim J_{25}$ 分支的驻点，进而计算该分支在 J_{11} 产生的轴向位移，计算结果见表 13-9，其主管轴向位移为 45.84mm，J_{11} 支管的轴向位移为 20.71mm，所以选用的软接头的轴向补偿量为 20.71mm，横向补偿量为 45.84mm。

J_{14} 采用 Z 形弯管引出，分支点 J_{14} 支线轴向位移作零处理，计算该分支在端点 J_{14A} 的热伸长量以及该分支上所有分支点的轴向位移，计算结果见表 13-9。J_{19}、J_{20}、J_{21} 的长度小于 20m，且分支点主管的轴向位移小于 50mm，所以这些分支不做处理，只在支管上作软回填，软回填长度取弹性臂长。J_{22} 分支的长度小于 20mm，但是主管轴向位移为 54.24mm，大于 50mm。所以 J_{22} 分支上安装可曲挠橡胶球体接头，可曲挠橡胶球体接头的横向补偿量为 54.24mm。J_{14} 采用 Z 形做法引出分支，由于该点主管的轴向热位移量 1.73mm，小于 50mm，Z 形弯头的做法见第九章第四节。弯头距三通的距离取 7m。大于 DN150 的弹性臂长 $L_e = 3.7$m，且满足规范的要求小于 20m，因此重点是考虑该 Z 形弯头（3.0DN）的补偿弯臂对支线的轴向位移是否能起到足够的补偿作用。取补偿弯臂长度 7m，属于 $1.25L_e \sim 2L_e$ 的范围，此时，查附表 7-7 得 $L_{max,b}$ 臂长无限制，所以该弯管完全能补偿支管 $J_{14} \sim J_{23}$ 的热伸长，验算通过。处理结果见表 13-11。

例 13-2　各三通处理一览表　　　　　　　　　　　　　　　　　　表 13-11

三通名称	抽分支方法	主管轴向位移 (mm)	支管轴向位移 (mm)	橡胶球软接型号×个数	Z 形弯管补偿量 (m)	软回填长度 (m)
长分支的三通						
J_{11}	橡胶接头	45.84	20.71	KST-F(Ⅱ)DN100 ×1 KXT(Ⅱ)DN100 ×1 轴向补偿量:20.71mm 横向补偿量:45.84mm	—	—
J_{14}	Z 形弯管	1.73	—	—	横向补偿量:1.73	—
短分支的三通						
J_6	橡胶接头	71.85	—	KST-F(Ⅱ)DN100 ×2 横向补偿量:71.85mm	—	—
J_{22}	橡胶接头	54.24	—	KST-F(Ⅱ)DN100 ×1 KXT(Ⅱ)DN100 ×1 横向补偿量:54.24mm	—	—

续表

三通 名称	抽分支 方法	主管轴 向位移 (mm)	支管轴 向位移 (mm)	橡胶球软接 型号×个数	Z形弯管 补偿量 (m)	软回填长度 (m)
J_1	—	—	—	—	—	2.4
J_3	—	—	—	—	—	2.4
J_4	—	—	—	—	—	2.4
J_7	—	—	—	—	—	2.4
J_8	—	—	—	—	—	2.4
J_9	—	—	—	—	—	3.0
J_{16}	—	—	—	—	—	3.0
J_{19}	—	—	—	—	—	3.0
J_{20}	—	—	—	—	—	3.0
J_{21}	—	—	—	—	—	3.0

（12）三通进行加固处理。

（13）小室设计。小室设计同例13-1。

（14）阀门设计。阀门设计同例13-1。

（15）固定墩设计。

本工程没有设置固定墩。

【例 13-3】 山西省左权某直埋供热管网一次网工程的一条分支，该分支有两个热力站。设计供水温度120℃，回水温度70℃，安装温度10℃，工作循环最低温度10℃，设计压力为1.6MPa。管网起点为一次网主干线，终点为热力站。试进行管道直埋设计。

【解】 （1）管网布置前期方案。

管网起点：分支起点是一次网主干线。在选定管网的分支点之前需详细查看该区一次网主干线的管网布置图，计算确定分支点主干线的热位移量。按照一次网主干线的管网布置图，经计算得分支点 J_0 的主管位移量小于50mm。直接从主管上引出分支，暂定 J_0 三通支管上安装套筒补偿器，型号为RL-250-250×1.6，补偿器摩擦力为21280N，补偿器距分支点为20m。

管道安装温差为110℃，长直管段采用预制直埋保温管无补偿、冷安装方式。根据现场踏勘，明确了热力站的接入口，在避让其他地下管道并经规划部门同意后确定了管网的平面布置，如图13-3所示，管顶平均埋深1.4m。

（2）对管网主干线进行节点编号和里程标注。本例主干线节点为 $J_i(i=0，1，2，\cdots，12)$。主干线分支起点 J_0 里程为0+0.00，终点 J_{12} 里程为0+402.50m。

对管网支干线进行节点编号和里程标注，J_7 节点分支，起点为 J_7，终点为 J_{17}。里程从 J_7 点起算，终点 J_{17} 里程为 J_7+79.24m。

（3）水力计算。根据1号热力站的热负荷情况以及和主网并联关系，计算得到 $J_0\sim J_7$ 管道公称直径为 $DN250$mm，$J_7\sim J_{12}$ 管段为 $DN200$；根据2号热力站的资用压差情况设计 $J_7\sim J_{17}$ 支路的管径为 $DN150$mm。

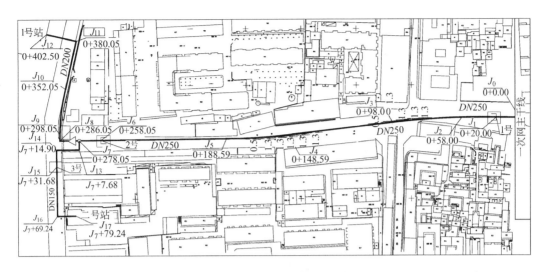

图 13-3　例 13-3　直埋管道平面布置图

（4）直管的设计。本设计循环温差 110℃，低于表 6-1 弹塑性分析法控制的最大温差，即从直管段考虑，允许进入锚固，无需控制过渡段长度，验算通过。

（5）无补偿管段整体稳定性验算：由于各种管道的最小埋深都大于表 6-3 垂直稳定性要求的最小覆土深度，因此满足整体稳定性要求。

（6）无补偿管段公称直径不大于 DN250，满足局部稳定性条件，因此不会出现局部皱结。

（7）弯头及折角设计。

① 小角度折角的处理：由平面图可知，$J_2 \sim J_3$、$J_4 \sim J_5$、$J_9 \sim J_{10}$ 三处管线的敷设都需要拐小角度，折角的应力验算如下。

$J_2 \sim J_3$ 和 $J_4 \sim J_5$ 处的折角：根据管线的敷设情况测量两处的折角均为 7°。由附表 8-1 可知，管径 DN250、温差 110℃、不采取保护措施时，3DN 弯头最大允许折角为 2.3°，6DN 弯头的最大允许折角为 3.5°。可见一个小折角是无法通过应力验算的。

$J_9 \sim J_{10}$ 处的折角：根据管线的敷设情况测量该折角约为 13°。由附表 8-1 可知，管径 DN200、温差 110℃，不采取保护措施时，3DN 弯头最大允许折角为 2.5°，6DN 弯头的最大允许折角为 3.8°，可见该处的折角也不能满足疲劳分析条件。根据第八章串联使用多个小折角来代替大折角的做法，用多段整管逐段弯成小角度，最终以大曲率半径曲管的形式进行管道敷设，见图 13-3（图中已略去折角节点的里程标注）。根据规程表 4.2.5 的规定，110℃循环温差下，DN250 的管道在折角不大于 1.7° 的情况下可以视为直管段。本设计采用 1.3° 的折角。其中，$J_2 \sim J_3$、$J_4 \sim J_5$ 段每段 8m 打折角，共 5 段，共 6 个折角，其中，前 5 个折角每个 1.3°，最后一个折角为 0.5°，此时 $J_2 \sim J_3$、$J_4 \sim J_5$ 段的曲率半径为 $\dfrac{40}{7 \times \dfrac{\pi}{180}} \approx 327.41\text{m}$，大于表 8-1 中 DN250 管道弹性弯曲的最小曲率半径 141m；$J_9 \sim J_{10}$ 段每段 6m 打折角，共 9 段，共 10 个折角，每个 1.3°，$J_9 \sim J_{10}$ 段的曲率半径为 $\dfrac{54}{13 \times \dfrac{\pi}{180}} \approx$

238.00m，大于表 8-1 中 DN200 管道弹性弯曲的最小曲率半径 113m。

② 90°弯头的应力验算：以 J_8 弯头为例。查附表 5-6 可知，压力为 1.6MPa、管顶埋深为 1.4m、温差为 110°时，DN250、DN200 管道的过渡段最大极限长度依次为 255m、241m，根据图 13-3 中节点的里程，可以计算出 $J_1 \sim J_8$ 管段长度为 266.05m，$J_8 \sim J_{11}$ 管段长度为 94.00m，分别小于过渡段最大极限长度的两倍，所以管段 $J_1 \sim J_8$、$J_8 \sim J_{11}$ 中存在驻点。假设 J_8 弯头的两臂长等于弯头两侧管段的一半，即假设弯头两侧管段的驻点位于管段的中点。此时 J_8（DN200）弯头的臂长 $L_1 = 47.00m$，$L_2 = 133.03m$，$\frac{L_1 + L_2}{2} = 90.02m$，当曲率半径为 1.5DN 时，查附表 7-2 得 $L_{max,b} = 31.9m < 90.02m$，所以 J_8 点采用 1.5DN 弯头不能满足应力验算的要求；当调整曲率半径到 6DN 时，查附表 7-10 得 $L_{max,b}$ 无限制，所以 J_8 点改为 6DN 弯头。其他弯头的应力验算过程不再重复。主干线（$J_1 \sim J_{12}$）所有弯头的应力验算结果见表 13-12。在分支 $J_7 \sim J_{17}$ 上的弯头，待该分支的引出方式确定后再进行应力验算。表中的弯头臂长全部采用软件 V1.0 进行计算。

例 13-3 管网布置的前期方案中各弯头的强度验算表和 J_7 点热伸长　　　表 13-12

弯头名称	L_1 长度 (m)	L_2 长度 (m)	查表	$l_{max,b}$ (m)	$\frac{L_1+L_2}{2}$ (m)	是否合格
J_8(DN200)	119.51m	46.36m	附表 7-10	无限制	82.935	6DN 合格
J_{11}(DN200)	47.64m	10.68m	附表 7-2	31.9	29.16	1.5DN 合格
J_7 点热伸长			117.56mm			

(8) 三通设计。

J_0 三通：由于主干线分支点附近地理位置有限，不允许作为弯管补偿器，因此在分支管上设置套筒补偿器（1 号小室内）。分支点处主管轴向位移小于 50mm，补偿器距分支点的距离为 18m，符合规程要求。管道内压力在弯头处产生的内压推力为 $N = PA = 1.6 \times 0.0535 \times 10^6 = 85.6$ (kN)，查附表 4-1 得 DN250 的管道在埋深为 1.4m 时的最小单长摩擦力为 4634N，$J_0 \sim J_1$ 段管段长度为 20m，总摩擦力为 92.68kN。总摩擦力大于内压推力，因此安装普通套筒补偿器即可。

J_7 三通：首先计算该点主管的轴向位移，再确定引分支的方法。根据表 13-12，分支点 J_7 的主管位移量为 117.56mm，大于 50mm。若直接按照第九章第四节的相关作法，在主管上用 Z 形弯管引出分支，则分支上应做空穴，空穴长度按附图 7-1 查取，为 9.0m，而 J_7 点施工场地有限，无法满足空穴尺寸的要求，因此，做 Z 形弯管引分支是不可行的。为此，在 $J_1 \sim J_8$ 管段上安装套筒补偿器，补偿器距 J_8 弯头为 28m。按照 1 号小室内补偿器相同的计算方法，确定该点安装普通套筒补偿器即可。拟选定补偿器型号 RL-250-250×1.6，补偿器摩擦力为 21280N。至此，管网的前期布置方案结束。按照最终确定的布置方案，再计算管网的驻点和热伸长。过渡段长度见表 13-13。

弯头强度验算见表 13-14。

管网各计算点热伸长计算结果见表 13-15。

各弯头的处理结果见表 13-16。

例 13-3 管网的过渡段长度计算表 表 13-13

主干线各过渡段长度		备　注
$l(1) = 0.00$m	$ls(1) = 20.00$m	$J_0 \sim J_1$
$l(2) = 119.03$m	$ls(2) = 119.03$m	$J_1 \sim J_6$
$l(3) = 14.51$m	$ls(3) = 13.49$m	$J_6 \sim J_8$
$l(4) = 47.01$m	$ls(4) = 46.99$m	$J_8 \sim J_{11}$
$l(5) = 10.69$m	$ls(5) = 11.76$m	$J_{11} \sim J_{12}$
$J_7 \sim J_17$ 支线各过渡段长度		
$l(1) = 0.00$m	$ls(1) = 7.68$m	$J_7 \sim J_{13}$
$l(2) = 3.88$m	$ls(2) = 3.34$m	$J_{13} \sim J_{14}$
$l(3) = 27.20$m	$ls(3) = 27.14$m	$J_{14} \sim J_{16}$
$l(4) = 4.74$m	$ls(4) = 5.26$m	$J_6 \sim J_{17}$

例 13-3 管网各弯头的强度验算表 表 13-14

弯头名称	L_1/ls 长度 (m)	L_2/l 长度 (m)	查表	$l_{max,b}$ (m)	$\dfrac{L_1+L_2}{2}$ (m)	是否合格
主干线						
$J_8(DN200)$	13.49/$ls(3)$	47.01/$l(4)$	附表 7-2	31.9	30.25	1.5DN 合格
$J_{11}(DN200)$	46.99$ls(4)$	10.69/$l(5)$	附表 7-2	31.9	28.84	1.5DN 合格
$J_7 \sim J_{17}$ 分支						
$J_{16}(DN150)$	27.14/$ls(3)$	4.74/$l(4)$	附表 7-2	25.6	15.94	1.5DN 合格

例 13-3 各计算点热伸长表 表 13-15

里　程	热 伸 长	里　程	热 伸 长
主干线弯头、分支点的热伸长		主干线弯头、分支点的热伸长	
J_1	26.67/−128.10mm	J_6	128.10/−19.55mm
0+278.05(J_7)	7.30mm	0+286.05(J_8)	18.22/−59.02mm
0+380.05(J_{11})	59.00/−14.50mm		
$J_7 \sim J_{17}$ 分支弯头热伸长			
$J_7+69.24(J_{16})$	34.65/−6.48mm		

例 13-3 各弯头处软回填计算表 表 13-16

弯头名称	热伸长(mm) $\Delta ls(i)/\Delta l(i+1)$	软回填(空穴)长度(m)		软回填厚度(mm)	
		$l(i+1)$ 侧	$ls(i)$ 侧	$l(i+1)$ 侧	$ls(i)$ 侧
主干线					
$J_8(DN200)$	18.22/−59.02	4.8	4.8	40	60
$J_{11}(DN200)$	59.00/−14.50	4.8	4.8	60	40
$J_7 \sim J_{17}$ 分支					
$J_{16}(DN150)$	34.65/−6.48	3.7	3.7	40	40

J_7 三通应力验算如下。

$J_7 \sim J_{13}$ 弯臂距三通的距离为 7.68m。大于 $DN150$ 的弹性臂长 $L_e = 3.7$m，且小于 20m，由表 13-5 可知 J_7 点主干线位移为 7.30mm，满足要求。

$J_{13} \sim J_{14}$ 支线补偿弯臂：弯臂长度 7.22m，属于 Z 形补偿弯臂 1.25$L_e \sim 2L_e$ 的范围，

查附表 7-2 得等臂 L 形弯头最大允许臂长为 31.9m，根据式（7-39），换算为不等臂长臂最大允许臂长为 63.8m，根据表 13-13 得 J_{14}～J_{16} 管段过渡段长度分别为 27.20m、27.14m，即被补偿弯臂为 27.14m，小于 63.8m，所以支线补偿弯臂 J_{13}～J_{14} 完全能补偿支管 J_{14}～J_{16} 的热伸长，至此，Z 形分支验算完毕。

（9）三通加固。三通进行加固处理。

（10）补偿器补偿量的验算。

表 13-15 中，J_1、J_6 两点处两侧的热伸长量之和就是这两个套筒补偿器的补偿量。

J_1 补偿器补偿量：（26.67＋128.10）×1.2＝185.724mm

J_6 补偿器补偿量：（128.10＋19.55）×1.2＝177.18mm

根据拟定的补偿器的样本，查得两个补偿器的最大补偿量为 250mm，合格。

（11）变径管设计。

变径管疲劳分析：当温度变化不大于变径管最大允许温差 ΔT_{max} 时，变径管满足疲劳寿命的要求，对变径管可以不采取任何保护措施，查取附表 9-7 和附表 9-8 得，本设计变径管都在两级以内，且温差小于最大允许温差，通过验算。

（12）小室设计。1 号、2 号小室放置套筒补偿器，3 号小室用于设置 2 号热力站的分支阀门。小室设计同例 13-1。

（13）阀门设计。阀门设计同例 13-1。

（14）固定墩设计。本设计没有设置固定墩。

【例 13-4】 山西省太原市一次网某分支工程，设计供水温度 150℃，回水温度 70℃，循环最低温度 10℃，安装温度 10℃，设计压力 2.5MPa。分支管道的起点为一次网主干线，终点为热力站。管道需要穿越河道（图 13-4 中的 J_3～J_4 段位于河底），对该一次网分支管道进行直埋设计。

【解】 （1）管道布置的前期方案。

根据现场踏勘的结果，管道必须穿越河道，河底标高按河道管理局提供的 50 年冲刷深度比地面标高约低 4m。河底管顶埋深 2.0m。根据地下障碍物的情况，在管顶埋深为 1.5m 左右时可以避免与其他管道交叉冲突，确定地面管顶埋深为 1.5m。管道走向如图 13-4 所示。暂定地面管段与河底管段的衔接点，即上翻和下翻点上安装大拉杆横向波纹补偿器。由于本设计供水温度较高，选用耐高温预制直埋保温管。根据热力站的负荷计算确定管道管径为 DN200。

对管网主干线进行节点编号和里程标注。本例主干线节点为 J_i（i＝0，1，2，…，5）。主干线起点 J_1 为 0＋0.00，终点 J_5 为 0＋258.56m。

（2）设计起点。本设计的起点为图 13-4 中的 J_1 点，J_1 点是 L 形弯头，根据原管位计算得该点东西方向位移量为 61mm。

（3）直管的设计。本设计供水管循环温差 140℃，高于表 6-1 在 2.5MPa 下按规程控制的最大温差，即直管段供水管不允许进入锚固，需控制过渡段安装长度。查附表 5-1 中的 2.5MPa、140℃、DN200 的过渡段最大长度为 94m。根据初期管道布置平面，图中较长的直管段 J_1～J_2 长 61.86m，J_2～J_3 长 29.06m，J_3～J_4 长 148.26m，J_4～J_5 长 19.38m，均小于两倍的最大允许过渡段长度，无需安装补偿器，验算通过。

（4）无补偿管段整体稳定性验算：由于各种管道的最小埋深都大于表 6-2 垂直稳定性

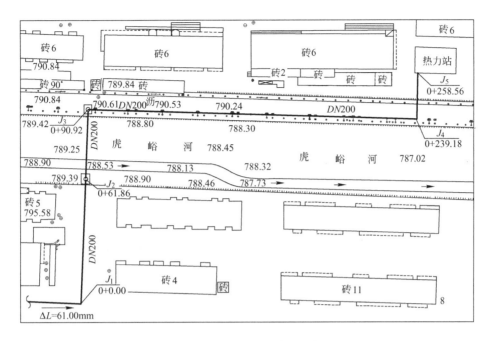

图 13-4　例 13-4 直埋管道平面布置图

要求的最小覆土深度，因此满足整体稳定性要求。

（5）无补偿管段局部稳定性验算：管道 $DN200$，因此不会出现局部皱结，满足无补偿管段局部稳定性条件。

（6）J_2、J_3 竖向弯头设计及管网驻点位置的确定。

J_2：根据河底和地面管道的埋深得 J_2 点竖向弯管长度为 4.5m，查表 7-1 得 $DN200$ 管道的弹性臂长为 4.8m。若将 J_2 点设计成 Z 形补偿弯头，按照第七章第四节 Z 形补偿弯头的做法，补偿弯臂至少需要 $1.25 \times L_e = 6m$，所以不能用作补偿弯臂使用，所以采用大拉杆横向波纹补偿器。选用的补偿器型号为 25YSDHK200-8JD-2000，查样本得其横向刚度为 16 N/mm，横向补偿量为 130 mm。

J_3：J_3 点平面是一个 90°转角，立面臂长为 4.5m，同 J_2 点，拟安装大拉杆横向波纹补偿器，补偿器型号为 25YSDHK200-8JD-2500，查样本得其横向刚度为 9N/mm，横向补偿量为 176 mm。

在计算软件中设置波纹补偿器的横向刚度和套筒补偿器的摩擦力，并输入管道结构，分别对 $J_1 \sim J_2$、$J_3 \sim J_5$ 管段进行驻点计算。$J_2 \sim J_3$ 管段的驻点位于管段中间。过渡段长度和热伸长计算结果见表 13-17 和表 13-18。

例 13-4 管道的过渡段长度计算表　　　　　　　　　　　　表 13-17

各过渡段长度		备　注
$l(1) = 24.82m$	$ls(1) = 37.04m$	$J_1 \sim J_2$
$l(2) = 14.53m$	$ls(2) = 14.53m$	$J_2 \sim J_3$
$l(3) = 87.43m$	$ls(3) = 60.83m$	$J_3 \sim J_4$
$l(4) = 8.84m;$	$ls(4) = 10.54m$	$J_4 \sim J_5$

例 13-4 各计算点热伸长表　　　　　　　表 13-18

里　　程	热 伸 长	里　　程	热 伸 长
0+0.00(J_1)	61.00/−41.94mm	0+61.86(J_2)	61.26/−24.99
0+90.92(J_3)	24.99/−111.57mm	0+239.18(J_5)	96.35/−15.36mm

（7）补偿器补偿量验算：表 13-18 中，J_2、J_3 点处两侧的热伸长量之和就是补偿器的补偿量。

J_2 补偿器补偿量：$(61.26+24.99)×1.2=103.5$mm

J_3 补偿器补偿量：$(24.99+111.57)×1.2=163.872$mm

所有补偿器的补偿量符合要求。波纹补偿器的横向弹性力与管道和回填砂的摩擦力相比是比较小的，补偿器的横向刚度变化后对管网的驻点位置影响很小，同时，管线上没有分支引出，驻点位置自动调整对管线安全性没有影响，因此驻点位置不再重新计算。

（8）J_1、J_4 弯头应力验算：根据表 13-17 的各管段的驻点位置确定各弯头的臂长，从而验证 J_1、J_4 弯头的应力是否合格，验算结果见表 13-19。

例 13-4 J_1、J_4 弯头的强度验算表　　　　　　　表 13-19

弯头名称	L_1/ls 长度 (m)	L_2/l 长度 (m)	$l_{max,b}$ (m)	$\dfrac{L_1+L_2}{2}$ (m)	是否合格
J_1(DN200)	37.00(已知)	24.82/$l(1)$	36	30.91	3.0DN 合格
J_4(DN200)	60.83/$ls(4)$	8.84/$l(5)$	36	34.84	3.0DN 合格

（9）J_1、J_4 弯臂处理：根据表 13-19 的各弯头处的热伸长量，对弯头的弯臂做软回填处理，处理结果见表 13-20。

例 13-4 J_1、J_4 弯臂软回填计算表　　　　　　　表 13-20

弯头名称	热伸长(mm) $\Delta ls(i)/\Delta l(i+1)$	软回填(空穴)长度(m)		软回填厚度(mm)	
		$l(i+1)$侧	$ls(i)$侧	$l(i+1)$侧	$ls(i)$侧
J_1(DN200)	61.00/−41.94	5.5	5.5	100	40
J_4(DN200)	96.35/−15.36mm	9.2	3.7	空穴	空穴

（10）折角设计。本设计中无折角。

（11）变径管设计。本设计中无变径。

（12）三通设计。本设计中无三通。

（13）小室设计。本设计的 J_2、J_3 的补偿器置入小室。设置大拉杆横向波纹补偿器的小室应确保该处竖向管段的两个弯头全部置于小室内部。小室设计的其他事项同例 13-1。

（14）阀门设计。

本设计管道上没有安装阀门。

（15）固定墩设计。

本设计没有设置固定墩。

【例 13-5】　山西省左权县城区集中供热工程一次网，设计供水温度 130℃，回水温度 70℃，循环最低温度 10℃，安装温度 10℃，设计压力 1.6MPa。管网的起点为热电厂，终点为热力站。管道需要穿越河道，对该一次网工程进行直埋设计。

【解】（1）现场踏勘和管道的初期布置方案。

图 13-5 中已略去地形图。本工程管网供热距离远，地形复杂，设计前作详细的现场踏勘。管道从热电厂引出后，首先需要穿越河道-清漳河（图 13-5 中的 $J_3 \sim J_4$ 段位于河底），之后管道穿越城外的平原地区（$J_4 \sim J_7$），地下无障碍，管道敷设难度较小。J_7 点后管线进入城区。其中，J_7 点地面标高有突降，约降低 5.5m，此处管道垂直下翻，且有 38°左右的转角。城区建筑物间距较狭窄，尤其是 1 号热力站分支点 J_9 附近。之后管道继续沿城区街道敷设，直至设计终点——原一次网管道的 J_{15} 点。河流两岸地面标高基本相等，约比河底高出 7.5m。管道平面布置如图 13-5 所示，河底管道埋深 3.5m。城区外管道平均埋深约为 1.6m，城区内埋深为 1.5m。按照《铖镇供热直埋热水管道技术规程》规定，管道的埋深按 1.5m 计算。根据对既有管线调查计算，J_{15} 向 J_{14} 点的热位移量为 94mm，弯臂 $J_{14} \sim J_{15}$ 的长度为 73m。

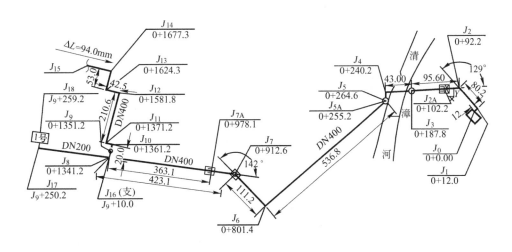

图 13-5　例 13-5 直埋管道平面布置示意图

（2）水力计算、管网的节点编号和里程标注。

根据该供热工程现有负荷和考虑今后的规划负荷，确定主管道管径为 DN400，1 号热力站的分支管管径为 DN200。

对管网主干线进行节点编号和里程标注，本例主干线节点为 $J_i(i=0，1，2，\cdots，$ 15）。主干线里程：热源出口 J_0 为 0+0.00，终点 J_{14} 为 0+1677.30m。

对管网支干线进行节点编号和里程标注，起点为 J_9，终点为 J_{18}。里程从 J_9 点起算，终点 J_{18} 里程为 $J_9+259.20$m。

（3）直管的设计。

本设计循环温差 120℃，低于表 6-1 控制的最大温差，即从直管段考虑，允许进入嵌固，验算通过。

（4）无补偿管段整体稳定性条件：由于各种管道的最小埋深都大于表 6-3 所列的垂直稳定性要求的最小覆土深度，因此整体稳定性验算通过。

（5）无补偿管段局部稳定性条件：管道管径 DN400，因此不会出现局部皱结。

（6）弯头及折角的初步设计及应力验算。

该工程的关键问题就是对各弯头及折角的设计计算。弯头及折角的曲率半径可以在 $1.5DN\sim6.0DN$ 自由选择。假设无变径管段的驻点位于管段中点,手工进行应力验算。

J_1 弯头应力验算:$L_2=40.1\text{m}$,$L_1=12.0\text{m}$,$L_1>L_e=7.2\text{m}$,查附表 7-1 得埋深为 1.4m 时,$L_{\text{max,b}}=44.1\text{m}$,$\dfrac{L_1+L_2}{2}=26.05\text{m}<44.1\text{m}$,该处 $1.5DN$ 的曲率半径弯头合格。

J_2 折角应力验算:根据图 13-5 的管网布置形式,J_2 折角为 $51°$,$L_2=47.8\text{m}$,$L_1=40.1\text{m}$。查附表 8-2 得在温差为 120℃、埋深为 1.5m、$DN400$、曲率半径为 $6.0DN$ 的 $50°$ 弯头的限制臂长为 27.6m,$\dfrac{L_1+L_2}{2}=43.95\text{m}>27.6\text{m}$,可见若不作任何处理,$J_2$ 弯头的应力验算是不合格的。

J_3(Z 形)弯管应力验算:该处为竖向弯臂,根据河底、地面的标高及各自管道的埋深可得的竖向管段长度为 $7.5+3.5-1.6=9.4$(m),在 $DN400$ 管道的 $1.25L_e$ 和 $2.0L_e$ 之间,因此可按 Z 形弯头进行应力验算。查附表 7-1 得 $L_{\text{max,b}}=44.1\text{m}$,实际 Z 形弯管的 $L_1=21.5\text{m}$,$L_2=47.8\text{m}$,$0.5\times(L_1+L_2)=34.65\text{m}<44.1\text{m}$,所以曲率半径为 $1.5DN$ 的 Z 形弯头合格。

J_4 弯头应力验算:$L_1=7.5\text{m}$,$L_2=21.5\text{m}$,由附表 7-1 得 $L_{\text{max,b}}=44.1\text{m}$,大于 $\dfrac{L_1+L_2}{2}=14.5\text{m}$,所以弯头应力验算通过,弯头曲率半径为 $1.5DN$。

J_5(Z 形)弯头应力验算:与 J_3 点相同,该处也是长度为 9.4m 的竖向弯臂,按 Z 形弯头验算,其中 $L_1=7.5\text{m}$。$J_5\sim J_6$ 总长 536.8m,根据附表 5-5 得 $DN400$ 在 1.4m 埋深时的最大过渡段长度为 295 m,$J_5\sim J_6$ 段小于两倍的过渡段长度,故处于过渡段状态。所以 J_5 弯头的臂长 $L_2=268.4\text{m}$,查附表 7-9 得 $L_{\text{max,b}}$ 无限制,所以 Z 形弯管在曲率半径为 $6DN$ 的条件下,应力验算满足要求。

J_6 弯头应力验算:$L_1=55.6\text{m}$,$L_2=268.4\text{m}$,查附表 7-9 得 $L_{\text{max,b}}$ 无限制,该处曲率半径为 $6.0DN$ 的弯头合格。

J_7 弯头的应力验算:J_7 点垂直竖向管段长度为 5.5m,不在 $DN400$ 管道的 $1.25L_e$ 和 $2.0L_e$ 之间,因此该处安装大拉杆横向补偿器。

其余弯头的应力验算方法相同,不再重复,所有弯头及折角在不对直管段进行任何处理的情况下的应力验算结果见表 13-21。

例 13-5 直管段不作任何处理管网各弯头及折角的强度验算　　　表 13-21

弯头名称	L_1 长度 (m)	L_2 长度 (m)	查表	$l_{\text{max,b}}$ (m)	$\dfrac{L_1+L_2}{2}$ (m)	是否合格
主干线						
J_1($DN400$)	12.0	40.1	附表 7-1	44.1	26.05	$1.5DN$ 合格
J_2($DN400$)	40.1	47.8	附表 8-2	27.6	43.95	$6.0DN$ 不合格
J_3($DN400$)Z 形	47.8	21.5	附表 7-1	44.1	34.65	$1.5DN$ 合格
J_4($DN400$)	21.5	7.5	附表 7-1	44.1	14.5	$1.5DN$ 合格
J_5($DN400$)Z 形	7.5	213	附表 7-9	无限制	110.25	$6.0DN$ 合格
J_6($DN400$)	213	55.6	附表 7-9	无限制	134.3	$6.0DN$ 合格

续表

弯头名称	L_1 长度 (m)	L_2 长度 (m)	查表	$l_{max,b}$ (m)	$\dfrac{L_1+L_2}{2}$ (m)	是否合格
J_7($DN400$)	安装大拉杆横向波纹补偿器					
J_8($DN400$)	213	10	附表7-9	无限制	111.5	6.0DN 合格
J_{10}、J_{11}($DN400$)Z形	10	105.3	附表7-5	90.3	57.65	3.0DN 合格
J_{12}($DN400$)	105.3	21.3	附表7-5	90.3	63.3	3.0DN 合格
J_{13}($DN400$)	21.3	26.5	附表7-1	44.1	23.9	1.5DN 合格
J_{14}($DN400$)	26.5	73(已知)	附表7-5	90.3	49.75	3.0DN 合格
J_{19}～J_{18}分支						
J_{17}($DN200$)	120.1	4.5	附表7-5	90.3	62.3	3.0DN 合格

（7）对调整曲率半径以后应力验算仍不合格弯头及折角的处理措施。调整曲率半径后应力验算仍不合格的弯头及折角必须控制其臂长，即在直管段上安装补偿器。

J_2折角：在J_2～J_3管段上安装普通套筒补偿器和固定墩来限制J_2弯头的L_2臂长。布置形式见图13-5中的J_2A节点，其中，补偿器距J_2弯头为10m，补偿器型号为TTB-B400-Cr-1.6-400，补偿量为400mm，摩擦力为33286N。

J_7竖向弯臂大拉杆横向波纹补偿器选择计算：根据J_7点前后的过渡段长度分别为55.6m和211.55m，用软件计算得热伸长量为76.86＋205.53＝282.39mm，即J_7处的横向波纹补偿器至少需要有282.39×1.2＝338.87mm的横向补偿量。查样本可知产品长度在3m以内（若长度超过3m，安装空间不够）的横向波纹补偿器不能满足338.87mm的横向补偿量。因此，首先在直管段J_7～J_8上安装套筒补偿器，套筒补偿器距J_7点为60m。套筒补偿器型号为TTB-B400-Cr-1.6-400，补偿量为400mm，摩擦力为33286N。再在J_7点安装横向大拉杆波纹补偿器，选定的横向波纹补偿器型号为HL-16-3000，产品长度为3m，横向补偿量为198mm，横向刚度为34N/mm。

至此，管网的全部弯头及折角设计结束。在软件中逐段输入管网的结构，准确计算主干线的驻点和锚固点位置。软件计算的各过渡段长度的结果见表13-22。

直管段设置补偿器并用软件计算得到各过渡段长度后所有弯头及折角的应力验算结果见表13-23。

例13-5 主干线管道的过渡段长度计算表　　　　表13-22

主干线各过渡段长度		备注	主干线各过渡段长度		备注
$l(1)=5.17m$	$ls(1)=6.83m$	J_0～J_1	$l(11)=43.20\,m$	$ls(11)=68.00m$	J_6～J_7
$l(2)=77.17m$	$ls(2)=3.03m$	J_1～J_2	$l(12)=32.01mm$	$ls(12)=27.99m$	J_7～J_7A
$l(3)=10.00m$	$ls(3)=0.00m$	J_2～J_2A	$l(13)=212.05m$	$ls(13)=151.05m$	J_7A～J_8
$l(4)=51.06m$	$ls(4)=34.54m$	J_2A～J_3	$l(14)=9.01m$	$ls(14)=10.99m$	J_8～J_{10}
$l(5)=4.56m$	$ls(5)=4.84m$	J_3(Z形弯臂)	$l(15)=5.80m$	$ls(15)=4.20m$	J_{10}～J_{11}
$l(6)=21.55m$	$ls(6)=21.45m$	J_3～J_4	$l(16)=105.21m$	$ls(16)=105.39m$	J_{11}～J_{12}
$l(7)=7.34m$	$ls(7)=7.66m$	J_4～J_5	$l(17)=20.81m$	$ls(17)=21.69m$	J_{12}～J_{13}
$l(8)=6.02m$	$ls(8)=3.38m$	J_5(Z形弯臂)	$l(18)=26.36m$	$ls(18)=26.64m$	J_{13}～J_{14}
$l(9)=267.72m$	$ls(9)=269.08$	J_5～J_6	$l(20)=73.00m$(已知)		

例 13-5 主干线设置补偿器管网各弯头及折角的强度验算表　　　　表 13-23

弯头名称	L_1/ls 长度 (m)	L_2/l 长度 (m)	查表	$l_{max,b}$ (m)	$\dfrac{L_1+L_2}{2}$ (m)	是否合格
$J_1(DN400)$	6.83/ls(1)	77.17/l(2)	附表 7-1	44.1	42.00	1.5DN 合格
$J_2(DN400)$	3.03/ls(2)	10.00/l(3)	附表 8-2	27.6	6.515	6.0DN 合格
$J_3(DN400)$Z 形	34.54/ls(4)	21.55/l(6)	附表 7-1	44.1	28.045	1.5DN 合格
$J_4(DN400)$	21.45/ls(6)	7.34/l(7)	附表 7-1	44.1	14.395	1.5DN 合格
$J_5(DN400)$ Z 形	7.66/ls(7)	267.72/l(9)	附表 7-9	无限制	137.69	6DN 合格
$J_6(DN400)$	269.08/ls(10)	43.20/l(11)	附表 7-9	无限制	156.14	6.0DN 合格
$J_8(DN400)$	151.05/ls(13)	9.01/l(14)	附表 7-5	90.3	80.03	3.0DN 合格
J_{10}、$J_{11}(DN400)$Z 形	10.99/ls(14)	105.21/l(16)	附表 7-5	90.3	58.1	3.0DN 合格
$J_{12}(DN400)$	105.39/ls(16)	20.81/l(17)	附表 7-5	90.3	63.10	3.0DN 合格
$J_{13}(DN400)$	21.69/ls(17)	26.36/l(18)	附表 7-1	44.1	24.025	1.5DN 合格
$J_{14}(DN400)$	26.64/ls(18)	73.00(已知)	附表 7-5	90.3	49.82	3.0DN 合格

计算得到各过渡段长度以后可计算得到所有计算点的热伸长，计算结果见表 13-24。

例 13-5 主干线各计算点热伸长计算表　　　　表 13-24

里　　程	热 伸 长	里　　程	热 伸 长
0+12.00(J_1)	8.38/−84.80mm	0+92.20(J_2)	26.73/−50.29mm
0+102.2(J_2A)	−71.10mm	0+240.2(J_4)	31.36/−10.97mm
0+801.4(J_6)	218.02/−60.06mm	0+912.6(J_7)	92.02/−45.99mm
0+978.1(J_7A)	39.59/−205.12mm	0+1341.2(J_8)	173.53/−13.43mm
0+1351.2(J_9)	0.72mm	0+1361.2(J_{10})	16.34/−8.69mm
0+1371.2(J_{11})	6.31/−133.28mm	0+1581.8(J_{12})	133.46/−30.46mm
0+1624.3(J_{13})	31.70/−38.24mm	0+1677.3(J_{14})	38.61/−94.00 mm

得到各弯头及折角处的热伸长量，对弯头进行软回填或空穴处理，处理结果见表
13-25。

例 13-5 主干线各弯头软回填和空穴计算表　　　　表 13-25

弯头名称	热伸长(mm) $\Delta ls(i)/\Delta l(i+1)$	软回填(空穴)长度(m)		软回填厚度(mm)	
		$l(i+1)$侧	$ls(i)$侧	$l(i+1)$侧	$ls(i)$侧
$J_1(DN400)$	8.38/−84.80mm	12.1	3.8	空穴	空穴
$J_4(DN400)$	31.36/−10.97mm	7.2	7.2	40	40
$J_6(DN400)$	218.02/−60.06mm	21	11	空穴	空穴
$J_8(DN400)$	173.53/−13.43mm	17.3	4.8	空穴	空穴
$J_{10}(DN400)$	16.34/−8.69mm	$J_{10}\sim J_{11}$ 段全部做空穴；其他两侧也做空穴，长度都为 4m			
$J_{11}(DN400)$	6.31/−133.28mm				
$J_{12}(DN400)$	133.46/−30.46mm	15.1	7.2	空穴	空穴
$J_{13}(DN400)$	31.70/−38.24mm	7.2	7.2	40	40
$J_{14}(DN400)$	38.61/−94.00 mm	9.0	13.0	空穴	空穴

（8）J_2A、J_7、J_7A 点补偿器补偿量的验算。以上各点处补偿器的补偿量为各点两侧的管道热伸长之和。

J_{2A}：补偿量为 71.10×1.2＝85.32 mm，补偿器最大补偿量为 400mm，合格。

J_7：补偿量为 （92.02＋45.99）×1.2＝165.61 mm，补偿器最大补偿量为 198mm，合格。

J_{7A}：补偿量为 （39.59＋205.12）×1.2＝293.652mm，补偿器最大补偿量为 400mm，合格。

（9）变径管设计。本设计无变径。

（10）J_9 三通设计。由于 J_9 点附近空间狭窄，而且 J_9 点的主管轴向位移小于 50mm，因此采用平行主管引出分支，见图 13-5。补偿弯臂 J_9～J_{16} 长度为 10m，大于支管 DN200 的弹性长度 L_e 且小于 20m，可以补偿支线热伸长。该处弯头采用曲率半径为 6.0DN，查附表 7-9 得 DN200，埋深 1.4m 时，$l_{\max,b}$ 无限制，J_9～J_{16} 弯臂完全可以补偿 J_{16}～J_{17} 管段的热伸长，三通应力验算合格。在软件中输入该支线的管道结构，计算其过渡段长度见表 13-26。

例 13-5 支线管道的过渡段长度计算表　　　　　表 13-26

各过渡段长度		备　注
$ls(1)$＝0.00m	$ls(1)$＝10.00m	J_9～J_{16}
$ls(2)$＝120.07m	$ls(2)$＝120.13m	J_{16}～J_{17}
$ls(3)$＝3.17m	$ls(3)$＝5.83m	J_{17}～J_{18}

J_{16}、J_{17} 弯头处管道热伸长计算结果见表 13-27。

例 13-5 支线 J_{16}、J_{17} 弯头处热伸长计算表　　　　　表 13-27

里　程	热 伸 长	里　程	热 伸 长
J_9＋10.00(J_{16})	14.82/−138.74mm	J_9＋250.20(J_{17})	138.79/−4.76mm

J_{16}、J_{17} 弯头处理结果见表 13-28。

例 13-5 支线 J_{16}、J_{17} 弯头处软回填和空穴计算表　　　　　表 13-28

弯头名称	热伸长(mm) $\Delta ls(i)/\Delta l(i+1)$	软回填(空穴)长度(m)		软回填厚度(mm)	
		$l(i+1)$侧	$ls(i)$侧	$l(i+1)$侧	$ls(i)$侧
J_{16}(DN200)	14.82/−138.74mm	3.6	11.1	空穴	空穴
J_{17}(DN200)	138.79/−4.76mm	11.1	2.1	空穴	空穴

（11）三通加固。三通进行加固处理。

（12）小室设计。本设计的 J_2A、J_7A 点的套筒补偿器和固定墩置入小室。J_7 点的大拉杆横向波纹补偿器以及弯头全部置于小室内。小室设计的其他事项同例 13-1。

（13）阀门设计。阀门设计同例 13-1。

（14）固定墩设计。

J_2A 处固定墩推力计算：根据表 11-4 中第（8）种情形计算该处固定墩的推力。

该处固定墩距弯头的距离 $L < L_{\max}$，所以有

$$H_x = (F_{l2}L_2 + P_{t2}) - 0.8P_{t1} - \sin(\alpha)P_n f_1$$

$=15418.07 \times 10 + 4.2 \times 10^5 - 0.8 \times 33286 - \sin(51°) \times 1.6 \times 0.133 \times 10^6$

$=154180.7 + 4.2 \times 10^5 - 26628.8 - 165376.66$

$=382175.24\text{N}$

由于固定墩离弯头 J_2 为 10m，大于 DN400 的弹性臂长 Le＝7.2m，因此固定墩处所受的 J_2 弯头的轴向力在 Y 方向的推力已经全部被土壤所平衡；而且 J_2 弯头在 $J_1 \sim J_2$ 侧的臂长为 34.54m，因此该处的内压推力已经被土壤的横向推力所平衡，所以有

$$H_y = 0$$

式中　H_x——固定墩沿 X 方向的双管的推力，N；

　　　H_y——固定墩沿 Y 方向推力，N；

　　　F_{l2}——图中固定墩右侧管道单长摩擦力，由软件的辅助计算功能计算得到，N/m；

　　　P_{t1}——套筒补偿器摩擦力，N；

　　　P_{t2}——弯头在固定墩侧臂上的轴向力，由软件自动算得，N；

　　　P_n——管道内压力，MPa；

　　　f_1——管道横截面积，m^2。

【例 13-6】　本工程为屯留县集中供热工程主干线一次网直埋设计。设计供水温度为 120℃，回水温度为 70℃，设计压力为 1.6MPa，起点位于某热电厂围墙外 1m。管网终点与获壁街锅炉房原供热管网对接。主管总长度为 7232.50m。

【解】　(1) 现场踏勘和管道的初步敷设方案。

① 现厂踏勘：本工程供热管网距离远，地形复杂，设计前需要作详细的现场踏勘。管道从热电厂引出后，沿道路西侧向南敷设，躲过一个大转盘中央，然后穿越农田、河流、公路等敷设至禹王路，再进入县城城区。

② 管位及敷设方案设计：主管为 DN600 的预制直埋保温管，管道埋深控制在管中 1.5m，以节约投资并满足《城镇供热直埋热水管道技术规程》要求。管线沿途四处地形高差较大，确定采用大角度弯头竖向敷设。在穿越 309 国道处采用拖管方式。穿越河流处采用架空敷设方式。拖管方案由施工单位和设计院共同确定。

③ 冷安装和预热安装：本工程主要采用无补偿冷安装敷设。在四处地形大高差地段竖向弯头两侧安装一次性补偿器，以减少弯头处热位移。竖向弯头前后覆土，覆土时留出一次性补偿器位置。打压合格后切断管道再焊接一次性补偿器。系统冷运行完成后，电厂（热源）升温，供水温度升至预热温度，恒温观察一次性补偿器的伸长量达到设计伸长量后再焊死。这里安装一次性补偿器，其目的是减小弯头处热伸长以及弹性力，延长弯头使用寿命。竖向弯头曲率半径为 3DN。

④ 分段试压：为保障工程进度，确定采用分段施工及分段试压，设计要求每段都有泄水装置，且保证能够在规范要求的时间内泄完水。一个独立管段上应该是最低处满足试验压力 2.4MPa。

分段原则：热水热力网干线应装设分断阀门。输送干线分断阀门的间距为 2000～3000m，输配干线分断阀门的间距为 1000～1500m。泄水管径按照泄水时间为 5～7h。

⑤ 管道壁厚的计算：经"软件 V1.0"的计算，DN600 的输送干线管道壁厚为 8mm。

(2) 水力计算、管网的坐标和里程标注。

① 热负荷计算：根据甲方提供的资料，现有和规划供热面积，据此确定热指标，并

计算出热负荷。

② 主干线管径的确定：根据各换热站所带供热面积情况，以及规范推荐的 30～70Pa/m 的经济比摩阻确定主干线各管段的管径，并计算各段的阻力损失。

③ 支管管径的确定：支管管径按照并联环路的允许压力降确定，并按照《城镇供热管网设计规范》规定，控制比摩阻的上限为 300Pa/m 和流速的上限为 3.5m/s。

④ 对管网主干线及支线进行坐标和里程标注。

⑤ 计算主干线阻力，估算热源、换热站阻力。

⑥ 提出首站循环泵扬程和流量。

(3) 直埋管道热力设计计算。

直埋管道热力计算采用"软件 V1.0"。

① 管网平面图由于篇幅所限，此处略去，可以从 wfwfsir@126.com 索取。

②《直埋供热管道工程设计计算软件》（V1.0 版）计算步骤如图 12-3 所示。

③《直埋供热管道工程设计计算软件》（V1.0 版）计算输出图可以从 wfwfsir@126.com 索取。

④《直埋供热管道工程设计计算软件》（V1.0 版）计算输出表如表 13-29 所示。

热力计算结果输出表   **表 13-29**

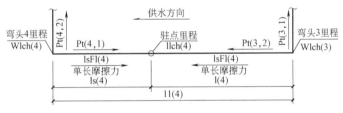

符号说明图示

* 计算管网参数：安装温差＝110°；循环温差＝110°；压力＝1.6MPa；埋深＝1.5m
* 注：管道埋深，当管径≤DN500 时，埋深 H≤1.5m；当管径≥DN500mm 时，埋深 H≤3DN
* 该管网根据节点共分为 3 段计算管线。计算各段的计算结果如下：
****

◎◎◎第 1 段计算管线◎◎◎

* 计算起点：弯头（里程 0＋0.00m）；计算终点：套筒补偿器（里程 0＋7232.50m）

* 直管段应力验算：
  该计算管线的全部直管段应力验算合格，允许进入嵌固。

* 锚固段分布：
  第 1 锚固段：0＋928.17m～0＋1046.08m； 长：117.91m
  第 2 锚固段：0＋1644.42m～0＋2588.74m； 长：944.32m
  第 3 锚固段：0＋6173.36m～0＋6888.33m； 长：714.97m

* 过渡段（l，ls）和锚固段（lg）长度：
  l(1)＝3.17m； ls(1)＝1.83m
  l(2)＝24.91m； ls(2)＝24.94m
  l(3)＝28.26m； ls(3)＝15.83m
  l(4)＝25.33m； ls(4)＝33.70m
  l(5)＝235.50m； ls(5)＝235.53m
  l(6)＝299.17m； lg(6)＝117.91m； ls(6)＝299.17m
  l(7)＝299.17m； lg(7)＝944.32m； ls(7)＝299.17m
  l(8)＝337.83m； ls(8)＝255.07m
  l(9)＝8.90m； ls(9)＝2.00m

l(10)=60.40m；　ls(10)=107.55m

l(11)=232.00m；　ls(11)=155.10m

l(12)=3.60m；　ls(12)=11.37m

l(13)=198.72m；　ls(13)=190.92m

l(14)=14.03m；　ls(14)=5.30m

l(15)=36.00m；　ls(15)=57.28m

l(16)=61.22m；　ls(16)=69.08m

l(17)=364.75m；　ls(17)=213.90m

l(18)=18.25m；　ls(18)=2.00m

l(19)=15.33m；　ls(19)=3.50m

l(20)=57.02m；　ls(20)=6.09m

l(21)=242.90m；　ls(21)=256.17m

l(22)=299.17m；　lg(22)=714.97m　　ls(22)=299.17m

l(23)=17.21m；　ls(23)=27.79m

---

*驻点里程(llch)或锚固点里程(lglch)：

驻点里程 llch(1)=0+3.17m

驻点里程 llch(2)=0+29.91m

驻点里程 llch(3)=0+83.11m

驻点里程 llch(4)=0+124.27m

驻点里程 llch(5)=0+393.47m

锚固点 1 里程 lglch(6,1)=0+928.17m;锚固点 2 里程 lglch(6,2)=0+1046.08m

锚固点 1 里程 lglch(7,1)=0+1644.42m;锚固点 2 里程 lglch(7,2)=0+2588.74m

驻点里程 llch(8)=0+3225.74m

驻点里程 llch(9)=0+3491.71m

驻点里程 llch(10)=0+3491.71m

驻点里程 llch(11)=0+3891.66m

驻点里程 llch(12)=0+4046.76m

驻点里程 llch(13)=0+4260.45m

驻点里程 llch(14)=0+4470.70m

驻点里程 llch(15)=0+4470.70m

驻点里程 llch(16)=0+4625.20m

驻点里程 llch(17)=0+5059.03m

驻点里程 llch(18)=0+5293.18m

驻点里程 llch(19)=0+5312.01m

驻点里程 llch(20)=0+5369.03m

驻点里程 llch(21)=0+5618.02m

锚固点 1 里程 lglch(22,1)=0+6173.36m;锚固点 2 里程 lglch(22,2)=0+6888.33m

驻点里程 llch(23)=0+7204.71m

---

*各个弯头的应力验算情况如下：

弯头许用应力为:375MPa

弯头 1(光滑弯头):该弯头臂长小于弹性臂长(2.3/k),无法计算弯头应力。

弯头 2(光滑弯头)：131.1759MPa,合格

弯头 3(光滑弯头)：116.5172MPa,合格

弯头 4(光滑弯头)：255.9438MPa,合格

弯头 5(光滑弯头)：274.8349MPa,合格

弯头 6(光滑弯头)：245.8427MPa,合格

弯头 7(光滑弯头)：261.3755MPa,合格

弯头 8(光滑弯头)：88.98331MPa,合格

弯头 9(光滑弯头):该弯头臂长小于弹性臂长(2.3/k),无法计算弯头应力。

弯头 10(光滑弯头)：295.4731MPa,合格

弯头 11(光滑弯头):该弯头臂长小于弹性臂长(2.3/k),无法计算弯头应力。

弯头 12(光滑弯头): 73.02586MPa,合格

弯头 13(光滑弯头): 71.81612MPa,合格

弯头 14(光滑弯头):该弯头臂长小于弹性臂长(2.3/k),无法计算弯头应力。

弯头 15(光滑弯头): 239.1433MPa,合格

弯头 16(光滑弯头): 281.0727MPa,合格

弯头 17(光滑弯头): 67.01308MPa,合格

弯头 18(光滑弯头):该弯头臂长小于弹性臂长(2.3/k),无法计算弯头应力。

弯头 19(光滑弯头):该弯头臂长小于弹性臂长(2.3/k),无法计算弯头应力。

弯头 20(光滑弯头):该弯头臂长小于弹性臂长(2.3/k),无法计算弯头应力。

弯头 21(光滑弯头): 298.2564MPa,合格

弯头 22(光滑弯头): 249.1366MPa,合格

****

****

* 各个弯头处热伸长和软回填(空穴)长度:

点 1:里程 = 0+5.00(弯头); 热伸长 = 2.53/-33.37mm;弯臂处理:6.2/6.2m(软回填)

点 2:里程 = 0+54.85(弯头);热伸长 = 32.23/-36.09mm;弯臂处理:6.2/6.2m(软回填)

点 3:里程 = 0+98.94(弯头);热伸长 = 20.17/-33.14mm;弯臂处理:6.2/6.2m(软回填)

点 4:里程 = 0+157.97(弯头);热伸长 = 43.25/-215.85mm;弯臂处理:6.2/6.2m(软回填)

点 5:里程 = 0+629.00(弯头);热伸长 = 216.60/-233.70mm;弯臂处理:6.2/6.2m(软回填)

点 6:里程 = 0+1345.25(弯头);热伸长 = 233.36/-230.19mm;弯臂处理:6.2/6.2m(软回填)

点 7:里程 = 0+2887.91(弯头);热伸长 = 231.35/-240.74mm;弯臂处理:6.2/6.2m(软回填)

点 8:里程 = 0+3480.81(弯头);热伸长 = 224.70/-13.93mm;弯臂处理:6.2/6.2m(软回填)

点 9:里程 = 0+3491.71(弯头);热伸长 = 3.86/-70.4mm;弯臂处理:6.2/6.2m(软回填)

点 10:里程 = 0+3491.71(弯头);热伸长 = 128.98/-215.25mm;弯臂处理:6.2/6.2m(软回填)

点 11:里程 = 0+4046.76(弯头);热伸长 = 169.15/-3.28mm;弯臂处理:6.2/6.2m(软回填)

点 12:里程 = 0+4061.73(弯头);热伸长 = 19.32/-198.28mm;弯臂处理:6.2/6.2m(软回填)

点 13:里程 = 0+4451.37(弯头);热伸长 = 192.85/-25.22mm;弯臂处理:6.2/6.2m(软回填)

点 14:里程 = 0+4470.70(弯头);热伸长 = 9.74/-51.24mm;弯臂处理:6.2/6.2m(软回填)

点 15:里程 = 0+4563.98(弯头);热伸长 = 111.74/-76.46mm;弯臂处理:6.2/6.2m(软回填)

点 16:里程 = 0+4694.28(弯头);热伸长 = 85.09/-241.26mm;弯臂处理:6.2/6.2m(软回填)

点 17:里程 = 0+5272.93(弯头);热伸长 = 206.35/-26.51mm;弯臂处理:6.2/6.2m(软回填)

点 18:里程 = 0+5293.18(弯头);热伸长 = 2.55/-24.30mm;弯臂处理:6.2/6.2m(软回填)

点 19:里程 = 0+5312.01(弯头);热伸长 = 2.33mm/-71.61mm;弯臂处理:6.2/6.2m(软回填)

点 20:里程 = 0+5375.12(弯头);热伸长 = 6.13mm/-219.89mm;弯臂处理:6.2/6.2m(软回填)

点 21:里程 = 0+5874.19(弯头);热伸长 = 223.89mm/-215.15mm;弯臂处理:6.2/6.2m(软回填)

点 22:里程 = 0+6244.33; 热伸长 = 0.00mm(锚固)

点 23:里程 = 0+6672.01; 热伸长 = 0.00mm(锚固)

点 24:里程 = 0+6793.91; 热伸长 = 0.00mm(锚固)

点 25:里程 = 0+7187.50(弯头);热伸长 = 215.58mm/-21.23mm;弯臂处理:6.2/6.2m(软回填)

点 26:里程 = 0+7210.83; 热伸长 = 7.92mm

****

【例 13-7】 本工程为某市集中供热工程主干线一次网直埋设计。设计供水温度为120℃,回水温度为60℃,设计压力为 1.6MPa,起点位于某热电厂供热首站围墙外 1m。终点确定的管网末端采用球型封头封堵。主管总长度为1287.85m。

【解】 (1)现场踏勘和管道的初步敷设方案。

① 现厂踏勘:本工程供热管网距离较远,管道从热电厂供热首站引出后,沿景西路东侧规划管位向南敷设,跟道路一起下穿铁路,再两次下穿过河至北环路,采用球形封头封堵。

② 管位及敷设方案设计：主管为 DN800、DN600 的预制直埋保温管，管道埋深控制在管中 1.3m，以节约投资并满足规程要求。供热管位为景西路路中心线以东 28.8m 处，沿供水方向右供左回。

③ 分段试压：为保障工程进度，确定采用分段施工及分段试压，设计要求每段都有泄水装置，且保证能够在规范要求的时间内泄完水。一个独立管段上应该是最低处满足试验压力 2.4MPa。

分段原则：热水热力网干线应装设分断阀门。输送干线分断阀门的间距为 2000～3000m，输配干线分断阀门的间距为 1000～1500m。泄水管径按照泄水时间为 5～7h。

④ 管道壁厚的计算：采用《直埋供热管道工程设计计算软件》（V1.0 版）计算，DN800 管道壁厚为 10mm，DN600 管道壁厚取 8mm。

（2）水力计算、管网的坐标和里程标注。

① 热负荷计算：根据甲方提供的资料，现有和规划供热面积，据此确定热指标，并计算出热负荷。

② 主干线管径的确定：根据各换热站所带供热面积情况，以及规范推荐的 30～70Pa/m 的经济比摩阻确定主干线各管段的管径，并计算各段的阻力损失。

③ 支管管径的确定：支管管径按照并联环路的允许压力降确定，并按照《城镇供热管网设计规范》规定，控制比摩阻的上限为 300Pa/m 和流速的上限为 3.5m/s。

④ 对管网主干线及支线进行坐标和里程标注。

⑤ 计算主干线阻力，估算热源、换热站阻力。

⑥ 提出首站循环泵扬程和流量。

（3）管道热力设计计算。

直埋管道热力计算采用《直埋供热管道工程设计计算软件》（V1.0 版）。所有管道壁厚经主程序巡检又一次进行了校核计算。

① 管网平面图可以从 wfwfsir@126.com 索取。特别指出：河道两侧，以及变径管小管处采用套筒补偿器保护。

② 采用《直埋供热管道工程设计计算软件》（V1.0 版）的计算步骤如图 12-3 所示。

③《直埋供热管道工程设计计算软件》（V1.0 版）计算结果输出图可以从 wfwfsir@126.com 索取。

④《直埋供热管道工程设计计算软件》（V1.0 版）热力计算结果输出表如表 13-30 所示。

热力计算结果输出表 表 13-30

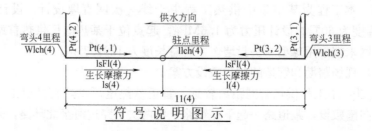

符 号 说 明 图 示

﹡计算管网参数:安装温差=110℃;循环温差=110℃;压力=1.6MPa;埋深=1.3m

﹡注:管顶埋深,当管径≤DN500时,埋深 H≤1.5m;当管径≥DN500时,埋深 H≤3DN

﹡该管网根据节点共分为5段计算管线。计算各段的计算结果如下:

﹡﹡

◎◎◎第1段计算管线◎◎◎

﹡计算起点:固定墩(里程 0+0.00m);计算终点:套筒补偿器(里程 0+670.03m)

﹡直管段应力验算:
该计算管线的全部直管段应力验算合格,允许进入嵌固。

﹡过渡段(l,ls)和锚固段(lg)长度:
　　l(1)=0.00m;　ls(1)=39.83m
　　l(2)=13.42m;　ls(2)=13.46m
　　l(3)=55.52m;　ls(3)=56.91m
　　l(4)=188.26m;　ls(4)=302.63m

﹡驻点里程(llch)或锚固点里程(lglch):
　　驻点里程 llch(1)=0+0.00m
　　驻点里程 llch(2)=0+53.25m
　　驻点里程 llch(3)=0+122.23m
　　驻点里程 llch(4)=0+367.40m

﹡各个弯头的应力验算情况如下:
　　弯头许用应力为:375MPa
　　弯头1(光滑弯头):162.9876MPa,合格
　　弯头2(光滑弯头):195.083MPa,合格
　　弯头3(光滑弯头):238.9197MPa,合格

﹡﹡

◎◎◎第2段计算管线◎◎◎

﹡计算起点:套筒补偿器(里程 0+670.03m);计算终点:套筒补偿器(里程 0+869.00m)

﹡直管段应力验算:
该计算管线的全部直管段应力验算合格,允许进入嵌固。

﹡过渡段(l,ls)和锚固段(lg)长度:
　　l(1)=25.90m;　ls(1)=14.10m
　　l(2)=4.06m;　ls(2)=3.94m
　　l(3)=22.82m;　ls(3)=22.78m
　　l(4)=4.08m;　ls(4)=3.92m
　　l(5)=32.83m;　ls(5)=64.54m

﹡驻点里程(llch)或锚固点里程(lglch):
　　驻点里程 llch(1)=0+695.93m
　　驻点里程 llch(2)=0+714.09m
　　驻点里程 llch(3)=0+740.85m
　　驻点里程 llch(4)=0+767.71m
　　驻点里程 llch(5)=0+804.46m

﹡各个弯头的应力验算情况如下:
　　弯头许用应力为:375MPa
　　弯头1(光滑弯头):合格。

弯头 2(光滑弯头):合格。
弯头 3(光滑弯头):合格。
弯头 4(光滑弯头):合格。
****
◎◎◎第 3 段计算管线◎◎◎
* 计算起点:套筒补偿器(里程 0＋869.00m);计算终点:套筒补偿器(里程 0＋1215.33m)

* 直管段应力验算:
　　该计算管线的全部直管段应力验算合格,允许进入嵌固。

* 过渡段(l,ls)和锚固段(lg)长度:
l(1)＝173.17m;　　ls(1)＝173.17m

* 驻点里程(llch)或锚固点里程(lglch):
　　驻点里程 llch(1)＝0＋1042.17m
****
◎◎◎第 4 段计算管线◎◎◎
* 计算起点:套筒补偿器(里程 0＋1215.33m);计算终点:套筒补偿器(里程 0＋1291.63m)

* 直管段应力验算:
　　该计算管线的全部直管段应力验算合格,允许进入嵌固。

* 过渡段(l,ls)和锚固段(lg)长度:
　　l(1)＝18.83m;　　ls(1)＝11.17m
　　l(2)＝1.44m;　　ls(2)＝1.56m
　　l(3)＝5.16m;　　ls(3)＝5.14m
　　l(4)＝1.56m;　　ls(4)＝1.44m
　　l(5)＝11.17m;　　ls(5)＝18.83m

* 驻点里程(llch)或锚固点里程(lglch):
　　驻点里程 llch(1)＝0＋1234.16m
　　驻点里程 llch(2)＝0＋1246.77m
　　驻点里程 llch(3)＝0＋1253.49m
　　驻点里程 llch(4)＝0＋1260.19m
　　驻点里程 llch(5)＝0＋1272.80m

* 各个弯头的应力验算情况如下:
　　弯头许用应力为:375MPa
　　弯头 1(光滑弯头):合格。
　　弯头 2(光滑弯头):合格。
　　弯头 3(光滑弯头):合格。
　　弯头 4(光滑弯头):合格。
****
◎◎◎第 5 段计算管线◎◎◎
* 计算起点:套筒补偿器(里程 0＋1291.63m);计算终点:球形软接头(里程 0＋1309.85m)

* 直管段应力验算:
　　该计算管线的全部直管段应力验算合格,允许进入嵌固。

* 过渡段(l,ls)和锚固段(lg)长度:
　　l(1)＝8.50m;　　ls(1)＝9.72m

* 驻点里程(llch)或锚固点里程(lglch)：

　　驻点里程 llch(1) = 0 + 1300.13m

****

****

* 各个计算点的热伸长和弯头处的软回填(空穴)长度：

　　点 1：里程 = 0 + 39.83(弯头)；　热伸长 = 52.93/−18.34mm;弯臂处理:6.2/6.2m(软回填)

　　点 2：里程 = 0 + 66.71(弯头)；　热伸长 = 18.40/−72.52mm;弯臂处理:6.2/6.2m(软回填)

　　点 3：里程 = 0 + 179.14(弯头)；　热伸长 = 74.23/−87.02mm;弯臂处理:23.1/13.7m(空穴)

　　点 4：里程 = 0 + 459.92；　热伸长 = 23.04mm

　　点 5：里程 = 0 + 502.13；　热伸长 = 32.56mm

　　点 6：里程 = 0 + 510.46；　热伸长 = 36.19mm

　　点 7：里程 = 0 + 771.43；　热伸长 = 5.13mm

　　点 8：里程 = 0 + 838.00；　热伸长 = 38.88mm

****

****

* 管网补偿器和球形软接头补偿量验算如下(安全系数为 1.2)：

　　节点 2:套筒补偿器,额定补偿量为 500mm;实际补偿量为 315.7189mm;　合格

　　节点 3:套筒补偿器,额定补偿量为 450mm;实际补偿量为 269.3867mm;　合格

　　节点 4:套筒补偿器,额定补偿量为 450mm;实际补偿量为 211.382mm;　合格

　　节点 5:套筒补偿器,额定补偿量为 450mm;实际补偿量为 37.11713mm;　合格

　　管网终点:球形软接头,要求的最小轴向补偿量为 13.29711mm

****

第十四章　非开挖技术在供热直埋管道的应用

第一节　概　　述

非开挖技术（Trenchless Technology）是近 20 年来国际上新兴的一种对环境无公害的地下管线施工技术，系指利用岩土钻掘手段在地表不挖沟的情况下，铺设、修复和更换地下管线。国际非开挖协会给非开挖技术的定义是：Trenchless Technology is the science if installing，repairing or renewing underground pipes，ducts and cables using techniques which minimize or eliminate the need for excavation，sometimes also called "No Dig".

非开挖顶管施工采用油压驱动，施工时噪声远远小于开槽式敷设管道，几乎没有地盘沉降的现象，对周边的影响降低到最低程度。而且在较深的埋深情况下施工成本要小于开槽式敷设管道。因此非开挖顶管被广泛应用于穿越交通设施、建筑物、河流，以及在城区、古迹保护区、农田和环境保护区等不允许或不能开挖条件下进行各种水、电、暖、电信等管线的铺设、更换和修复。由于它具有综合成本低、施工周期短、环境影响小、不影响交通、施工安全性好等优点，日益受到人们青睐。近十年来，西方发达国家的许多科研机构和企业投入了大量的人力和物力研究开发这一新技术，取得了丰硕的成果并应用于工程实践中。目前，该项技术已在西方发达国家成为一项政府支持、社会提倡和企业参与的新技术产业，成为城市现代化进程中的一项关键技术。

非开挖地下管线工程技术的主要研究内容和服务领域包括地下管线的探测和检测技术、地下管线的铺设技术、地下管线的维护和更新技术，具体包括顶管施工技术、定向导向钻进管线铺设技术（拖管技术）、冲击矛技术、夯管技术、盾构施工技术以及管道在线更新和修复等技术。几种主要的非开挖技术性能比较见表 14-1。

几种非开挖技术性能比较 表 14-1

比较项目	机械顶管	定向钻	气动矛	盾构施工
管材	钢管、钢筋混凝土管、复合管、PE 管、陶管	钢管、PVC 管、PE 管	钢管	盾构管片
管径	200～3500mm	100～1500mm	50～300mm	3000mm 以上
一次施工距离	管径＜800mm，130m 左右；管径≥800mm；1km 以上	一般 100m 左右，特大型 1.5km 左右	20～40m	500m 以上
适用土质	黏土，砂砾至岩层全土质均可	一般土，在砂砾、岩层中有困难	软土，在混合层中困难	软土为主
平衡地下水	好（且不用井点降水）	困难	不能	能
控制地面沉隆	好（顶进面有压力管理）	不能	不能	能（需有相当的深度）

比较项目	机械顶管	定向钻	气动矛	盾构施工
机械原理	前面刀盘切削土体,后方顶进	先钻进,后扩孔回拖	采用压缩空气、冲击型	前面刀盘切削土体,顶进机头后设置管片
施工速度（同土质比）	0.5～2m/min	2～5m/min	0.5～2m/min	0.01～0.05m/min
施工精度	机内测量	地面方向有诱导	施工中无诱导	机内测量
曲线施工	任意曲线	用钻管前方导向板	不能	任意曲线
占地面积	小	较小	小	大
穿越对象	道路、河流、建筑物	穿路,过河(须设置管内导向)	穿一般通路	过河、市区穿越
用途	电缆、通信、煤气、自来水、市政管网	电缆、通信、油、气、自来水管、供热	电缆、通信、煤气、自来水支管	地下铁道、隧道
设备价格	100万～500万元	10万～40万元	10万～40万元	500万元以上
施工速度	2～4d/100m		1～2d/100m	1～2d/100m

第二节　顶管技术

一、顶管施工技术及其发展史

1. 顶管施工技术简介

顶管施工技术的实质是：顶进的管道在主顶工作站作用下（长距离时需中继站），由始发顶进工作坑出发，顶进至接收坑，即首先采用顶管掘进机成孔，然后将要埋设的管道从工作坑顶入，以形成连续的衬砌。顶管施工对截面的形状没有特殊要求，但普遍以圆形截面居多，也可是方形的（如箱涵）。

一般情况下，顶管机的操作与控制可以直接由地下工作现场的操作人员完成，但对于管径小于800mm的管道，由于人员无法进入，因此施工中通过位于地面的控制台来监控进行。地层的破碎方法可以在工作面通过手工、机械或其他方法进行分步破碎，也可以通过机械全断面破碎来实现；破碎的泥土可以人工、机械或水力、风力的方式运至地面。

2. 顶管施工技术的发展历史

现代顶管技术最早是由美国于1892年发明的，在20世纪60～70年代，日本和德国在顶管施工领域取得了较大的进步，主要表现在三个方面：①快速的机械化掘进和排土技术发展；②研制成功带有独立千斤顶可以控制顶进方向的掘进机；③中继站的应用。在欧洲，20世纪80年代，德国的制造商和承包商积极开发自己的机械化顶管设备，使德国拥有了欧洲最多的顶管掘进机和顶管技术的用户。机械化顶管设备在1990年以后，在北美地区得以推广。此外，该技术还在新加坡、中国台湾、中国香港、韩国及中东的一些国家和地区也得到了十分广泛的应用。

国内的顶管施工最早始于1953年的北京，上海在1956年也开始了顶管试验，但最初都是采用人工手掘式顶管，设备比较简陋。1984年前后，我国的北京、上海、南京等地先后开始引进国外的先进机械化顶管设备，与此同时国外的顶管理论、施工技术和管理经验也相继引入我国，如泥水平衡理论、土压平衡理论等，使我国的顶管技术上了一个新台阶。

总体而言，我国顶管技术起步较晚，目前铺管技术大多采用传统的开挖方式，只有在不得已情况下，如穿越公路、铁路、建筑物或不允许开挖的地方才使用顶管方法，且采用较多的仍然是传统的手掘式顶管，先进的机械化顶管施工技术大多应用于重点工程中。据统计，目前我国顶管施工总量仅为开挖铺设量的10％左右，而且多集中在沿海经济发达地区，多数运用在市政工程的污水管、给水管、燃气管道，在供热行业少之又少。了解非开挖技术，有利于出土管和直埋管道的对接处理，有利于推动这项技术在供热行业的应用。

二、土层类型对顶管施工的影响

1. 土壤性质及其分类

按照土壤的分类方法，土壤可划分为下列五类：碎石土、砂土、粉土、黏性土和人工填土等。碎石土和砂土属于粗粒土，粉土和黏性土属于细粒土。粗粒土按粒径级配分类，细粒土则按塑性指数 I 分类。

1）碎石土

粒径大于 2mm 的颗粒含量，超过总重的 50％的土称为碎石土，其分类详见表 14-2。

碎石土分类　　　　　　　　　　　　表 14-2

名称	颗粒性状	粒组含量
漂石	圆形或亚圆形为主	大于 200mm 的颗粒超过总重的 50％
块石	棱角形为主	
卵石	圆形或亚圆形为主	大于 20mm 的颗粒超过总重的 50％
碎石	棱角形为主	
圆砾	圆形或亚圆形为主	大于 2mm 的颗粒超过总重的 50％
角砾	棱角形为主	

2）砂土

粒径大于 0.075mm 小于 2mm 颗粒的土。粒径大于 0.075mm 的颗粒含量超过总重的50％，同时大于 2mm 的颗粒含量不超过总重量 50％的土称为砂土，其分类详见表 14-3。

砂土分类　　　　　　　　　　　　表 14-3

土的名称	粒组含量	土的名称	粒组含量
砾砂	大于 2mm 的颗粒占总重的 25％～50％	细砂	大于 0.075mm 的颗粒超过总重的 50％
粗砂	大于 0.5mm 的颗粒超过总重的 50％	粉砂	大于 0.075mm 的颗粒超过总重的 50％
中砂	大于 0.25mm 的颗粒超过总重的 50％		

3）粉土

粒径大于 0.075mm 的颗粒，含量小于总重的 50％，而塑性指数 $I \leqslant 10$ 的土。这种土既不具有砂土透水性大、容易排水固结、抗剪强度较高的特点，又不具有黏性土防水性能好、不易被水冲蚀流失、具有较大的黏聚力的特点。因此在许多工程问题上，粉土表现出较差的性质，如受振动容易液化、冻胀性大等。

4）黏性土

塑性指数 $I>10$ 的土，其中，$10<I≤17$ 的土称为粉质黏土，$I>17$ 的土称为黏土。此外，自然界中还有许多具有特殊性质的土，如湿陷性土、红黏土、冻土、膨胀土、盐渍土等。

2. 土层类型对顶管施工的影响

1）无黏性土

无黏性土包括砂土、砾石、碎石以及由它们组成的粒径小于 0.06mm 颗粒的总量百分比低于 15% 的混合物。无黏性土性能主要受颗粒大小、粒径分布、颗粒性状和粗糙度的影响，它是一种松散的土体。

砂土在顶管施工工作面的分布状态一般可以归纳为以下五种。

（1）工作面全部是砂土层。

当顶进管道穿越砂土层时，顶管施工的难易取决于砂土的含水量。含水量小于 50% 时，细砂和粉砂由于毛细管压力作用产生假黏聚力。短时间内可保持稳定，一旦水分蒸发，砂土干燥便呈松散状态；另外在地下水内浸泡都会使假黏聚力消失。此时土体开始塌方。塌下来的土压在管顶上，使管顶土压力增大，所需顶管推力增大。

这种情况下虽无压力水头，但含饱和水的粉砂和细砂也会出现流砂现象。此时无法进行正常作业，需采取辅助措施封闭工作面后再顶进。若土层为密实的中粗砾砂，只要逆坡顶进，地下水不断排走，就可顶进，但操作困难，功效下降。

当遇承压水土层时，地下水量增加，必须做好排水工作，否则难以顶进。在承压水头作用下，粉细砂层流砂现象严重，出现管涌，严重破坏管基，此时必须封闭工作面并采取辅助措施。当地下水位低、砂土空隙比又大于 0.9 时，砂土呈松散状态，稍受振动就失去稳定出现滑坡和塌方。

砂土一般可作为良好地基。稍湿状态的粉细砂，当密实度大于稍密级时，若土未受扰动，允许承载力达 $120～160kN/m^2$；但水饱和后则出现液化现象，承载力消失。

（2）管顶出现砂土层。

管顶为砂土层时，无论稍湿的粉细砂或很湿的中粗砂，在中等密实状态下均可顶进。但工作面不得超挖。此种情况下顶力较大。砂土孔隙比大于 0.85 时呈松散状态，或在很湿的粉细砂土层内，一般顶进困难；若很湿的粉细砂层很厚，就要用管端刃角贯入后再切削土方，防止破坏原土结构。

（3）管底存在砂土层。

当管底为砂土层时，除很湿的粉细砂土和孔隙比大于 0.85 的松散砂土外，一般均为良好地基，其允许荷载可达 $160～400kN/m^2$。当粉砂和细砂的饱和度大于 80%，且临界水力坡度接近 1 时，砂土液化，出现流砂现象，顶进时管基出现扰动。如临界水力坡度大于 1，说明存在压力水头，流砂现象严重时会出现管涌，使地基土遭到严重破坏。

（4）工作面上有砂土夹层。

这种情况下，只要夹层上下两层土质较好，顶进时一般较安全。若砂层厚、松散或很湿时，只要保持一定的休止角就不致影响正常作业；但砂土夹层出现流砂现象时仍会给施工带来困难。

（5）砂土层内有其他夹层。

管节穿过其中含有其他夹层的砂土时，若夹层很薄，则不会对顶进工作造成任何影响；若夹层厚度达管径一半，则顶进的难易与该夹层土的种类、性质、含水量等因素有关，但砂土性质仍是决定性条件。

2）黏性土

黏性土中，颗粒表面的静电作用使土的颗粒相互粘结在一起，形成黏性塑性土体。其性质主要受含水量、颗粒大小和黏性矿物含量的影响。黏性土层包括黏土、淤泥质黏土、淤泥以及由它们组成的粒径小于 0.06mm 颗粒的重量百分比大于 15% 的混合物。黏性土的分布状态对顶管施工的影响也可分为以下五种典型状况。

（1）管周全部是黏性土。

天然含水量的黏土和砂性土对顶管均有利，管前挖土不会导致塌方，允许向前超挖，顶进时所需顶力也较小，顶进设施简单。随着土内含水量的增加，工作条件逐步恶化。当土层的含水量达到饱和时，砂土、黏土按黏粒含量的不同而黏度不同，会不同程度地黏附在挖土、装土工具和出土设备上，给施工带来很大麻烦。在这种情况下，顶力增加，但尚能顶进。黏性土在管道下形成良好的天然地基，竣工后即成为管道基础。

（2）工作面上半部是黏性土层。

在这种情况下，除在饱和状态下的粉土外，管顶是否塌方取决于黏性土层的厚度和其上层是否有松散土层。若有松散土层，当黏性土层的剪切面上的总抗剪力大于松散土柱的垂直土压力时，就不会塌方，反之就会发生塌方。

（3）工作面下半部是黏性土层。

这种情况下，除在压力水头下的粉土或细砂外，一般均为良好地基。下部无压力水存在时，土基不会扰动；有压力水时，土基是否扰动取决于黏土层性质、厚度和地下水压力的大小。

（4）工作面上局部有黏性土层。

这种情况下，无论黏土层厚薄、含水量多少，均不影响顶管施工。此时施工的难易程度主要取决于管顶和管底土层种类和地下水位的高低。

（5）黏性土工作面有其他土夹层。

工作面虽然是黏性土，但中部夹有其他土层时，无论所夹土的种类如何，当夹层较薄时对施工均无较大影响；当夹层厚度达断面一半时，影响程度与土层种类及含水量有关。若管顶和管底均为较厚黏性土层，则不影响正常施工。

3）其他土层

（1）软土。

软土具有高压缩性、低渗透性和触变性的特点，结构易遭到破坏，以致出现管道沉陷、接口错位等事故，所以应先采取措施以免在顶进中出现问题。在软土中顶进时，土层紧贴管道外壁将使顶力增大，但由于其土质细腻、含水量大，能对管壁产生一定的润滑作用，不仅顶力增加不大，有时还可能降低。利用软土的高压缩性，可采用挤压顶进法。管径小时甚至可采用无排土挤密工法，这样可降低劳动强度，提高施工效率。

（2）砂砾石层。

松散的砂砾石层在干燥状态下很容易塌方，在顶进前后应考虑对其进行加固。地下水位以下的砂砾石土由于其渗透性大，涌水量比砂土多，有承压水存在时，涌水量猛增，需降低地下水位才能顶进。

（3）其他特殊土层。

① 湿陷性黄土。一般湿陷性黄土中无地下水，易于挖运，有利于顶管施工，但不能采用水力破土或水力运输。顶进排水管道时要注意接口方法和接口材料，严格防止渗漏，以免造成湿陷性黄土的原始结构破坏而导致沉陷。

② 膨胀土。膨胀土中顶管应采用刚度较大的钢筋混凝土管，以防止邻近管节的土遇水膨胀使管节变形。由于钢筋混凝土管重量大、刚度大，能抵抗部分土的膨胀压力，设计时可尽量增加覆土深度，以增加管顶土压力，延长渗透距离并改变蒸发条件。在膨胀土中进行施工时，应避免与水接触，工作坑周围要加强排水措施，防止管道渗漏，严禁采用水力切削和水力运输。

顶管施工的难易程度主要取决于工作面土层的稳定及挖掘的难易程度，土层的稳定根据地质条件而定。因此，地质条件和工作条件决定顶管施工的难易程度。

三、顶管施工技术及工法概述

1. 顶管技术分类

顶管的施工技术和设备分类有传统的人工手掘式顶管法和现代的机械化顶管工法。按照压力平衡措施分类有开放式顶管施工和闭式顶管施工；按工作面的掘进方式有分步掘进式顶管法和全断面掘进式顶管法。

1）按压力平衡措施分类

顶管在顶进过程中，对工作面的掘进破坏了地层中原有的压力平衡。对于地质情况较好的土层，通过降低掘进速度或是简易的人工支撑的方法，可以对地层的压力状况进行控制，以土层的自然平衡方式达到工作面的稳定状态；而在地下水位高、地质情况复杂、工作面无法自立支撑的情况下，就必须采取附加的压力平衡措施来平衡土压力和地下水的压力。而这种措施必须通过封闭式顶管施工来实现，因此可将顶管施工分为开放式和闭式两类。

（1）开放式顶管施工：这种工法的顶管机在工作面与后续的管道之间没有压力密封区，不采取附加压力平衡措施，靠工作面土体的自然平衡或简易的人工、机械支撑来维持挖掘面的稳定。该工法的优点在于技术简单、设备低廉、操作人员可方便地进入工作面，可采用人工或机械作业，传统的手掘式顶管工法即属于这种技术。

（2）闭式顶管施工：这种工法的顶管机，在工作面与盾尾之间设有一道压力墙，形成封闭的加压仓，靠仓内的平衡介质来达到平衡工作面土压力和地下水压力的作用；根据闭式顶管机所使用平衡介质的不同，又可以将其分为气压平衡法、泥水平衡法和土压平衡法。

2）按工作面的掘进方式分类

根据工作面的掘进方式不同，可将顶管技术分为全断面掘进式和分步掘进式，其区别在于是否采用旋转式刀盘，在一个工作过程中是否对整个工作面进行破碎。由此，可以将顶管技术和设备进行具体划分，如表14-4所示。

顶管技术和设备进行具体划分　　　　　表 14-4

顶管机	全断面掘进式顶管机	自然平衡法	开式	顶管机	分布掘进式顶管机	自然平衡法	开式
		机械平衡法				工作面半机械平衡法	
		气压平衡法	闭式			气压平衡法	闭式
		土压平衡法				泥水平衡法	
		泥水平衡法					

　　不同的顶管施工技术各有其特点和优劣性，表 14-5 所示为几种顶管工法及其掘进机的比较。从表中可以看出不同的顶管技术及其掘进机的适用性和技术性能的特点，其中，泥水平衡顶管机的土层适用范围较广、掘进速度较快。

几种顶管技术及其掘进机的比较　　　　　表 14-5

地质条件 ＼ 掘进机种		敞沟式顶管机	多刀盘土压平衡顶管机	单刀盘土压平衡顶管机	刀盘可伸缩泥水平衡顶管机	偏心破碎泥水平衡顶管机	岩盘顶管机
软土	掘进速度	慢	一般	较快	快	快	快
	耗电量	小	较大	一般	较大	较大	较大
	劳动力	较少	一般	一般	多	多	多
	环境影响	小	小	小	大	大	大
砂性土	掘进速度	适用	一般	较快	快	快	快
	耗电量		较大	一般	较大	较大	较大
	劳动力		一般	一般	多	多	多
	环境影响		小	小	大	大	大
黄土	掘进速度	慢	不适用	较快	适用	不适用	快
	耗电量	小		一般			较大
	劳动力	较少		一般			多
	环境影响	小		小			大
强风化岩	掘进速度	慢	不适用	较快	不适用	较快	快
	耗电量	小		一般		较大	较大
	劳动力	较少		一般		多	多
	环境影响	小		小		大	大
岩石	掘进速度	含水量小适用	不适用	不适用	不适用	不适用	快
	耗电量						大
	劳动力						多
	环境影响						小

　　2. 泥水平衡顶管工法

　　把用水力切削泥土以及虽然采用机械切削泥土而采用水力输送弃土，并利用泥水压力来平衡地下水压力和土压力，防止地面沉降或隆起。

　　泥水平衡顶管工法的特征是在顶管前部的机械切削式刀盘附近安装隔板，形成密闭的泥水压力仓，将加压的泥水送入压力仓中，使开挖面稳定。在施工过程中，通过掘进机头部的切削刀盘的旋转来进行工作面的破碎，切削下来的泥土与平衡介质混合，并由排泥浆管道用泥浆泵将其从顶管机的泥水压力仓底部泵送至地表的分离装置，将泥土与泥水进行分离，分离后的平衡介质可以进行重复利用。

1) 泥水平衡顶管工法技术特点

（1）泥水平衡顶管机的特点是具有双重平衡功能，即它的全断面的大刀盘能自动平衡顶进正面土体的土压力，同时，通过对泥水室进行泥水加压，又能平衡地下水压力。

（2）机头内刀盘后部装有液压检测土压力的感应装置，随时监测正面土压力，当土压力变小时可提高顶速，土压力变大时则降低顶速，使土压力始终保持定值。通过平衡正面的土压力，从而达到避免前方土体塌陷而造成地面沉降。

（3）机头顶进时在刀盘与前方土体之间可形成一层泥膜，达到稳定前方土体的效果。可使顶进面始终处于平衡的最佳状态，将地表沉降有效地控制于 20mm 以内。

2) 泥水平衡顶管工法技术优势

与其他形式顶管方法相比，泥水平衡式顶管技术具有以下优点：

（1）适用的地质范围较广，如地下水位较高及地质情况变化范围大的土质条件。

（2）可保持挖掘面的相对稳定，对周围土层的影响较小，施工后地面沉降极小。

（3）与其他类型的机种相比，泥水顶管的推力较小，最适宜于长距离顶管。

（4）工作坑内作业环境较好，作业比较安全。由于采用泥水输送弃土，没有吊土、搬运土方等较易发生危险的作业；可以在大气常压下作业；挖掘面稳定，不会造成地面沉降而影响交通及各种公用管线的安全。

（5）由于可以连续出土，因此大大提高了顶进速度。

3) 泥水平衡顶管系统

泥水平衡顶管示意图如图 14-1 和图 14-2 所示。

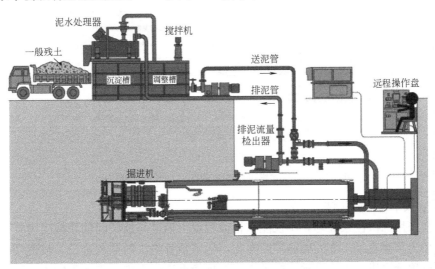

图 14-1 泥水式推进工法示意图（600～3000mm）

3. 土压平衡顶管工法

土压平衡顶管工法切削下的土体进入密封土仓与螺旋输送机中，并被挤压形成具有一定土压的压缩土体，经过螺旋输送机的旋转，输送出切削的土体。密封上仓内的土压力值可通过螺旋输送机的出土量或顶管机的前进速度来控制，使此土压力与切削面前方的静止

图 14-2 大刀盘掘进机示意图

土压力和地下水压力保持平衡,从而保证开挖面的稳定,防止地面的沉降或隆起。

目前土压平衡理论的应用已越来越广,其主要原因如下:首先,它的适用范围比气压平衡、泥水平衡宽,甚至可以说是全土质顶管掘进机;其次,土压平衡掘进机在施工过程中所排出的渣土要比泥水平衡掘进机所排出的泥浆容易处理,加之土砂泵的出现,使其渣土的长距离输送和连续排土、连续推进已成为可能;最后,土压平衡掘进机的设备要比泥水平衡和气压平衡简单得多。

土压平衡顶管工法技术特点如下:

(1) 通过向切削仓内注入一定比例的混合材料,使得充满泥仓的泥土混合体平衡正面土压及地下水压力。

(2) 无需泥浆泵等后部配套装置,整机造价低廉。

(3) 无需泥浆处理,施工成本低。

土压式平衡顶管示意图如图 14-3 所示。

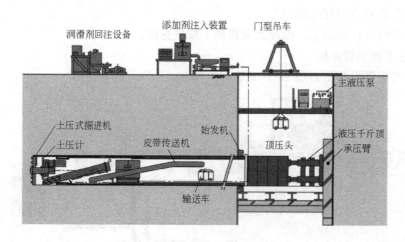

图 14-3 土压式推进工法流程图 (1000~3000mm)

4. 泥浓式平衡顶管工法

该工艺采用二次注浆处理,不仅能在很大程度上消减与地层间的摩擦阻力,而且能顺利排出粒径为顶管直径 1/3 的砾石等废弃物,保证顶管施工的顺利进行,较适用于城市供热管长距离顶管推进施工。该顶管推进方法在顶管施工过程中,将地下的土、砾石等废弃物分成两部分,通过不同的方式输送至地表后再外运处理。因此,泥浓式推进法的适用性非常广泛,除岩石外所有土质条件均可适用。泥浓式推进工法如图 14-4 所示。

泥浓式推进工法的特点如下:

(1) 可以不加破碎的排出孔径约为顶管机直径 1/3 的砾石。

(2) 采用了二次注浆方法,大大减少了摩阻力,适合长距离顶进。

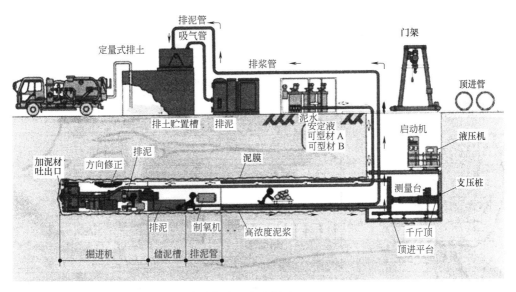

图 14-4　泥浓式推进工法示意图（700～2200mm）

四、顶管设备、设施概述

1. 顶管机

顶管机是一个在护盾的保护下，采用手掘、机械或水力破碎的方法来完成隧道开挖的机器。按照《顶管施工技术及验收规范》，顶管机可分为以下几种。

（1）手掘式顶管机：手掘式顶管机即非机械的开放式（或敞口式）顶管机，在施工时，采用手工的方法来破碎工作面的土层，破碎辅助工具主要有镐、锹及冲击锤等。破碎下来的泥土或岩石可以通过传送带、手推车或轨道式的运输矿车来输送。

（2）挤压式顶管机：用于软地层的一种特殊形式的顶管机，在施工中，进入喇叭口形破碎室的泥土在安装于掘进机下部的螺旋输送装置的作用下通过压力墙，然后通过砂石泵排出至地表。

（3）网格式顶管机：工作面被网格分成几个部分，目的是减小土体的长度，即减小滑移基面的大小。根据顶管机直径的大小，网格可以作为工作人员的工作平台。工作面可以采用水力或机械的方式进行破碎。

（4）斗铲式顶管机：一种敞口式机械挖掘顶管机，其内部装备有挖掘机械，可以实现工作面的分段式挖掘。破碎下来的土石可以通过传送带或者螺旋输送装置输送至后续的运输设备（如传送带、手推车或轨道式的运输矿车等）。

（5）土压平衡式顶管机：也称为土压式顶管机或者 EPB-顶管机，是一种封闭式的顶管机。在顶进过程中，顶管掘进机一方面与其所处土层的土压力和地下水压力处于平衡状态；另一方面，其排土量与掘进机切削刀盘破碎下来的土的体积处于一种平衡状态。只有同时满足这两个条件，才算是真正的土压平衡。

（6）泥水平衡式顶管机：平衡介质（这里指膨润土浆液）在工作舱中获得一定的压力，以平衡地下水和土层的压力，其破碎室中平衡压力的调节主要是通过泥浆泵控制进出平衡介质的量来实现的。

（7）混合式顶管机：通过顶管机的重新设置，可以实现气水平衡、土压平衡、气压平衡和敞口式顶管机任意两者之间的相互组合，以实现对不同地层的广谱适应性。

各种顶管机适用范围详见表 14-6。

顶管机和相应施工方法选择参照表　　　　表 14-6

顶管机形式	适用管道内径 D(mm) 管顶覆土厚度 H(m)	地层稳定措施	适 用 地 层	适 用 环 境
手掘式	D:900～4200 H:≥3m 或 ≥1.5D	(1)遇砂性土用降水法疏干地下水；(2)管道外周注浆形成泥浆套	黏性或砂性土,软塑和流塑黏土中慎用	允许管道周围地层和地面有较大变形,正常施工条件下地面变形量为10～20cm
挤压式	D:900～4200 H:≥3m 或 ≥1.5D	(1)适当调整推进速度和进土量；(2)管道外周注浆形成泥浆套	软塑和流塑性黏土,软塑和流塑的黏性土夹薄层粉砂	允许管道周围地层和地面有较大变形,正常施工条件下地面变形量为10～20cm
网格式（水冲）	D:1000～2400 H:≥3m 或 ≥1.5D	适当调整开口面积,调整推进速度和进土量,管道外周注浆形成浆套	软塑和流塑性黏土,软塑和流塑的黏性土夹薄层粉砂	允许管道周围地层和地面有较大变形,精心施工条件下地面变形量可小于15cm
斗铲式	D:1800～2400 H:≥3m 或 ≥1.5D	气压平衡工作面土压力,管道周围注浆形成泥浆套	地下水位以下的砂性土和黏性土,但黏性土的渗透系数应不大于10⁻⁴cm/s	允许管道周围地层和地面有中等变形,精心施工条件下地面变形量可小于10cm
多刀盘土压平衡式	D:900～2400 H:≥3m 或 ≥1.5D	胸板前密封舱内土压平衡地层和地下水压力,管道周围注浆形成泥浆套	软塑和流塑性黏土,软塑和流塑的黏性土夹薄层粉砂 黏质粉土中慎用	允许管道周围地层和地面有中等变形,精心施工条件下地面变形量可小于10cm
大刀盘全断面切削土压平衡式	D:900～2400 H:≥3m 或 ≥1.5D	胸板前密封舱内土压平衡地层和地下水压力,以土压平衡装置自动控制,管道周围注浆形成泥浆套	软塑和流塑性黏土,软塑和流塑的黏性土夹薄层粉砂。黏质粉土中慎用	允许管道周围地层和地面有较小变形,精心施工条件下地面变形量可小于5cm
加泥式机械土压平衡式	D:600～4200 H:≥3m 或 ≥1.5D	胸板前密封舱内混有黏土浆液的塑性土压力平衡地层和地下水压力,以土压平衡装置自动控制,管道周围注浆形成泥浆套	地下水位以下的黏性土、砂质粉土、粉砂。地下水压力＞200kPa,渗透系数≥10⁻³cm/s 时慎用	允许管道周围地层和地面有较小变形,精心施工条件下地面变形量可小于5cm
泥水平衡式	D:250～4200 H:≥3m 或 ≥1.5D	胸板前密封舱内的泥浆压力平衡地层和地下水压力,以泥浆平衡装置自动控制,管道周围注浆形成泥浆套	地下水位以下的黏性土、砂性土。透系数>10⁻¹cm/s,地下水流速较大时,严防护壁泥浆被冲走	允许管道周围地层和地面有很小变形,精心施工条件下地面变形量可小于3cm
混合式顶管机	D:250～4200 H:≥3m 或 ≥1.5D	上述方法中两种工艺的结合	根据组合工艺而定	根据组合工艺而定
挤密式顶管机	D:150～400 H:≥3m 或 ≥1.5D	将泥土挤入周围土层而成孔,无需排土	松软可挤密地层	允许管道周围地层和地面有较大变形

注：D、H 可根据具体情况进行适当调整。

2. 切削刀盘

根据地层情况的不同，全断面掘进顶管机可以配备不同形状和结构形式的切削刀盘（或钻头），某些结构的切削刀盘除了可以进行工作面的掘进之外，还具有平衡土压力的作用。切削刀盘一般可分为车轮式切削刀盘、挡板式切削刀盘和岩石切削刀盘三种。

3. 起始工作坑、接收工作坑

起始工作坑指为布置顶管施工设备而开挖的工作坑，井中一般设置后背墙以承受施工过程中的反力。后背墙是顶进管道时为顶进工作站提供反作用力的一种结构，有时也称为后背、后座或者后座墙等。

接收工作坑指为接收顶管施工设备而开挖的工作坑，有时也称为目标工作坑。

起始工作坑布置如图 14-5 所示。

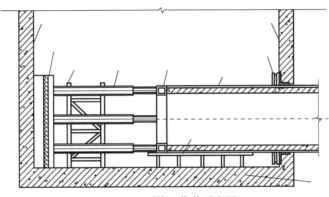

图 14-5 顶管工作井示意图

4. 导轨

导轨是在工作坑基础上安装的轨道，一般采用装配式。管节在顶进前先安放在导轨上。在顶进管道入土前，导轨承担导向功能，以保证管节按设计高程和方向前进。

两导轨应顺直、平行、等高，其坡度应与管道设计坡度一致。当管道坡度>1％时，导轨可按平坡铺设。

目前常用的导轨形式有两种，如图 14-6 所示。

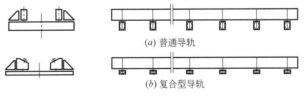

(a) 普通导轨

(b) 复合型导轨

图 14-6 顶管导轨示意图

5. 主顶设备

主顶设备主要由下列装置组成：2～6 个主顶千斤顶、组合千斤顶架、液压动力泵站及管阀、顶铁。

主顶千斤顶安装于顶进工作坑中，用于向土中顶进管道，其形式多为液压驱动的活塞式双作用油缸。

主顶千斤顶可固定在组合千斤顶架上做整体吊装，根据其顶进力对称布置的要求，通常选用 2、4、6 个按偶数组合，如图 14-7 所示。

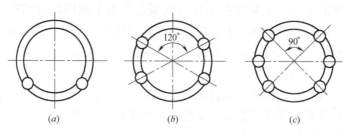

(a)　　　　　　　　(b)　　　　　　　　(c)

图 14-7　千斤顶布置示意图

6. 顶铁

顶铁又称为承压环或者均压环，其作用主要是把主顶千斤顶的推力比较均匀地分散到顶进管道的管端面上，起到保护管端面的作用，同时还可以延长短行程千斤顶的行程。顶铁可分成矩形顶铁、环形顶铁、弧形顶铁、马蹄形顶铁和 U 形顶铁几种。

顶铁与管口之间应采用缓冲材料衬垫，当顶力接近管节材料的允许抗压强度时，管端应增加 U 形或环形顶铁。

7. 导向油缸

导向油缸安装在首节管或顶管掘进机后面，用以调整高程和轴线的偏差。导向油缸的行程一般为 50～100mm，顶力为 500～1000kN。施工中应根据管径大小、顶进方法、顶管掘进机长度、地质条件等因素来选择导向油缸的吨位值。

8. 止水圈

洞口止水圈一般由以下四部分组成（图 14-8）：前止水墙、预埋螺栓、橡胶止水圈。

压板顶管施工中，针对不同构造的工作坑，洞口止水的方式也不同。例如，在钢板桩围成的工作坑中，首先应该在管子顶进前方的坑内，浇筑一道前止水墙，墙体可由级配较高

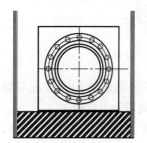

图 14-8　洞口止水圈的构造

的素混凝土构成。其宽度为 2.0～5.0m，具体数据根据管径的不同而定；厚度为 0.3～0.5m；高度为 1.5～4.5m。

如果是钢筋混凝土沉井或用钢筋混凝土浇筑成的方形工作坑，则不必设前止水墙。如果是圆形工作坑，则必须同样浇筑一堵弓形的前止水墙，这时洞口止水圈安装在平面上，而不可能安装在圆弧面上。

9. 垂直吊装和运输设备

一般情况下为桥式起重机（即门式行车）或旋转臂架式起重机（如汽车吊、履带吊），其起重能力必须满足如下各项工作要求：

（1）顶管掘进机和顶进设备的装拆；

（2）顶进管道的吊放和顶铁的装拆；

（3）土方和材料的垂直运输。

10. 土方运输设备

出土运输分为管内运输和场内地面运输两种。管内运输有以下几种：

（1）手掘式顶管一般可选用人力推车、轨道式土斗车、电瓶车等工具进行管内水平运输。

（2）挤压式顶管出土是由设置在顶进工作坑的双滚筒卷扬机牵引轨道上的半圆形土斗车，将挤压口排出的泥土输送至顶进工作坑，然后进行垂直起吊。

（3）小口径泥水平衡顶管掘进机采用水力机械方式将泥浆通过与管路连接的吸泥泵排出并由排泥旁通装置直接输送至地面泥浆沉淀池。

（4）网格水冲式顶管施工则是利用高压水枪将泥土冲碎后，采用水力机械方式，将泥浆通过管路直接输送至地表。

（5）土压平衡顶管掘进机由螺旋输送机控制出土，然后通过电瓶车、皮带输送机将弃土运输至顶进工作坑，再由垂直运输机械吊至地表；或者采用砂石泵直接从螺旋输送机将弃土泵送至地表。

采用水力机械出土方式排泥时，应设置泥浆沉淀池。泥浆池的容积根据实际需要计算得到，输送管路接头应密封，防止渗漏。为降低排泥输送压力，输送管路系统应尽量降低。

11. 注浆系统

应尽量使用螺杆泵以减少脉动现象，浆液应保证搅拌均匀，系统应配置减压系统。在注浆泵出口处 1m 外及掘进机机头注浆处各安装一只隔膜式压力表，便于准确观测注浆压力。

12. 中继站

中继站油缸安装在顶进管道的中间部位作为接力顶进工具。当顶进阻力（即掘进机所受迎面阻力与顶进管道所受摩擦阻力之和）超过主顶工作站的顶推能力、施工管道或者后座装置所允许承受的最大荷载，无法一次到达要求的顶进距离时，则需要在施工的管线之间安装中继站进行辅助施工，实行分段逐级顶进。

中继站主要由多个顶推油缸、特殊的钢制外壳、前后两个特殊的顶进管道和均压环、密封件等组成，顶推油缸均匀地分布于保护外壳内。

中继站主体结构由以下部分组成：

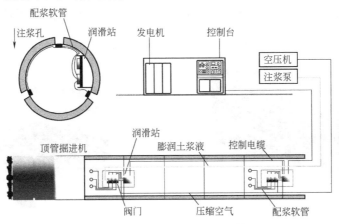

图 14-9 注浆装置和润滑系统

（1）短行程千斤顶组（冲程一般为 15～30cm），千斤顶的规格和性能要求一致；

（2）液压、电气、操纵系统；

（3）壳体和千斤顶紧固件、止水密封圈。

13. 润滑

顶管施工过程中，向管道和地层之间的环状间隙中注入润滑浆液，形成一个比较完整的连续的润滑膜，达到润湿管线，减小管道顶进摩擦阻力的效果。

注浆孔的位置应尽可能均匀地分布于管道周围，其数量和间距依据管道直径和浆液在地层中的扩散性能而定。每个断面可设置 3～5 个注浆孔，均匀地分布于管道周围（图 14-9）。要求注浆孔具有排气功能。

第三节　定向钻技术

一、定向钻技术简介

目前，在天然气、自来水、电力和电信部门定向钻进已是一种普通的施工工艺，由于

在施工精度上的改善，定向钻进也被用于供热、污水管和其他重力管线的铺设。尽管这样，世界上有许多地方、许多行业仍然还在认识普通非开挖和定向钻进非开挖的益处。

定向钻进的钻孔轨迹可以是直的，也可以是逐渐弯曲的。在导向绕过障碍物，或穿越高速公路、河流和铁路时，钻头的

图 14-10　定向钻小角度直接钻进示意图

方向可以调整。钻孔过程可在预先挖好的发射坑和接受坑之间进行，也可在安装钻机的场地，以小角度直接从地表钻进，如图 14-10 所示。

工作管或导管的铺设通常分两步进行。首先是沿所需的轨迹钻导向孔，如图 14-11 所示，然后回扩钻孔以加大孔径适应工作管的要求，如图 14-12 所示。在第二步即回拖过程中，工作管通过旋转接头与扩孔器连接，并随着钻杆的回拖拉入扩大了钻孔。在复杂地层

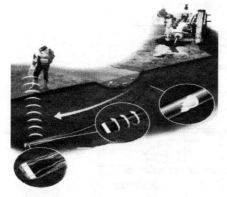

图 14-11　水平导向钻进示意图

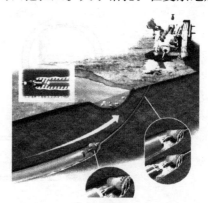

图 14-12　导向钻回拖示意图

条件下，或孔径需增加很大时，可采用多级扩孔的方法将孔径逐步扩大。

近年来，设备能力有了大的改善，非开挖技术的优越性也得到了更多的体现。一些公用管线公司已经设想，在有非开挖可作替代时，要反对采用明挖施工方法（特别是在道路上）。非开挖施工除了有显著的环境效益外，在许多工程应用中，导向孔钻进的相对成本已经降低到明挖法施工之下，即使忽略干扰与延缓交通等的社会成本时也是如此。

二、定向钻设备

1. 钻头

大多数定向钻机采用钻进液辅助碎岩钻头，钻压从钻杆尾部施加。钻头通常都带有一个斜面，所以钻头连续回转时则钻出一个直孔，而保持钻头朝某个方向不回转加压时，则使钻孔发生偏斜。探测器或探头可以安装在钻头内，也可安装在紧靠钻头的地方，探头发出信号，被地面接收器接收或跟踪，从而可以监测钻孔的方位、深度和其他参数。在那些从地表不能稳定跟踪钻孔轨迹的地方，或因钻孔深度太大，用无线电频率方法难以保证定位精度的地方，也可采用有缆式导向系统，其缆线通过钻杆连接。

冲击作用可以加强轴向推力和回转扭矩的效果。冲击力可由钻头上的冲击锤产生，也可由地面设备产生并沿钻杆柱传送，无论哪种方法，都能提高导向钻机在复杂地层中的性能。

2. 钻进液

膨润土和水的混合物是常用的钻进液或"泥浆"，如图 14-13 所示。它能使携带的岩屑处于悬浮状态，并能通过循环系统过滤。导向孔施工完成后，触变泥浆可保持孔壁的稳定，以便于回扩。工作管或导管一般为聚乙烯管或钢管，在扩孔的同时跟在扩孔器后一起捡入。

在大型设备中，多数工作是通过钻杆回转完成的，设备的扭矩与轴向给进力和回拖力一样重要。对于小型设备，通常是先钻一个导向孔，然后将孔径扩大至所需的尺寸，同时将管道随扩孔器拉入，此时使用钻进液有助于破岩、润滑和冷却钻头。在钻进岩石或其他硬地层时，也可用钻

图 14-13　钻进液设备示意图

进液驱动孔底"泥浆马达"，在这种情况下，需要很高的钻进液流速。

简而言之，钻进液性能取决于其成分配方，它可以润滑钻头，减少磨损；可以软化地层，易于钻进；可以携带碎屑返回工作坑；可以在回扩过程中稳定孔壁；可以在回扩和拖管时润滑管道；还可以在钻进硬地层时为泥浆马达提供动力。

一些钻进系统被设计用于无水或钻进液的干式钻进工艺，其操作更简单，废弃物少，不需要太多的现场设备；但受到铺管尺寸和地层条件的限制。

3. 钻机

钻机可大致分为两类：地表发射的和坑内发射的。地表发射钻机通常为履带式，可依靠自己的动力自行走进工地。铺设新管时它们不需要发射坑和接受坑，但管线连接时仍需要开挖。如果要求在地下相同深度连接其他管线，则可能会造成新管的开头几米废弃。坑

内发射钻机在钻孔的两端都需要挖坑，但可在空间受限的地方操作。一些设计更紧凑的钻机的发射坑，可只比接管所需的坑稍大一点就行。钻杆单根的长度受坑的尺寸限制，这可能对铺设速度和钻杆成本造成影响。

坑内发射钻机固定在发射坑中，利用坑的前、后壁承受给进力和回拉力。地表发射钻机有几种桩定方式将钻机锚固在地上，其中，性能完善的钻机桩定系统是液压驱动的。

一些地表发射钻机是整装式的，载有钻进液用搅拌池和泵，以及动力辅助装置、阀和控制系统；也有采用搅拌池和泵等设备分离配置的。钻进液通过钻杆柱内孔泵送到钻头，再从钻杆与孔壁的环形孔内返回，并把破碎下来的钻屑携带至过滤系统进行分离和再循环。

多数定向钻机采用钻进液润滑钻头，把钻屑输送回工作坑并稳定孔壁，也有些钻机设计成干式钻机。干式钻机也有地表发射和坑内发射两种类型。干式钻机比泥浆辅助钻机更趋于紧凑和简单。与完全依赖推进力和回转扭矩不同，干式钻机施工导向孔时采用钻头上的高频气动锤钻进。在概念上，这与置于钻杆柱尾部也起气动冲击作用的冲击矛不同。与采用钻进液辅助钻进的设备一样，冲击锤前的钻头也有一个斜面，当在某个方位停止回转而冲击钻进时，也可控制钻孔轨迹。

钻机，尤其是地表发射钻机，配有一个钻杆自动装卸系统，定长的钻杆装在一个"传送盘"上，随钻进或回扩的过程而自动从钻杆柱上加、减钻杆，这种操作与一个自动的螺纹拧紧和卸开装置配合进行。由于钻杆自动装卸系统能加快施工速度、提高施工安全和减小劳动强度，所以应用日益普遍，即使在小型钻机上也是如此。

4. 钻杆

钻杆（图 14-14）要求很高的物理机械性能，必须有足够的轴向强度承受钻机给进力和回拖力、足够的抗扭强度承受钻机施加的扭矩；要有足够的柔韧性以适应钻进时的方向改变；还要尽可能地轻，以方便运输和使用；同时，还要耐磨损与擦痕。

图 14-14　钻杆示意图

5. 导向仪器

多数定向钻进技术依靠准确的钻孔定位和导向系统。随着电子技术的进步，导向仪器的性能已有明显改善，能获得相当高的精度。

导向系统有多种类型，最常用的是手持式系统，如图 14-15 所示。手持式导向系统以一个装在钻头后部空腔内的探测器或探头为基础。探头发出的无线电信号由地面接收器接收，除了得到地下钻头的位置和深度外，传输的信号还往往包括钻头倾角、斜面面向角、电池电量和探头温度。这些信息通常也转送到钻机附属接收器上，以使钻机操作者可直接掌握孔内信息，从而据此做出任何有必要的轨迹调整。手持式系统的主要限制是，必须要到达直接位于钻头上部的地面。这一缺陷可采用有缆式导向系统或装有电子罗盘的探头来克服。有缆式导向系统用（通过钻杆柱的）电缆从发射器向控制台传送信号。虽然缆线增加了复杂性，但由于不依靠无线电传送信号，对钻孔的导向可以跨越任何地形，并且可以用于受电磁干扰的地方。

图 14-15 手持式导向仪示意图

为使电子元件免受严重动载，一种基于磁性计的导向系统被用于有冲击作用的干式定向钻进上。系统的永久磁铁装在冲击锤体上，当其旋转时即产生磁场，磁场的强度及变化由地表磁力计探测，数据交由计算机处理，从而得到钻头的位置、深度及面向角。

6. 回扩钻具

回扩钻具的选择范围非常广泛，许多都具有特殊设计的用于各种场合的高性能特点。扩孔器大多为子弹头形状，上面装有碳化钨合金齿和喷嘴。扩孔器的后部有一个旋转接头与工作管的拉头相连。对复杂地层条件进行有利的特殊设计，包括用于岩石中扩孔的扩孔头。

铺设小直径的管道、导管或电缆线，可使用直接连接在钻杆上的镶有碳化钨合金齿的锥形扩孔器，这种扩孔器装有空气喷嘴，气流通过钻杆柱进入，在回扩时高速气流有助于清除钻屑。回转及回拉扩孔器用以扩大孔径，同时将（用旋转接头或其他接头连接在扩孔器后的）管道拉入。

对于大直径管道铺设，采用气动锤扩孔器，同样在其后部用旋转接头连接管道。此时对扩孔起主要作用的是气动锤扩孔器的冲击作用，而不是钻机的回拉力，而且回扩过程中也无需回转。

7. 其他附属和辅助设备

除上述主要设备外，大量的附属和辅助设备在定向钻进施工的成功应用中仍起着重要的作用。辅助设备的选择范围非常广泛，许多都具有特殊设计的高性能特点。

用于聚乙烯管的拉头类型很多，包括压力密封式拉头和专用于定向钻进的改进型拉头。定向钻进拉头的一个作用是防止钻进液或碎屑进入工作管道，这对必须无毒的饮用水管特别重要。

旋转接头是扩孔和拉管操作中的基本构件，应设计成防止泥浆和碎屑进入轴承。已有的旋转接头的能力从 5t 以下达到 200t 以上。

一些承包商使用断路式接头保护工作管。断路式接头有一系列在预定载荷下断开的销钉，可根据工作管的允许拉伸载荷断开接头。这种断开式接头不仅减少了疏忽造成损失的风险，而且对那些知道不能超过允许载荷的操作者，也有一种心理作用，不会去试图增大载荷而追求高效率。

其他重要的辅助设备包括聚乙烯管焊接机、管道支护滚筒和电缆牵引器等。

三、土层类型对定向钻进的影响

根据钻进地层的类型，选择定向钻机的能力。通常，均质黏土地层最容易钻进；砂土层要难一些，尤其是其位于地下水位之下或没有自稳能力时；砾石层中钻进会加速钻头的磨损。不带冲击作用或泥浆马达的标准型钻机，一般不适用钻进岩石或坚硬夹层，因为一旦遇到此类障碍物，钻头会无法进尺或偏离设计轨迹。

以钻进液作动力的泥浆马达，可驱动岩石钻头，采用这种技术需要一些动力更大的钻机。提高硬地层钻进效果的另一种方法是，配合推力与回转采用冲击作用。冲击能提高在夹石土层和软弱岩层中的钻进效率与方向控制能力，但并不适用于钻进坚硬岩石、大量块石或者如混凝土类非常坚硬的东西。

第十五章　顶管及定向钻技术在工程中的应用实例

实　例　一

1. 工程概况

本工程位于上海市上中路中环线隧道入口处，贯穿于上中路并与之成 45°斜交，整个箱涵长度为 69m，包括 61m 顶管段和 8m 现浇段。由于上中路为规划中的中环线一部分，本工程靠近建设中的上中路隧道浦西段出口，现场不具备开挖施工的条件，且施工场地位于长桥自来水厂门口，地下管线众多，因此本箱涵工程采用 3.8m×3.8m 矩形顶管法施工。顶管施工结束后，自来水厂过路的 $\phi2000$ 钢管敷设在顶管通道内。该矩形顶管作为管线共同沟，用来敷设自来水管、燃气管等，详见图 15-1～图 15-3。

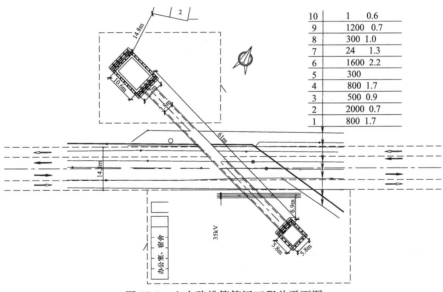

图 15-1　上中路排管箱涵工程总平面图

本工程始发井净尺寸为 9.2m×6.8m，开挖深度 11.1m。接收井净尺寸为 5m×5m，开挖深度 10.8m。基坑围护结构均采用 SMW 工法桩，桩长 21.5m，采用桩径 $\phi850$mm 的进口三轴搅拌桩机进行施工，插入型钢（H700×300）。始发井后靠采用 3 排 $\phi850$mm 搅拌桩进行加固；始发井进、出洞处分别实施两排 $\phi850$mm 搅拌桩对土体进行加固，同时始发井基底 5m、接收井基底 3m 范围内均采用满堂搅拌桩加固，要求 28 天无侧限抗压强度大于 1.2MPa。

本工程为一条长度 61m 的矩形顶管，零坡度推进，平均覆土厚度为 5.7m。通道结构全部采用预制矩形钢筋混凝土管节，管节接口采用 F 形承插式，接缝防水装置采用锯齿形

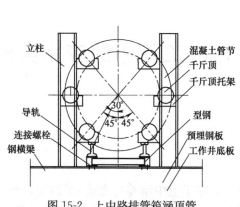

图 15-2　上中路排管箱涵顶管

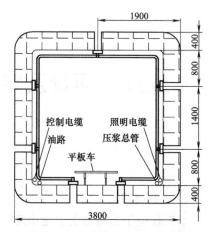

图 15-3　上中路排管箱涵顶管横断图

止水圈和双组分聚硫密封膏。管节外形尺寸为 3800mm×3800mm，管壁厚为 400mm，长度为 2m。管节混凝土强度为 C50，抗渗等级为 P8，本工程管节总用量为 31 节。采用土压平衡式大刀盘矩形顶管机进行掘进施工。

2. 地质情况

工程所在场地属于上海地区滨海平原类型，场地地形较为平坦，工程所处区段地貌形态单一。地面平均标高为 3.96～4.38m（吴淞高程）。

本场地自地表至 40.0m 深度范围内的土层均为第四纪松散沉积物，按其结构特性、土性不同和物理力学性质上的差异可划分为 7 个工程地质层，本工程顶管工程预埋约 5.7m，根据拟建场区的地层分布，顶管在第⑤层灰色淤泥质黏土中顶进。地层特性详见表 15-1。

地层特性 表 15-1

土层层号	土层名称	层厚(m)	层底绝对标高(m)	湿度	状态	密实度	压缩性	土层描述
①	杂填土	1.4～2.8	1.16～2.98			松散		主要为黏性土，夹较多碎石子
②	粉质黏土	0.6～1.4	0.96～1.58	湿	软、可塑		中等	含氧化铁斑及少量的铁锰质结核
③	淤泥质粉质黏土	1.2～3.9	−2.49～−0.01	很湿	流塑		高	夹薄质粉土
④	粉质黏土	0.7～2.5	−3.17～−1.01	饱和		松散		局部为砂质粉土
⑤	淤泥质黏土	7.2～10.5	−11.72～−10.4	饱和	流塑		高	夹薄层粉土
⑥-1	粉质黏土夹薄层砂质粉土	3.5～5.3	−16.3～−14.6	很湿	软塑		中高	夹 3～5cm 砂质粉土
⑥-2	粉砂	4.0～6.2	−21.8～−19.6	饱和	软塑	中密	中	局部为砂质粉土
⑦	粉质黏土	1～4.5	−25.9～−23.8	稍湿	可塑		中	含氧化铁斑及铁锰质结核

本场地浅部地下水属潜水类型，其水位动态为气象型，变化主要受控于大气降水和地面蒸发等影响，补给来源主要是大气降水与地表径流，水位随季节而变化，年平均地下水位一般为 1.2～1.8m，标高为 2.16～3.18m。

3. 管线情况

顶管始发井、接收井及顶管施工影响到的上中路地下的管线情况（从上中路南侧依次往北），详见表 15-2。

管线分布 表 15-2

序号	管线名称	规格、型号/mm	埋深(m)	管材	距工作井距离(m)
1	给水	φ800	1.7	铁	8.7
2	给水	φ2000	0.7	铁	11.8
3	煤气	φ500	0.9	铁	7.5
4	给水	φ800	1.7	铁	11.4
5	污水	φ300		混凝土	14.5
6	雨水	1600	2.2	混凝土	17.1
7	信息	24孔	1.3	缆	20.5
8	给水	300	1.0	铁	22.2
9	给水	1200	0.7	铁	23.7
10	电力	1根	0.6	缆	27.2

4. 顶管施工技术

1) 顶进前的施工准备工作

(1) 地面准备工作：

① 在顶管推进前，按常规进行施工用电、用水、通道、排水及照明等设备的安装；

② 施工材料、设备及机具必须备齐，以满足本工程的施工要求；

③ 井上、井下建立测量控制网，并经复核、认可。

(2) 井下准备工作：

① 洞门安装。由于洞圈与管节间存在着 11.4cm 的建筑空隙，在顶管出洞及正常顶进过程中极易出现外部土体涌入始发井内的严重质量安全事故。为防止此类事故发生，施工前在洞圈上安装帘布橡胶板密封洞圈，橡胶板采用 12mm 厚钢压板作为靠山，压板的螺栓孔采用腰子孔形式，以利于顶进过程中可随管节位置的变动而随时调节，保证帘布橡胶板的密封性能。

② 基座安装。基座定位后必须稳固、正确，在顶进中承受各种负载不位移、不变形、不沉降。基座上的两根轨道必须平行、等高。轨道与顶进轴线平行，导轨高程偏差不超过 3mm，导轨中心水平位移不超过 3mm。

后靠自身的垂直度、与轴线的垂直度对今后的顶进也至关重要。钢后靠根据实际顶进轴线放样安装时，与始发井内衬墙预留一定的空隙，固定后在空隙内填 C20 素混凝土，使钢后靠与墙壁充分接触。这样，顶管顶进中产生的反顶力能均匀分部在内衬墙上。钢后靠的安装高程偏差不超过 5mm，水平偏差不超过 7mm。

顶进轴线偏差控制要求：高程 +80mm，−100mm；水平：+100mm。

③ 主顶的定位及调试验收。主顶的定位关系顶进轴线控制的难易程度，所以在定位时要力求与管节中心轴线呈对称分布，以保证管节的均匀受力。主顶定位后，需进行调试验收，保证 16 个千斤顶的性能完好。

④ 顶管机吊装就位、调试验收。为保证顶管出洞段的轴线控制，顶管机吊下井后，需对顶管机进行精确定位，尽量使顶管机轴线与设计轴线相符。

2) 顶管出洞段顶进施工

（1）封门形式。工作井基坑围护结构采用 SMW 工法，即在水泥土搅拌桩内插入 H 型钢作为围护结构，然后再采用现浇钢筋混凝土进行内部结构的施工。因此混凝土挡墙预埋钢洞圈，SMW 工法即为工作井的洞圈封门。顶管的出洞过程即为搅拌桩内拔除 H 型钢和顶管机头经过出洞段加固区并进入原状土体的过程。

（2）顶管出洞的施工步骤：设备调试→顶管机头靠上洞门→H 型钢拔除→顶管机切削加固土体→机头切口进入原状土、提高正面土压力值至理论计算值。

（3）出洞段顶进施工：

① 起拔 H 型钢措施。

对全套顶进设备做一次系统调试，在确定顶进设备运转情况良好后，把机头顶进洞圈内距 SMW 桩 10cm 左右。H 型钢拔除按由一边向另一边一次拔除的原则进行。起拔时，起重吊装人员应配合默契，保证 H 型钢拔出时迅速和安全。

② 顶进施工。

在洞圈内的 H 型钢全部拔除后，应立即开始顶进机头，由于正面为全断面的水泥土，为保护刀盘，顶进速度应放慢。另外，可能会出现螺旋机出土困难，必要时可加入适量清水来软化或润滑水泥土。顶管机进入原状土后，为防止机头"磕头"，宜适当提高顶进速度，使正面土压力稍大于理论计算值，以减少对正面土体的扰动及出现地面沉降。

（4）出洞段的各类施工参数。顶管机从始发井出洞后，应尽量减少水土流失，控制好地面沉降。应不断根据地面沉降数据的反馈进行参数调整，及时摸索出正面土压力、出土量、顶进速度、注浆量和压力等各种施工参数最佳值，为正常段施工服务。

3）顶管正常段顶进施工

（1）各类施工参数的控制。

① 正面土压力的设定。本工程采用土压平衡式顶管机，利用土压力平衡开挖面土体，达到支护开挖面土体和控制地表沉降的目的，平衡土压力的设定是顶进施工的关键。

正面土压力采用 Rankine 压力理论进行计算：

$$P=K_0\gamma Z$$

式中　P——管道正前方的侧向土压力，kN/m^2；

　　　K_0——软黏土的侧向系数，参考《基坑开挖手册》；

　　　γ——土的重力密度，kN/m^3；

　　　Z——覆土深度，m。

以上理论计算值只能作为土压力的最初设定值，随着顶进施工，土压力值应根据实际顶进参数、地面沉降监测数据进行相应的调整。

② 出土方案及出土量控制。本工程管节内铺设一根 16kg/m 轨道，采用 1 台平板车和 1 只 $3.1m^3$ 土箱出土运输方案。在主顶平台上固定一台卷扬机作为拖动平板车的动力。

一节管节的理论出土量为 $3.8m\times3.8m\times2m\approx29m^3$，在顶进过程中，应尽量精确地统计出每节的出土量，力求使之与理论出土量保持一致，确保正面土体的相对稳定，减少地面沉降量。

（2）顶进轴线控制。

顶管在正常顶进施工中，必须密切注意顶进轴线的控制。在每节管节顶进结束后，必须进行机头的姿态测量，并做到随偏随纠，且纠偏量不宜过大，以免土体出现较大扰动及管节间出现张角。

由于是矩形顶管，因此对管道的横向水平要求较高，所以在顶进过程中对机头的转角要密切注意，机头一旦出现微小转角，应立即采取刀盘反转、加压铁等措施回纠。

（3）地面沉降控制。

在顶进过程中，应合理控制顶进速度，保证连续均衡施工，避免出现长时间搁置情况；不断根据反馈数据进行土压力设定值调整，使之达到最佳状态；严格控制出土量，防止欠挖或超挖。

（4）管节减摩。

为减少土体与管道间的摩阻力，在管道外壁压注触变泥浆，在管道四周形成一圈泥浆套以达到减摩效果，在施工期间要求泥浆不失水、不沉淀、不固结。

泥浆配比见表 15-3。

表 15-3

泥浆配比（kg/cm³）

序号	膨润土	水	纯碱	CMC(CMS)
1	200～250	350	2.5～4.5	1.5～2.5

① 压浆孔及压浆管路布置。压浆系统分为两个独立的子系统。一路为了改良土体的流塑性，对机头内及螺旋机内的土体进行注浆；另一路则是为了形成减摩泥浆套，而对管节外进行注浆。

② 压浆设备及压浆工艺。采用泥浆搅拌机进行制浆，按配比表配制泥浆，纯碱和CMC应预先化开（CMC可以边搅拌边添加），再加入膨润土搅拌 20min，泥浆要充分搅拌均匀。

压浆泵采用 HENY 泵，将其固定在始发井口，拌浆机出料后先注入储浆桶，储浆桶中的浆液拌制后需经过一定时间方可通过 HENY 泵送至井下。注浆压力控制在 0.05MPa 左右。

③ 压浆施工要点：

a. 压浆应专人负责，保证触变泥浆的稳定，在施工期间不失水、不固结、不沉淀。

b. 严格按压浆操作规程施工，在顶进时应及时压注触变泥浆，充填顶进时所形成的建筑空隙，在管节四周形成一泥浆套，减少顶进阻力和地表沉降。

c. 压浆时必须遵循"先压后顶、随顶随压、及时补浆"的原则。

4）顶管进洞段施工

（1）接收井封门形式。

接收井基坑的围护为 SMW 工法围护桩。H 型钢拔除后，为了防机头进洞时洞内土体的塌方，在接收井洞门内预先浇注 25cm 厚的混凝土挡墙，作为接收井的封门形式。顶管机进洞时除了要拔除 H 型钢，还要凿除混凝土挡墙。

（2）顶管机位置、姿态的复核测量。

当顶管机头逐渐靠近接收井时，应加强测量的频率和精度，减少轴线偏差，确保顶管机能准确进洞。对洞门位置的坐标测量复核，并根据实际标高安装顶管机接收基座。

顶管贯通前的测量是复核顶管所处的方位、确认顶管状态、评估顶管进洞时的姿态和拟订顶管进洞的施工轴线及施工方案等的重要依据，使顶管机在此阶段的施工中始终按预定方案实施，以良好的姿态进洞，正确无误地座落到接收井的基座上。

（3）顶管进洞。

因接收井洞门和管节间存在 25cm 的周边间隙，顶管机头进洞时容易引起水土流失，严重时会导致路面沉降、损害地下管线，所以必须采取相应的措施，让顶管机头顺利进洞。

① 在顶管到达距接收井 6m 后，开始停止第一节管节的压浆，并在以后顶进中压浆位置逐渐后移，保证顶管进洞前形成完好的 6m 左右的土塞，避免在进洞过程中减摩泥浆的大量流失而造成管节周边摩阻力骤然上升。

② 在顶管机切口进入接收井洞口加固区域时，应适当减慢顶进速度，调整出土量，逐渐减小机头正面土压力，以确保顶管机设备完好和洞口结构稳定。

③ 当顶管机头距离 H 型钢 50cm 左右时，暂停推进，等待 H 型钢的拔除。H 型钢拔除后，顶管机继续推进，缓慢地靠上接收井墙壁。此时要掌握好实际顶进距离和主顶的压力，当主顶压力突然升高，立即停止推进。

④ 凿除洞门内的混凝土墙，迅速将顶管机头推进接收井，第一节管节离接收井内壁约 30cm 时停止推进，将机头与管节脱开。

5）顶管进洞后的施工

（1）顶管机头吊出。

采用 300t 汽车吊起吊顶管机头，具体实施步骤如下：① 拆除螺旋机，将拆下的螺旋机用出土小车拉至工作井，吊上地面；② 通过伸缩纠偏千斤顶和加设垫块使机头与管节脱开，机头整体向前顶出，并平稳地落在接收平台上；③拆除连接螺栓，将顶管机头分解，分段吊上地面。

（2）浆液置换。

接收井后，马上用砖头砌墙，将两头洞门与管节间的间隙封堵。同时将管节和工作井钢洞门用钢筋连成一体，浇注混凝土，和工作井内壁浇平。

注入双液浆，置换出触变泥浆，对管节外的土体进行加固。双液浆的水玻璃和水泥重量比为 1∶6。

（3）管节间嵌缝。

顶管施工结束后，管间的缝隙采用双组分聚硫密封膏填充。嵌缝前必须将缝隙内的杂质、油污清理干净，做到平整、干净、干燥。配制好的聚硫膏在缝两侧先刮涂一遍，第二次在缝中刮填密封膏到所需高度。要求压紧刮平，防止带入气泡而影响强度和水密性。密封膏表干时间为 24h，7 天后才达到 80％强度，在密封膏在未充分固化前要注意保护，防止雨水侵入。

6）顶管施工测量

（1）顶进轴线架设。按业主所提供的城市坐标点连接出洞和进洞之间的两点坐标及高程，以坐标值的计算建立独立坐标系。

（2）建立施工顶进轴线的观测台。按独立坐标系放样后靠观测台（后台），使它精确地移动至顶管轴线上，用它正确指挥顶管的施工，以后按施工的情况，决定定期复测后台的平面和高程位置。

（3）坡度计算。按三等水准连测两井之间的进出洞的高程，计算实际顶进坡度。

（4）顶管施工测量。在后台架设 J2 型经纬仪一台，在井壁上设置后视控制点（顶进轴线）测顶管机的前标和后标的水平角和竖直角的全测回，采用 fx4500P 计算器编排程序计算顶管的头尾的平面和高程偏离值，正确指导顶管施工。

（5）注意问题。由于顶管施工不同于盾构施工，因此初次放样及顶进中测量极为重要。另外，由于顶管后靠位置在顶进中可能发生变化，后台的布置应保持固定不动，确保顶管施工测量的正确性。

实　例　二

1. 工程概况

太原市集中供热联网工程南中环街主干线（平阳路—新晋祠路），在桩号 0＋570～0＋640 采用顶管穿越南中环滨河东路北匝道。设计管径 2×DN1200。设计参数为 140/80℃，设计压力为 2.5MPa。

2. 施工方案确定

热力管线从设计桩号 0＋570 至 0＋640 段采用顶管方式通过，由于顶管位置多为流砂，人工顶管有可能导致路面的下沉与塌陷，而泥水平衡顶管则可以避免这种情况，所以本次顶管选择泥水平衡顶管方式。顶管采用 D2000×200 混凝土管，顶管中心距地面平均深为 6m。

本次顶管中心距地面平均深为 6m，而且为泥水平衡顶管，压钢板桩无法承受顶管压力，也无法保证工作坑前方的坍塌问题，所以需在桩号 0＋570 处做混凝土沉井一个，沉井后靠背厚度为 1m，其余三面厚度为 0.5m，长度为 7m，宽度为 9m，因顶管长度过长而且需在顶管期间进行注浆减少摩擦，所以两管中心间距为 3.4m。

1）顶管工作量

共计顶管 D2000×200，130m。

2）施工程序

本次顶管施工程序确定如下：施工准备→机头选型→顶管设备安装→顶进→测量→纠偏→清退场。

3）施工进度计划和人员安排

项目管理组织及施工人员组织流程图如图 15-4 所示。

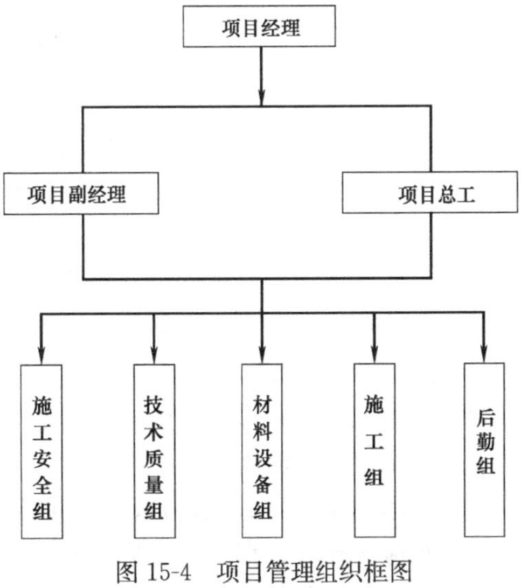

3. 工作井地面设备

工作井的地面需布置一系列与顶管施工有关的设备，如空压设备、液压设备、泥浆站、起重设备等。

（1）空压机：选用多台电动空压机，用于生产压缩空气，经过净化后输入道管内，以保管内工作人员的呼吸安全。另外，采用气压法顶管时，也需要将高压空气输入机头内。气压施顶时，每个工作井需配一台 6m³ 的空压机。

图 15-4　项目管理组织框图

（2）油压系统：选用多台高压油泵，通过高压油路管向顶推油缸输送液压，使用42MPa的高压油泵。中继间和机头内的油泵也布置在工作井地面，统一管理。

（3）泥浆站：在井外用膨润土配制泥浆，供顶管时注浆使用，减少土体与管外壁的摩擦阻力，选用0.8MPa的压浆泵。

（4）起重设备：管节入井及挖出的土提升到井外需用起重设备，使用满足要求的行车吊或起重机，另配吊斗，提升顶管的出土。

4. 井内顶推设备及安装

一个工作井内可选用6台400t的油压千斤顶，油压由电动油泵供给，6台并联供油，千斤顶行程150cm。井内其他设备包括导轨、千斤顶台架、替顶、乘压环、后靠、操作平台、爬梯等。

当工作井封底后，安装好安全围栏和爬梯，然后用龙门吊或者起重机将上述设备吊入井中。主顶设备在井内的安装示意图如图15-5所示。

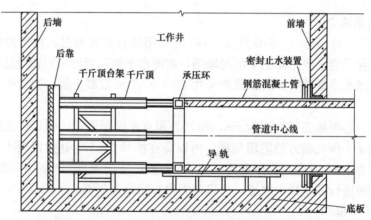

图15-5　入口井主顶设备安装示意图

1）后靠及导轨的安装

（1）后座：千斤顶与后座墙之间设置后靠，后靠与管道轴线垂直，允许垂直度为5mm/m。千斤顶行程不小于1m，并与管轴线平行。顶铁与管间加木垫圈。

（2）导轨：导轨用型钢和P38以上钢轨制作，钢轨焊于型钢上，型钢用螺栓紧固于钢横梁上，以便装拆。钢横梁置于工作井底板上，并与底板上的预埋铁板焊接，使整个导轨系统成为在使用中不会产生位移的、牢固的整体。导轨及千斤顶支架系统如图15-6所示。

2）穿墙止水圈安装

穿墙止水是安装在管节外壁与井壁之间的构件，其主要作用是在顶进过程中防止工作井外的泥、水沿管壁流入井内。

本工程前墙止水圈的组成部分如下：预埋止水圈法兰底盘、橡胶板、钢压板、垫圈与螺栓。

法兰盘应预先埋设在混凝土沉井内，中心正确，端面平整，安装牢固，螺栓丝口应妥善保护，水泥浆应预先清除，如图15-7所示。

3）安装顶管机头

（1）机头吊入工作井前应进行详细检查。

（2）卸机头时应平稳、缓慢，避免冲击、碰撞，并由专人指挥，确保安全。

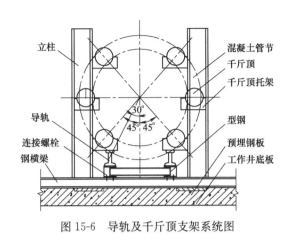

图 15-6 导轨及千斤顶支架系统图

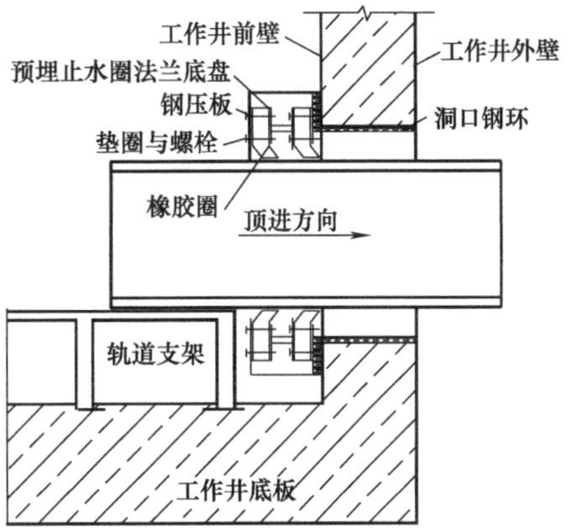

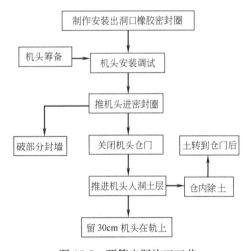

图 15-7 工作井洞口密封结构示意图

（3）机头安放在导轨上后，应测定前后端的中心的方向偏差和相对高差，并做好记录，机头与导轨的接触面必须平稳、吻合。

（4）机头必须对电路、油路、气压、泥浆管路等设备进行逐一连接，各部件连接牢固，不得渗漏，安装正确，并对各分系统进行认真检查和试运行。

5. 顶进施工

1）顶管出洞

顶管出洞是指顶管机头和第一节钢筋混凝土管，从前墙破出洞口封门进入土中，开始正常顶管之前的过程，是顶管的关键工序，也是容易发生事故的工序。

当井内、外的准备工作全部准备好后，可将机头吊放到井内轨道上，调整好方向，开始顶管出洞。工作井壁前墙有机头及管道出洞的预留洞口，为防止井外水土从预留洞口与机头外壁之间的缝隙流入工作井内，预留洞口与管道间设有密封装置。其出洞施工工艺如图 15-8 所示。

图 15-8 顶管出洞施工工艺

当机头前端进入洞口密封圈后，即可破墙出洞，工作井预留洞口是采用砖砌体临时封堵，在顶前采用风镐凿除内层一部分封堵墙体，然后将机头推进，依靠机头前端刃口破除外层墙体，随即进行顶管正常推进。

若工作井周围地下水较丰富，应预先在出洞口的地层内灌注浆，使其土体固结，防止井外的水渗进工作井内。

2）注浆减阻

在管壁外周空隙压注膨润土泥浆，形成一定厚度的泥浆套，利用触变泥浆的润滑作用，以减少顶进阻力，注浆减阻是实现长距离顶管的重要措施之一。

对顶管机头尾端的压浆，要紧随管道顶进同步压浆。为使管道外周围形成的泥浆始终起到支承地层和减阻作用，在后续管道的适当点位，还必须进行跟踪补浆，以补充在顶进中的泥浆损失量。注浆装置和润滑系统如图 15-9 所示。

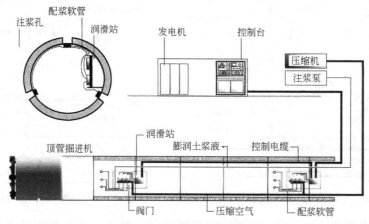

图 15-9 注浆装置和润滑系统

（1）注浆孔布置。

压浆孔是在管节预制时以每条 3 个孔位均匀分布，每三节安装一节有压浆孔的管节以便注浆。

（2）压浆设备。

压浆系统设备包括：①注浆泵（螺杆泵，排量 1000L/min，压力 3MPa）；②搅拌器；③注浆管道（主管 $\phi50$mm 钢管，支管 $\phi25$mm）；④管道阀门和压力计。

（3）浆液配置。

触变泥浆由膨润土、水和掺合剂按一定比例混合而成。本工程拟购置膨润土袋装复合材料，在现场施工加水拌和。

（4）置换泥浆。

顶进完毕后，应对泥浆套的浆液进行置换。置换泥浆采用水泥浆并掺加适量的粉煤灰，以增加稠度，压浆体凝结后（在 24h 以上）拆除管路，封堵管节内壁上的注浆孔。

置换泥浆配合比（质量比）：水：水泥：粉煤灰＝1：0.5：0.5。

3）顶力计算

以本工程顶进最长距离 160m 为例，顶进时所需要的最大推力的理论计算如下。

（1）顶管机正面最大阻力：

$$N＝\pi/4D^2H\gamma＝\pi/4\times2.7^2\times19\times5\approx543.65\text{kN}$$

（2）管道顶进时，160m 管道摩阻力：

$$F_{摩}＝K\pi D_1L＝7\pi\times2.64\times160＝9284.352\text{kN}$$

（3）总顶进阻力：

$$\sum F_{阻}＝N＋F_{摩}＝9284.352＋543.65\approx9828.00\text{kN}$$

式中　N——顶管机正面阻力，kN；

　　　　γ——土重度，kN/m³；

　　　　H——最大覆土深度，m；

　　　　D——顶管机外径，m；

D_1——混凝土管道外径，m；

K——混凝土管道单位面积摩阻力，kN/m^2，取 $7kN/m^2$；

L——混凝土管道长度，m。

一个工作井内选用 4 台 300t 的油压千斤顶能保证顶进施工，加设中继间更能确保顶进施工。

（4）管道允许顶力计算：

$$F_{dc}=0.5f_cA_p\phi_1\phi_2\phi_3/\gamma_{Qd}\phi_5$$
$$=0.5\times0.9\times1.05\times0.85\times50\times\pi\times(1.32^2-1.1^2)\times10^6/1.3\times0.79$$
$$\approx33.57\times10^6/1.027$$
$$\approx32.69\times10^3kN>9828.00kN$$

4）顶进

当机头前端进入洞口密封圈后，即可进行顶管正常推进。在软土地段，顶管机入土长度小于管道直径阶段，采取以下措施防止顶管机头部下沉：①导轨前段尽量接近穿墙管，减少顶管机的悬臂长度；②穿墙作业应迅速连续不可停顿；③应在穿墙管内设置定心环。

（1）主顶站应装计量准确的油压表，严格防止顶力超限。顶进偏差±50mm，确保顶进管道的直线线型，减少由于偏差过大引起对地层的扰动。顶进纠偏应有记录。顶管机进洞前的 3 倍直径范围内，应减慢顶进速度，顶管进洞后，要及时封闭接受孔，防止水土流入井内。

（2）确保机头正面土压力平衡，出土量误差控制在±1％内，避免出土量过少（过多）引起的地面隆起或沉降。

（3）顶进、纠偏。典型的泥水平衡式工具管分前后两段，前后段之间安装纠偏油缸。工具管最前端安装有多刀盘，承受水压力、土压力；后段为操作舱。工具管的后段与跟进管段连接。

① 顶管施工应建立地面、地下测量控制系统，测量控制点设在不易扰动、视线清除、便于校核并易于保护。在工作沉井内架设激光经纬仪和水准仪，对顶进轴线及高程进行测量控制，要坚持"勤测量、勤纠偏、微纠偏"的原则。

开始顶进、出土层时，每顶进 30cm，测量不少于一次；正常顶进时每顶进 100cm，测量不少于一次，并做好测量记录。

② 顶进过程中要保持掘进面土体稳定和泥水舱内泥水压力平衡，并控制顶进速度和方向，减少土体扰动和地层变形。在软土中顶进混凝土管时，为防止管节飘移，宜将 2～3 节管体与顶管机连成一体；钢筋混凝土管接口应保证橡胶圈正确位置；管节间应加垫橡胶圈或薄木板，以保证管节端面受力均匀，防止顶裂。全线贯通后，将管缝用石棉绒水泥砂浆将里口填塞密实、平整。

6. 项目的重点和难点

1）重点、难点

本工程顶管施工的重点为穿越滨河东路北匝道，难点为避免路面下沉。

2）控制地面沉降的措施

顶管期间在穿越房屋和厂房范围内设置地面变形监测网，派专人 24h 不间断地对地面进行测量控制，同时采取以下措施控制地面沉降，确保顶管施工的安全。

（1）顶进偏差标准提高到±30mm，确保顶进管道的直线线型，减少由偏差过大引起的对地层的扰动。

（2）减少顶管推力和顶进速度对于控制地面沉降至关重要。控制顶进速度，顶进速度越快，对土层的扰动就越大。根据试验成果控制顶进速度≤20mm/min。

实　例　三

1. 工程概况

太原市集中供热联网工程南中环街主干线，需穿越滨河西路北匝道。管线沿现状道路顶管通过南中环滨河西路，热力管线沿中间位置敷设，热力管线从设计桩号 3＋370～3＋300 段采用顶管方式通过。

2. 施工方案的确定

顶管位置多为流砂，容易导致路面的下沉与塌陷，所以采用人工顶管机头掘进，先顶进再出土，这样可以尽量避免前方土质的塌陷。所以本次顶管选择人工顶管，并在首节管头处安装掘进机头的顶管方式。一般顶管工程中使用的管节有钢管和混凝土管两种，此次顶管为过路套管，套管内径为 1200mm，外径为 1372mm，为预防管线腐坏决定采用砼管，管质要求：DN＝2000mm，壁厚 20cm，管长 2m。因首节管头处安装有掘进机头，故施工完成后需在 3＋300 处将管头处的掘进机头拆卸并开挖取出，开挖深度为 8.2m。

顶管施工流程图如图 15-10 所示，顶管施工示意图如图 15-11 所示，顶管设备和设施如表 15-4 所示。

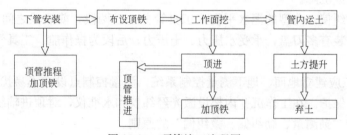

图 15-10　顶管施工流程图

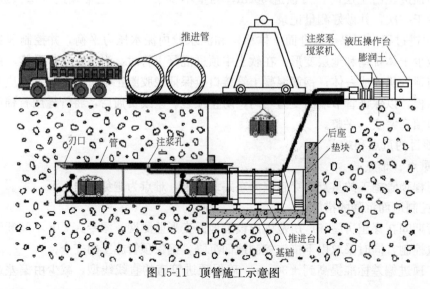

图 15-11　顶管施工示意图

顶管设备和设施 表 15-4

编号	材料名称	规格	数量	备注
1	混凝土管	$DN=2000mm$,壁厚 20cm,管长 2m	66 节	
2	顶铁	2000mm×400mm×500mm	1 根	
3	小顶铁	900mm×400mm×450mm	6 块	
4	50 号导轨	$L=6m$	2 根	
5	方木	20cm×20cm,$L=3m$	16 根	后靠加固
6	槽钢	宽 20cm,长 2m	4 根	导轨下铺与垫层同平
7	千斤顶	500t,长 2m	2 根	

3. 工作坑及设备

1）工作坑

工作坑宽度：本次顶管管底距地面平均深为 6.2m，而且本次施工确定为人工顶管添加机头方式，压钢板桩无法承受顶管压力，而且压钢板桩无法保证工作坑前方的坍塌问题，所以需在桩号 0＋630 处做混凝土井一个，沉井后靠背厚度为 1m，其余三面厚度为 0.8m，长度为 8m，宽度为 8m，由于顶管长度过长而且需在顶管期间进行注浆减少摩擦，所以两管中心间需距 4m，工作井宽度为 8m。

工作坑长度：管节长度取 2m，出土工作空间长度取 3m，千斤顶长度此处取 2m，顶管后靠背总厚度取 200m×200m 方木及 40 号工字钢，所以工作井长度为 $L=8m$。

工作井深度：深度为 7m 左右。

工作坑基础：工作井基础形式为混凝土基础。由于工作坑底板是保持顶进设备及工作平台的持力层，所以必须保证受力要求，采用片石垫层混凝土基础铺满全基坑，片石垫层厚 30cm，混凝土厚 10cm，强度等级 C15。在坑角设集水坑，设水泵以备排水。

2）导轨

本工程计划采用两根 6m 长的 50 号钢导轨。导轨设置在混凝土垫层基础之上，其作用是引导管子按照设计的中心线和坡度顶进，保证管子沿设计中心线顺利进入土层。

两根导轨净距为

$$A=2\sqrt{D^2-[D-(h-e)]^2}$$

式中　D——管道半径，取 1080mm；

　　　h——导轨高度，取 152mm；

　　　e——管外底距垫层距离，取 30mm；

所以 $A=2\sqrt{1080^2-[1080-(152-30)]^2}\approx997.2mm$

安装导管时要先确定管外径及导轨高度，若有出入，导轨净距按此公式调整。

3）后靠

后靠是千斤顶的支撑结构，承受着管子顶进时的全部水平顶力，并将顶力均匀地分布在后座墙上。后靠应具有足够的强度、刚度和稳定性，当最大顶力发生时，不允许产生相对位移和弹性变形。

后靠顶力计算：

$$P_{max}=MD^2L=1.5×2.4^2×66=570.24t$$

式中　M——土质系数，取 1.5；

　　　D——管外径，取 2.4；

L——顶管长度，取 66m。

4）顶进设备

喷石蜡法：人工涂刷石蜡后用喷灯烤化，使石蜡渗流到混凝土管外表的孔隙中，此法可减少顶力 30%～38%。

4. 挖土与顶进

1）管前挖土

管前挖土是保证顶进质量及防止地面沉降的关键。由于管子在顶进中是顺着已挖好的土壁前进，因此管前挖土的方向和开挖形状，直接影响顶进管位的正确性，故管前周围超挖应严格控制。在允许超挖的稳定土层中正常进行顶进时，管端上方允许有≤15mm 的空隙，以减少顶进阻力。管端下部 135°中心角范围内不得超挖，保持管壁与土壁相平，也可留 10mm 厚土层不挖，在管子顶进时切去，防止管端下沉。管前挖出的土方采用自制运土小车，在管壁上滚动推出，用吊车吊垂直运输。

2）顶进

顶进是利用千斤顶出镐在后背不动的情况下，将管子推入土中。其操作过程如下。

（1）安装 U 形顶铁或环形顶铁并挤牢，待管前挖土满足要求后，启动油泵，操作控制阀，使千斤顶进油，活塞伸出一个行程，将管子推进一段距离；

（2）操纵控制阀，使千斤顶反向进油，活塞回缩；

（3）安装顶铁，重复上述操作，直到管端与千斤顶之间可以放下一节管子；

（4）卸下顶铁，下管；

（5）重新装好 U 形顶铁或环形顶铁，重复上述操作。

另外在管道顶进中，发现管前方坍塌，后背倾斜、偏差过大或油泵压力表指针骤增等情况，应停止顶进，查明原因，排除障碍后再继续顶进。

管内用鼓风机确保通风。管内用 36V 照明灯，作为管内施工照明，工作坑外设小型变压器一台。

3）顶管纠偏

在顶管中若发现首节管子发生偏斜，必须及时给予纠正，否则偏斜会越来越严重，甚至发展到无法顶进的地步。出现偏斜的主要原因包括：管节接缝断面与管子中心线不垂直；预挖土洞方向及尺寸不正确；管道周围土层的工作性质差异较大；用两台千斤顶顶进时两台千斤顶顶进速度不同步等。工程中采用人工和机械方法进行校正。

（1）挖土校正法：偏差值为 10～20mm 时可采用此法。当管子偏离设计中心一侧时，可在管子中心另一侧适当超挖，而在偏离一侧少挖或留台，这样继续顶进时，借预留的土体迫使管首逐渐回位。

（2）顶木校正法：当偏差较大或采用挖土校正无效时，采用此法。用圆木或方木，一端顶在偏斜反向的管子内壁上，另一端支撑在垫有木板的管前土层上。开动千斤顶，利用顶木产生的分力使管子得到校正。

实　例　四

1. 工程概况

1）工程概述

本工程为热力管线沿南中环街过汾河水平定向钻穿越工程。根据业主提供图纸及现场实地测量,入钻点定于东侧(距滨河东路78m处),出钻点定于西侧(距滨河西路117m处)。穿越滨河东西路、汾河、南中环桥匝道、防渗墙,穿越长度为820m×2根,最深点为29m,管材采用DN1000mm保温钢管,两根并行的热力管道,分两次进行穿越。管头中心间距不大于3m。如图15-12~图15-14所示。

机具设备需占地80m×35m;入钻侧需开挖15m×10m×2.5m的工作坑,出钻侧占地100m×15m,开挖30m×6m×3m的造斜段。

西侧出土点距晋祠路640m,不满足一次性布管条件,采用二接一拖管方式,回拖管线焊接分为576m、244m(一根管按12m长计算)。

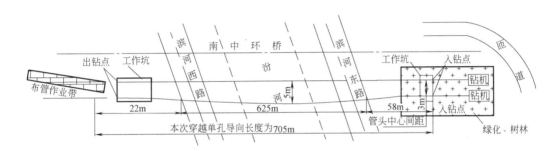

备注:1.本图根据业主提供图纸两侧管头位置所画示意图
2.东侧管头往东50m处为匝道
3.西侧管头往西40m为汾河湾小区围墙;737m处为新晋祠路口
4.引黄管线位置、穿越段匝道桥桩位置不明

图15-12 南中环热力管线过汾河定向钻穿越平面示意图

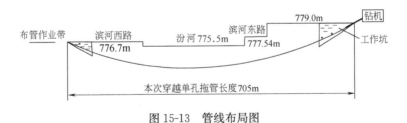

图15-13 管线布局图

2)穿越主要技术参数

穿越主要技术参数详见表15-5。

穿越主要技术参数 表15-5

序号	项 目	内 容
1	穿越管线	DN1000mm 保温钢管
2	最终扩孔直径	ϕ1700mm
3	穿越长度	820m×2
4	拖管长度	820m×2
5	坡度	弧形
6	入土角	11°
7	出土角	5°
8	穿越管线曲率半径	RE=3000D

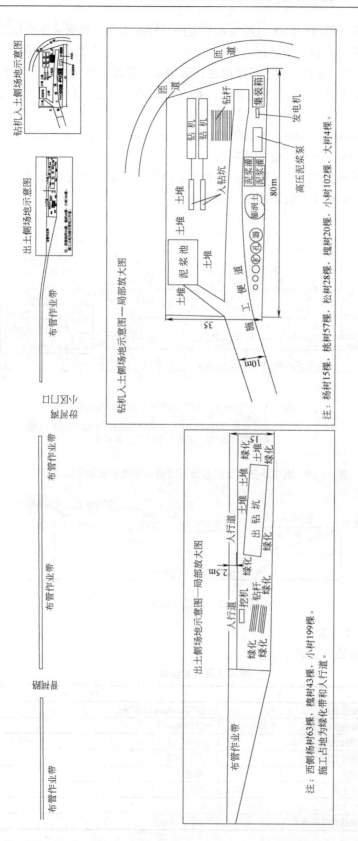

图 15-14　出土侧场地示意图

3）地形、地貌、地质情况

地质情况为细砂，适合穿越。

4）主要工程量表

主要工程量见表 15-6。

主要工程量 表 15-6

序号 项目	项　　目	单位	数量	备注
1	水平定向钻钻导向孔	m	820×2	
2	水平定向钻预扩孔 φ500	m	820×2	
3	水平定向钻预扩孔 φ750	m	820×2	
4	水平定向钻预扩孔 φ900	m	820×2	
5	水平定向钻预扩孔 φ1050	m	820×2	
6	水平定向钻预扩孔 φ1200	m	820×2	
7	水平定向钻预扩孔 φ1350	m	820×2	
8	水平定向钻预扩孔 φ1500	m	820×2	
9	水平定向钻预扩孔 φ1600	m	820×2	
10	水平定向钻预扩孔 φ1700	m	820×2	
11	水平定向钻清孔 φ1700	m	820×2	
12	水平定向钻管道回拖	m	820×2	

2. 施工部署

1）施工任务划分及计划工期

（1）根据该工程特点，施工任务如下：场地三通一平、设备材料进场、安装调试、钻导向孔、预扩孔、管线回拖、现场清理及撤场顺利完成。

（2）计划工期。本工程计划自开钻至管线回拖完工，工期为 38 天。

2）施工准备

（1）技术准备：

① 开工前组织全体参加本次穿越施工人员进行技术交底和安全交底，并进行安全技术培训，要求所有参加人员熟悉本工程的工程特点及技术要求。

② 配备好本工程需要的技术标准、规范及质量标准等。

③ 编制施工方案、施工示意图及预算。

（2）施工机具准备：根据现场实际勘察，为保证施工安全，使用 DDW2700 型水平定向钻机。机具投入情况详见表 15-7。

机具投入情况 表 15-7

序号	设备名称	型号规格	单位	数量
1	水平定向钻机	DDW2700	台	1
2	泥浆搅拌系统	3HS-250	套	1
3	钻杆	9.45m/根	根	200
4	控向系统	DCI	套	1
5	地锚箱		套	1

续表

序号	设备名称	型号规格	单位	数量
6	柴油发电机组	150kW	套	1
7	汽油发电机组	5kW	套	2
8	单斗挖掘机	PC270/360	台	2
9	电焊机	BX1-315-1	台	2
10	吊车	25t	台	1
11	污泥泵	100mm	台	4
12	清水泵	80mm	台	2
13	现场通勤车		台	2
14	货车	20t	台	1

注：1寸≈3.33厘米。

3）管道回拖前的必要措施

（1）回拖防护措施。为保护管道外保温防腐层及管道本身不被破坏，组焊完成后的管线下打土堆、垫管，拖管时用吊车和挖机配合。

（2）管道在焊接完成后，在焊口处采用热缩套，并在热缩套外沿着拖管方向加牺牲套，以保护热缩套。

（3）拖管时在管线后方准备夯管锤，若遇特殊情况，采用夯管锤与钻机的拉力相配合，以保证管线安全顺利地回拖（此项作为一个备用方案，根据扩孔实际情况而定）。

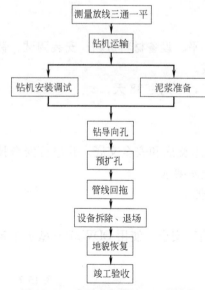

图15-15　水平定向钻施工工艺流程

3. 主要施工方案

1）水平定向钻施工工艺流程

水平定向钻施工工艺流程如图15-15所示。

2）水平定向钻穿越施工技术措施

（1）测量放线。用GPS测出管线路由、管头位置及高程、匝道桥桩具体位置。

（2）场地修筑为满足穿越场地便于穿越主机、动力源、倒运钻杆、拉运膨润土等大型车辆通行，先进行场地的平整，待一切设备材料进场就位后，按照施工要求进行工作坑开挖。

（3）设备进场、组装调试：

① 将钻机、地锚箱、泥浆系统、钻杆、辅助动力源、工具房等就位。

② 连接好各种液压管线、泥浆管线及控制电缆等。

③ 全部组装完毕，仔细检查确认后，认真观察各操作手柄是否回位、各表盘指示是否正常、设备进行试运转、调试钻机系统、调校控向系统、将测量数据存储在计算机内；调试泥浆系统。

（4）泥浆控制：

① 泥浆是定向钻穿越中的关键因素。对泥浆的性能要求高。为克服不利因素，将采

取以下措施：

a. 按照事先确定好的泥浆配比用一级钠基膨润土加上泥浆添加剂，配出符合要求该段工程的泥浆；使用的泥浆添加剂有降失水剂、固壁剂、清屑剂等。

b. 为确保泥浆的性能，保证膨润土有足够的水化时间，采取两套加料配浆系统，延长泥浆的水化时间及循环周期。

② 水源采用自来水，抽入水罐内加碱软化，降低 Ca、Mg 离子含量，改善水质，同时保证泥浆用水的 pH，配置后泥浆的 pH 达到 9～10。

③ 强化各施工阶段泥浆性能调整。

a. 斜孔段：泥浆的流动性能要好，结构性要强，保证钻屑携带和孔眼清洁；控制泥浆的失水，防止塌孔。需增大固壁剂、降失水剂含量。

b. 水平孔段：要及时提高润滑剂剂量，适当降低黏度和切力，保证泥浆的流变性能良好，使钻屑顺利返出地面；增强泥浆的润滑性，减小钻机旋转及推进阻力。

c. 管线回拖阶段：提高泥浆的润滑性，降低摩擦阻力。增强携屑效果；需提高润滑剂剂量。

④ 泥浆的黏度：根据穿越段地层情况，在钻导向孔阶段，泥浆黏度控制在 50～55s；在预扩孔和回拖阶段泥浆黏度提高 5～10s，即达到 55～60s；实际使用过程中，泥浆的配比随地层不同而随之变化，并选用不同的添加剂。

3）定向钻穿越施工

（1）钻机及配套设备就位：将钻机就位在穿越入土侧中心线位置上。钻机就位完成后，进行系统连接、试运转，保证设备正常工作。

（2）测量控向参数：按操作规程标定控向参数，为保证数据准确，在穿越轴线的不同位置测取，且每个位置至少测四次，进行对比，并做好记录，取其有效值的平均值作为控向参照值。

（3）钻机试钻：待钻机场地的设备和仪器准备就绪，钻杆和钻头清扫完毕连接完成后进行试钻，当钻进 1～2 根钻杆后检查各部位运行情况，各种参数正常后正常钻进。

（4）钻导向孔：在导向孔穿越过程中，为保证钻头在穿越地层中顺利的钻进，避免土层松软造成的黏卡或者卡钻现象，在进行泥浆喷射时加入适量的泥浆润滑剂，这样可以保证导向孔孔壁的完整性，减小钻进阻力，防止黏卡现象的发生。在施工中，严格按照施工规范，确保每根钻杆的操作符合设计所规定的曲率半径范围。

（5）预扩孔作业

当导向孔完成，将钻头卸下，安装适合该地层第一级扩孔孔径的扩孔器，检查泥浆后，开始扩孔作业。

① 此次穿越暂定进行三级扩孔加一次清孔，每次预扩孔都进行钻杆和钻具的倒运及钻具连接，确保万无一失。

② 在每级扩孔施工中，要认真观察扩孔情况。如果发生扩孔不顺畅等，反复推拉，必须保证此处孔洞顺畅。

③ 根据地质情况及上一级扩孔情况，合理确定下一级的扩孔尺寸和扩孔器水咀的数量和直径，保证泥浆的压力和流速，从而提高携带能力，减少切屑床的生成。

（6）管线回拖

① 回拖是定向穿越的最后一步，也是最为关键的一步。回拖采用的钻具组合为：钻杆＋φ1350 扩孔器＋万向节＋本次穿越管线。

② 在回拖时进行连续作业，避免因停工造成阻力增大。管线回拖前要仔细检查各连接部位的牢固。

③ 为保证回拖的顺利和防腐层不受破坏，将采取以下措施：连管回拖前，保证预制管线和穿越轴线的一致性，减少管线进入孔洞时的侧向摩擦力，确保保温层完好进入孔洞；在回拖作业时，增加高润滑泥浆，使高润滑泥浆像薄膜一样附着于防腐层表面，保护防腐层；回拖前，焊接人员、设备到位，准备好补口、补伤材料和器具及电火花检漏仪，安排专人巡视管线。

先拖 244m 长的管，到接口处停下进行对口焊接，焊接时段不间断注泥浆。

回拖时注意加强前后场联系，时刻注意表盘的读数。

（7）地貌恢复

穿越完成后，及时进行设备转场、剩余泥浆处理、地貌恢复。

4. 劳动组织、主要消耗材料

（1）劳动组织详见表 15-8。

劳动组织 　　　　　　　　　　　　　　　　　　　　　表 15-8

序号	岗位	单位	数量	备注
1	项目经理	人	1	
2	现场技术	人	1	
3	班组长	人	2	
4	安全员	人	1	
5	控向员	人	2	
6	司钻员	人	2	
7	泥浆工	人	4	
8	现场电工	人	2	
9	技术工人	人	2	
10	普通工人	人	6	
合计		人	23	

（2）主要消耗材料详见表 15-9。

主要消耗材料 　　　　　　　　　　　　　　　　　　　表 15-9

序号	材料名称	规格型号	单位	数量	备注
1	膨润土（一级）	NV-1	t	600	钠土
2	固壁剂	KH-931	t	60	
3	润滑剂	RT-988	t	30	
4	纯碱		t	20	
5	清屑剂	QH-352	t	25	
6	增黏剂	PAC	t	25	
7	万用王		桶	500	
8	发动机油		t	3	中增压柴油机

序号	材料名称	规格型号	单位	数量	备注
9	齿轮油		t	2	
10	丝扣油		t	2	钻杆丝扣保护,进口
11	液压油		t	2	
12	柴油/汽油		L	90000/5000	
13	润滑脂	锂基脂	t	10	
14	铁丝	8号/10号	kg	100/50	

5. 施工进度计划及工期保证措施

(1) 各施工作业队和施工项目部的有关人员要按规定时间提交进度报告,进度报告必须包含以下内容:

① 报告期内完成的主要工程量;

② 工程进展情况;

③ 所遇到的问题和采取的措施;

④ 在下一个报告期内预计要完成的主要内容。

(2) 及时汇总和分析报告,若发现进度滞后于计划,则要分析产生问题的原因,找出补救的措施,及时作出调整。

(3) 作出调整修改计划,并及时通知有关人员。

(4) 定期召开施工生产调度会,对施工所需材料、人员、机具、设备进行综合平衡,充分利用资源,在保证质量的前提下,加快施工进度,确保在规定时间内完成工程施工任务。

6. 工程质量保证措施 (略)

7. 安全生产管理体系 (略)

附　　录

管道基本数据表　　　　　　　　　　　　　　　　　　　附表 3-1

公称直径	外径(m)	内径(m)	壁厚(m)	减薄壁厚(m)	保温管外径(m)	管道横截面积(m²)	管道横截面惯性矩(m⁴)	单位管长总重量(N/m)
DN	D_o	D_i	δ	$\Delta\delta$	D_C	A	I_p	G
$DN40$	0.048	0.043	0.003	0.0005	0.11	0.000357	9.28×10^{-8}	55
$DN50$	0.06	0.054	0.0035	0.0005	0.14	0.000537	2.19×10^{-7}	84
$DN65$	0.076	0.069	0.004	0.0005	0.14	0.000797	5.25×10^{-7}	118
$DN80$	0.089	0.082	0.004	0.0005	0.16	0.00094	8.61×10^{-7}	149
$DN100$	0.108	0.101	0.004	0.0005	0.2	0.001149	1.57×10^{-6}	205
$DN125$	0.133	0.125	0.0045	0.0005	0.225	0.001621	3.38×10^{-6}	292
$DN150$	0.159	0.151	0.0045	0.0005	0.25	0.001948	5.85×10^{-6}	383
$DN200$	0.219	0.2082	0.006	0.0006	0.315	0.003624	2.07×10^{-5}	702
$DN250$	0.273	0.2622	0.006	0.0006	0.365	0.00454	4.07×10^{-5}	989
$DN300$	0.325	0.3122	0.007	0.0006	0.42	0.006406	8.13×10^{-5}	1382
$DN350$	0.377	0.3642	0.007	0.0006	0.5	0.007451	1.28×10^{-4}	1784
$DN400$	0.426	0.4132	0.007	0.0006	0.55	0.008437	1.86×10^{-4}	2192
$DN450$	0.478	0.4652	0.007	0.0006	0.60	0.009482	2.64×10^{-4}	2650
$DN500$	0.529	0.5146	0.008	0.0008	0.655	0.011803	4.02×10^{-4}	3251
$DN600$	0.63	0.6156	0.008	0.0008	0.76	0.014087	6.83×10^{-4}	4395
$DN700$	0.72	0.7036	0.009	0.0008	0.85	0.018337	1.16×10^{-3}	5702
$DN800$	0.82	0.8016	0.01	0.0008	0.96	0.023434	1.93×10^{-3}	7370
$DN900$	0.92	0.8976	0.012	0.0008	1.055	0.031977	3.30×10^{-3}	9367
$DN1000$	1.02	0.9956	0.013	0.0008	1.155	0.038626	4.90×10^{-3}	11397

注：单位管长总重包括介质重量。

$\mu=0.2$ 时管道单位长度摩擦力 F（N/m）　　　　　　附表 4-1

公称管径	管顶埋深									
	0.6m	0.7m	0.8m	0.9m	1.0m	1.1m	1.2m	1.3m	1.4m	1.5m
$DN40$	577	669	760	852	943	1035	1126	1218	1309	1401
$DN50$	743	859	976	1092	1209	1325	1442	1558	1675	1791
$DN65$	750	866	983	1099	1216	1332	1449	1565	1682	1798
$DN80$	864	997	1130	1264	1397	1530	1663	1796	1929	2062
$DN100$	1095	1261	1428	1594	1761	1927	2094	2260	2426	2593
$DN125$	1252	1439	1626	1814	2001	2188	2375	2563	2750	2937

公称管径	管顶埋深									
	0.6m	0.7m	0.8m	0.9m	1.0m	1.1m	1.2m	1.3m	1.4m	1.5m
DN150	1411	1619	1828	2036	2244	2452	2660	2868	3076	3284
DN200	1851	2113	2375	2637	2899	3161	3423	3686	3948	4210
DN250	2205	2509	2812	3116	3420	3724	4027	4331	4635	4938
DN300	2618	2967	3317	3666	4016	4365	4715	5064	5414	5763
DN350	3200	3616	4032	4448	4864	5280	5696	6112	6528	6944
DN400	3604	4062	4519	4977	5435	5892	6350	6808	7265	7723
DN450	4025	4524	5023	5523	6022	6521	7020	7520	8019	8518
DN500	4515	5060	5605	6151	6696	7241	7786	8331	8876	9421
DN600	5474	6107	6739	7372	8004	8637	9269	9901	10534	11166
DN700	6386	7093	7801	8508	9215	9923	10630	11337	12045	12752
DN800	7545	8344	9143	9942	10740	11539	12338	13137	13936	14735
DN900	8684	9562	10440	11318	12196	13074	13952	14829	15707	16585
DN1000	9896	10857	11818	12779	13740	14702	15663	16624	17585	18546

注：当管道摩擦系数 $\mu \neq 0.2$ 时，管道的单位长度摩擦力为 $F_\mu = F_{0.2} \times \dfrac{\mu}{0.2}$；管道摩擦系数 $\mu = 0.4$ 时，管道的单位长度最大摩擦力 $F_{0.4} = 2F_{0.2}$。

压力 2.5MPa、温差 140℃ 时过渡段最大长度及热伸长（m）　　　　附表 5-1

埋深	1.4m		1.2m		1.0m		0.8m		0.6m	
管径	L_{max}	ΔL_{max}	L_{max}	ΔL_{max}	L_{max}	ΔL_{max}	L_{max}	ΔL_{max}	L_{max}	ΔL_{max}
DN40	77	0.070	90	0.081	108	0.097	133	0.120	176	0.158
DN50	91	0.082	105	0.095	126	0.113	156	0.140	204	0.184
DN65	133	0.120	154	0.139	184	0.166	228	0.205	298	0.269
DN80	135	0.122	156	0.141	186	0.168	230	0.208	301	0.272
DN100	128	0.116	148	0.134	176	0.160	217	0.197	283	0.257
DN125	157	0.143	182	0.166	216	0.197	266	0.242	345	0.314
DN150	65	0.097	75	0.113	89	0.134	109	0.164	141	0.213
DN200	94	0.141	108	0.163	128	0.192	156	0.234	200	0.301
DN250	96	0.146	111	0.168	130	0.197	159	0.240	202	0.306
DN300	116	0.176	133	0.202	157	0.237	190	0.287	240	0.363
DN350	108	0.165	124	0.189	145	0.221	175	0.267	221	0.336
DN400	107	0.163	122	0.187	143	0.218	172	0.263	215	0.329
DN450	105	0.161	120	0.184	140	0.215	168	0.258	209	0.322
DN500	119	0.182	135	0.208	157	0.242	188	0.289	233	0.359
DN600	112	0.174	127	0.197	147	0.229	175	0.272	216	0.334
DN700	127	0.198	144	0.224	166	0.258	197	0.305	240	0.373
DN800	140	0.217	158	0.245	181	0.282	213	0.331	258	0.401
DN900	175	0.270	197	0.304	225	0.348	263	0.406	316	0.489
DN1000	187	0.290	210	0.325	240	0.371	279	0.431	333	0.515

注：1. 阴影部分为在该条件下直管段不允许出现锚固段，此时的最大过渡段长度即为过渡段最大允许安装长度。热伸长为在该安装长度下的热伸长。

　　2. 埋深为管顶覆土深度。

压力 2.5MPa、温差 130℃时过渡段最大长度及热伸长（m）　　　　附表 5-2

埋深	1.4m		1.2m		1.0m		0.8m		0.6m	
管径	L_{max}	ΔL_{max}	L_{max}	ΔL_{max}	L_{max}	ΔL_{max}	L_{max}	ΔL_{max}	L_{max}	ΔL_{max}
DN40	77	0.065	90	0.075	108	0.09	133	0.111	176	0.147
DN50	91	0.076	105	0.088	126	0.105	156	0.13	204	0.171
DN65	133	0.111	154	0.129	184	0.154	228	0.191	298	0.25
DN80	135	0.113	156	0.131	186	0.156	230	0.193	301	0.253
DN100	128	0.108	148	0.125	176	0.149	217	0.184	283	0.239
DN125	157	0.133	182	0.154	216	0.183	266	0.225	345	0.293
DN150	164	0.14	189	0.162	224	0.192	275	0.235	357	0.305
DN200	236	0.202	272	0.233	322	0.275	392	0.336	504	0.431
DN250	240	0.208	276	0.239	325	0.281	395	0.342	504	0.436
DN300	289	0.25	332	0.288	390	0.338	472	0.409	598	0.518
DN350	267	0.234	306	0.268	359	0.313	433	0.378	545	0.476
DN400	107	0.15	122	0.171	143	0.2	172	0.241	215	0.302
DN450	105	0.148	120	0.169	140	0.197	168	0.237	209	0.295
DN500	119	0.167	135	0.191	157	0.222	188	0.265	233	0.329
DN600	112	0.16	127	0.181	147	0.21	175	0.249	216	0.307
DN700	127	0.181	144	0.206	166	0.237	197	0.28	240	0.342
DN800	140	0.199	158	0.225	181	0.259	213	0.304	258	0.368
DN900	175	0.248	197	0.279	225	0.32	263	0.373	316	0.449
DN1000	187	0.266	210	0.299	240	0.341	279	0.396	333	0.473

注：1. 阴影部分为在该条件下直管段不允许出现锚固段，此时的最大过渡段长度即为过渡段最大允许安装长度。热伸长为在该安装长度下的热伸长。

　　2. 埋深为管顶覆土深度。

压力 2.5MPa、温差 120℃时过渡段最大长度及热伸长（m）　　　　附表 5-3

埋深	1.4m		1.2m		1.0m		0.8m		0.6m	
管径	L_{max}	ΔL_{max}	L_{max}	ΔL_{max}	L_{max}	ΔL_{max}	L_{max}	ΔL_{max}	L_{max}	ΔL_{max}
DN40	77	0.06	90	0.07	108	0.083	133	0.103	176	0.136
DN50	91	0.07	105	0.081	126	0.097	156	0.12	204	0.158
DN65	133	0.103	154	0.12	184	0.143	228	0.176	298	0.231
DN80	135	0.105	156	0.122	186	0.145	230	0.179	301	0.234
DN100	128	0.1	148	0.116	176	0.138	217	0.17	283	0.222
DN125	157	0.123	182	0.143	216	0.17	266	0.209	345	0.271
DN150	164	0.13	189	0.15	224	0.178	275	0.218	357	0.282
DN200	236	0.187	272	0.216	322	0.255	392	0.311	504	0.399
DN250	240	0.192	276	0.221	325	0.261	395	0.317	504	0.404
DN300	289	0.232	332	0.267	390	0.313	472	0.379	598	0.48
DN350	267	0.217	306	0.248	359	0.291	433	0.351	545	0.442
DN400	261	0.213	299	0.244	349	0.285	420	0.343	526	0.43

埋深	1.4m		1.2m		1.0m		0.8m		0.6m	
管径	L_{max}	ΔL_{max}	L_{max}	ΔL_{max}	L_{max}	ΔL_{max}	L_{max}	ΔL_{max}	L_{max}	ΔL_{max}
DN450	254	0.21	290	0.239	338	0.279	405	0.335	506	0.418
DN500	288	0.237	328	0.27	381	0.314	455	0.375	565	0.466
DN600	266	0.223	302	0.253	350	0.293	415	0.348	511	0.428
DN700	302	0.253	342	0.287	394	0.331	466	0.391	569	0.477
DN800	330	0.277	373	0.313	429	0.36	504	0.423	610	0.512
DN900	418	0.348	471	0.392	538	0.448	629	0.524	756	0.629
DN1000	447	0.373	502	0.419	572	0.477	665	0.555	794	0.663

注：埋深为管顶覆土深度。

压力 2.5MPa、温差 110℃ 时过渡段最大长度及热伸长（m）　　　　附表5-4

埋深	1.4m		1.2m		1.0m		0.8m		0.6m	
管径	L_{max}	ΔL_{max}	L_{max}	ΔL_{max}	L_{max}	ΔL_{max}	L_{max}	ΔL_{max}	L_{max}	ΔL_{max}
DN40	72	0.051	84	0.06	100	0.071	125	0.088	164	0.116
DN50	85	0.06	99	0.07	118	0.084	146	0.104	191	0.136
DN65	125	0.089	145	0.103	173	0.123	214	0.153	281	0.2
DN80	128	0.092	149	0.106	177	0.127	219	0.156	286	0.205
DN100	124	0.089	143	0.103	170	0.123	210	0.151	274	0.197
DN125	153	0.111	177	0.128	211	0.152	259	0.187	337	0.243
DN150	163	0.119	189	0.137	224	0.163	274	0.2	355	0.259
DN200	236	0.172	272	0.199	322	0.235	392	0.286	504	0.368
DN250	240	0.177	276	0.204	325	0.24	395	0.292	504	0.373
DN300	289	0.214	332	0.246	390	0.288	472	0.349	598	0.442
DN350	267	0.2	306	0.229	359	0.268	433	0.324	545	0.408
DN400	261	0.197	299	0.225	349	0.263	420	0.317	526	0.397
DN450	254	0.194	290	0.221	338	0.258	405	0.309	506	0.386
DN500	288	0.219	328	0.25	381	0.29	455	0.347	565	0.43
DN600	266	0.206	302	0.234	350	0.271	415	0.322	511	0.396
DN700	302	0.234	342	0.265	394	0.306	466	0.361	569	0.441
DN800	330	0.257	373	0.29	429	0.333	504	0.391	610	0.474
DN900	418	0.322	471	0.362	538	0.414	629	0.484	756	0.582
DN1000	447	0.345	502	0.387	572	0.441	665	0.513	794	0.613

注：埋深为管顶覆土深度。

压力 1.6MPa、温差 120℃时过渡段最大长度及热伸长（m）　　　附表 5-5

埋深	1.4m		1.2m		1.0m		0.8m		0.6m	
管径	L_{max}	ΔL_{max}	L_{max}	ΔL_{max}	L_{max}	ΔL_{max}	L_{max}	ΔL_{max}	L_{max}	ΔL_{max}
DN40	80	0.061	92	0.071	110	0.085	137	0.105	180	0.138
DN50	93	0.072	108	0.083	129	0.099	160	0.123	210	0.161
DN65	137	0.105	159	0.122	190	0.146	235	0.18	308	0.236
DN80	140	0.108	162	0.125	193	0.149	239	0.184	312	0.24
DN100	134	0.104	155	0.12	184	0.143	227	0.176	296	0.229
DN125	165	0.128	191	0.148	227	0.176	280	0.217	363	0.281
DN150	174	0.136	202	0.157	239	0.186	293	0.228	380	0.296
DN200	252	0.197	291	0.227	343	0.268	419	0.327	538	0.419
DN250	261	0.205	301	0.236	354	0.278	431	0.338	549	0.431
DN300	315	0.248	362	0.284	425	0.334	514	0.404	652	0.512
DN350	297	0.235	340	0.269	398	0.315	480	0.38	605	0.479
DN400	295	0.235	337	0.268	394	0.314	474	0.377	594	0.473
DN450	292	0.234	334	0.267	389	0.312	467	0.374	583	0.466
DN500	330	0.264	376	0.301	438	0.35	523	0.418	649	0.519
DN600	317	0.256	360	0.291	417	0.337	496	0.401	610	0.493
DN700	360	0.291	408	0.33	471	0.381	556	0.45	680	0.55
DN800	396	0.321	448	0.362	514	0.416	604	0.489	732	0.592
DN900	491	0.396	553	0.445	633	0.509	739	0.595	889	0.715
DN1000	528	0.425	592	0.477	675	0.544	785	0.633	938	0.756

注：埋深为管顶覆土深度。

压力 1.6MPa、温差 110℃时过渡段最大长度及热伸长（m）　　　附表 5-6

埋深	1.4m		1.2m		1.0m		0.8m		0.6m	
管径	L_{max}	ΔL_{max}	L_{max}	ΔL_{max}	L_{max}	ΔL_{max}	L_{max}	ΔL_{max}	L_{max}	ΔL_{max}
DN40	73	0.051	85	0.06	101	0.071	126	0.088	166	0.116
DN50	86	0.06	100	0.07	119	0.084	147	0.104	193	0.136
DN65	126	0.089	147	0.104	175	0.123	216	0.153	284	0.2
DN80	130	0.092	150	0.106	179	0.127	221	0.157	289	0.205
DN100	125	0.089	145	0.103	173	0.123	213	0.151	278	0.197
DN125	156	0.111	180	0.128	214	0.152	263	0.188	342	0.244
DN150	166	0.119	192	0.138	228	0.163	280	0.2	363	0.26
DN200	241	0.173	278	0.199	328	0.235	400	0.287	514	0.368
DN250	255	0.184	293	0.212	345	0.249	420	0.303	535	0.387
DN300	308	0.222	353	0.255	415	0.3	502	0.363	636	0.46
DN350	294	0.214	337	0.246	395	0.288	477	0.347	601	0.437
DN400	295	0.216	337	0.247	394	0.289	474	0.347	594	0.435
DN450	292	0.216	334	0.246	389	0.287	467	0.344	583	0.43

埋深	1.4m		1.2m		1.0m		0.8m		0.6m	
管径	L_{max}	ΔL_{max}	L_{max}	ΔL_{max}	L_{max}	ΔL_{max}	L_{max}	ΔL_{max}	L_{max}	ΔL_{max}
DN500	330	0.243	376	0.277	438	0.322	523	0.385	649	0.478
DN600	317	0.236	360	0.269	417	0.311	496	0.369	610	0.455
DN700	360	0.269	408	0.304	471	0.351	556	0.415	680	0.507
DN800	396	0.296	448	0.334	514	0.384	604	0.451	732	0.546
DN900	491	0.365	553	0.41	633	0.47	739	0.548	889	0.659
DN1000	528	0.392	592	0.44	675	0.502	785	0.583	938	0.697

注：埋深为管顶覆土深度。

压力 1.6MPa、温差 85℃时过渡段最大长度及热伸长（m） 　　附表5-7

埋深	1.4m		1.2m		1.0m		0.8m		0.6m	
管径	L_{max}	ΔL_{max}	L_{max}	ΔL_{max}	L_{max}	ΔL_{max}	L_{max}	ΔL_{max}	L_{max}	ΔL_{max}
DN40	56	0.031	65	0.036	78	0.043	97	0.053	127	0.07
DN50	66	0.036	77	0.042	91	0.05	113	0.062	149	0.081
DN65	97	0.053	113	0.062	134	0.074	166	0.091	218	0.119
DN80	100	0.055	115	0.063	137	0.076	170	0.093	222	0.122
DN100	96	0.053	111	0.062	132	0.073	163	0.09	213	0.118
DN125	119	0.066	138	0.077	164	0.091	202	0.112	262	0.145
DN150	127	0.071	147	0.082	174	0.097	214	0.12	277	0.155
DN200	184	0.103	212	0.119	251	0.14	306	0.171	393	0.22
DN250	194	0.11	224	0.126	263	0.149	320	0.181	408	0.231
DN300	235	0.133	269	0.152	316	0.179	383	0.216	485	0.274
DN350	224	0.128	257	0.146	301	0.171	363	0.207	457	0.261
DN400	226	0.13	258	0.149	302	0.174	363	0.209	455	0.262
DN450	228	0.132	260	0.151	303	0.176	363	0.211	453	0.263
DN500	256	0.148	292	0.169	340	0.197	406	0.235	504	0.292
DN600	253	0.149	288	0.169	333	0.196	396	0.233	487	0.287
DN700	288	0.169	327	0.192	377	0.222	445	0.262	544	0.32
DN800	318	0.187	359	0.211	412	0.243	484	0.285	587	0.346
DN900	388	0.227	437	0.255	500	0.292	584	0.341	702	0.41
DN1000	418	0.245	469	0.275	535	0.313	622	0.364	743	0.435

注：埋深为管顶覆土深度。

压力 1.6MPa、温差 75℃时过渡段最大长度及热伸长（m） 　　附表5-8

埋深	1.4m		1.2m		1.0m		0.8m		0.6m	
管径	L_{max}	ΔL_{max}	L_{max}	ΔL_{max}	L_{max}	ΔL_{max}	L_{max}	ΔL_{max}	L_{max}	ΔL_{max}
DN40	49	0.024	57	0.028	69	0.033	85	0.041	112	0.054
DN50	58	0.028	67	0.033	80	0.039	100	0.048	131	0.063

续表

埋深	1.4m		1.2m		1.0m		0.8m		0.6m	
管径	L_{max}	ΔL_{max}	L_{max}	ΔL_{max}	L_{max}	ΔL_{max}	L_{max}	ΔL_{max}	L_{max}	ΔL_{max}
DN65	86	0.041	99	0.048	118	0.057	146	0.071	192	0.093
DN80	88	0.043	102	0.049	121	0.059	149	0.073	195	0.095
DN100	84	0.041	98	0.048	116	0.057	143	0.07	187	0.092
DN125	105	0.052	121	0.06	144	0.071	177	0.087	230	0.113
DN150	112	0.055	129	0.064	153	0.076	188	0.093	243	0.121
DN200	162	0.08	186	0.092	220	0.109	269	0.133	345	0.171
DN250	170	0.085	196	0.098	230	0.116	280	0.141	357	0.179
DN300	205	0.103	236	0.118	277	0.139	335	0.168	425	0.213
DN350	196	0.099	224	0.114	263	0.133	317	0.161	399	0.203
DN400	197	0.101	226	0.115	263	0.135	317	0.162	397	0.203
DN450	198	0.103	227	0.117	264	0.137	317	0.164	395	0.204
DN500	223	0.115	255	0.132	296	0.153	354	0.183	439	0.227
DN600	220	0.116	250	0.131	290	0.152	344	0.181	424	0.222
DN700	251	0.132	284	0.149	328	0.172	387	0.203	473	0.248
DN800	276	0.145	312	0.164	359	0.189	421	0.221	510	0.268
DN900	338	0.176	380	0.198	435	0.227	508	0.265	611	0.319
DN1000	364	0.19	408	0.213	466	0.243	541	0.283	647	0.338

注：埋深为管顶覆土深度。

压力1.6MPa、温差65℃时过渡段最大长度及热伸长（m）　　附表5-9

埋深	1.4m		1.2m		1.0m		0.8m		0.6m	
管径	L_{max}	ΔL_{max}	L_{max}	ΔL_{max}	L_{max}	ΔL_{max}	L_{max}	ΔL_{max}	L_{max}	ΔL_{max}
DN40	43	0.018	50	0.021	59	0.025	73	0.031	97	0.041
DN50	50	0.021	58	0.024	69	0.029	86	0.036	113	0.047
DN65	74	0.031	86	0.036	102	0.043	126	0.053	166	0.07
DN80	75	0.032	88	0.037	104	0.044	129	0.055	169	0.071
DN100	73	0.031	84	0.036	100	0.043	124	0.053	161	0.069
DN125	90	0.039	104	0.045	124	0.053	153	0.065	198	0.085
DN150	96	0.041	111	0.048	131	0.057	161	0.07	209	0.09
DN200	139	0.06	160	0.069	189	0.082	231	0.1	296	0.128
DN250	146	0.064	168	0.074	198	0.087	240	0.106	307	0.135
DN300	176	0.077	202	0.089	237	0.104	287	0.126	364	0.16
DN350	168	0.074	192	0.085	225	0.1	271	0.121	342	0.152
DN400	168	0.076	193	0.087	225	0.101	271	0.122	340	0.152
DN450	169	0.077	193	0.088	225	0.102	270	0.123	337	0.153
DN500	191	0.086	217	0.099	253	0.115	302	0.137	375	0.17
DN600	187	0.086	213	0.098	246	0.114	293	0.135	360	0.166

埋深	1.4m		1.2m		1.0m		0.8m		0.6m	
管径	L_{max}	ΔL_{max}	L_{max}	ΔL_{max}	L_{max}	ΔL_{max}	L_{max}	ΔL_{max}	L_{max}	ΔL_{max}
DN700	213	0.098	241	0.112	278	0.129	329	0.152	402	0.186
DN800	235	0.109	265	0.123	305	0.141	358	0.166	434	0.201
DN900	288	0.132	324	0.148	370	0.17	433	0.198	520	0.239
DN1000	310	0.142	348	0.16	396	0.182	461	0.212	550	0.253

注：埋深为管顶覆土深度。

压力1.6MPa、温差50℃时过渡段最大长度及热伸长（m）　　附表5-10

埋深	1.4m		1.2m		1.0m		0.8m		0.6m	
管径	L_{max}	ΔL_{max}	L_{max}	ΔL_{max}	L_{max}	ΔL_{max}	L_{max}	ΔL_{max}	L_{max}	ΔL_{max}
DN40	33	0.011	38	0.012	45	0.015	56	0.018	74	0.024
DN50	38	0.012	44	0.014	53	0.017	66	0.021	86	0.028
DN65	56	0.018	65	0.021	78	0.025	96	0.031	126	0.041
DN80	57	0.019	67	0.022	79	0.026	98	0.032	128	0.042
DN100	55	0.018	64	0.021	76	0.025	94	0.031	122	0.041
DN125	68	0.023	79	0.026	94	0.031	116	0.039	150	0.05
DN150	72	0.024	84	0.028	99	0.034	122	0.041	158	0.053
DN200	105	0.036	121	0.041	143	0.048	174	0.059	224	0.076
DN250	110	0.038	126	0.043	148	0.051	181	0.062	230	0.079
DN300	132	0.046	152	0.052	178	0.061	216	0.074	273	0.094
DN350	125	0.044	144	0.05	168	0.059	203	0.071	256	0.089
DN400	125	0.044	143	0.051	168	0.059	202	0.071	253	0.09
DN450	125	0.045	143	0.051	167	0.06	200	0.072	250	0.09
DN500	141	0.051	161	0.058	187	0.067	224	0.08	278	0.1
DN600	138	0.051	156	0.057	181	0.067	215	0.079	265	0.097
DN700	157	0.058	177	0.065	205	0.075	242	0.089	295	0.109
DN800	172	0.064	195	0.072	224	0.082	263	0.097	319	0.117
DN900	212	0.077	239	0.087	273	0.1	319	0.116	384	0.14
DN1000	228	0.083	256	0.094	292	0.107	340	0.124	406	0.148

注：埋深为管顶覆土深度。

压力1.0MPa、温差120℃时过渡段最大长度及热伸长（m）　　附表5-11

埋深	1.4m		1.2m		1.0m		0.8m		0.6m	
管径	L_{max}	ΔL_{max}	L_{max}	ΔL_{max}	L_{max}	ΔL_{max}	L_{max}	ΔL_{max}	L_{max}	ΔL_{max}
DN40	80	0.061	93	0.071	111	0.085	138	0.105	182	0.139
DN50	94	0.072	109	0.083	130	0.1	162	0.123	212	0.162
DN65	139	0.106	161	0.123	192	0.147	238	0.182	312	0.238
DN80	143	0.109	166	0.127	197	0.151	244	0.186	319	0.244

续表

埋深	1.4m		1.2m		1.0m		0.8m		0.6m	
管径	L_{max}	ΔL_{max}	L_{max}	ΔL_{max}	L_{max}	ΔL_{max}	L_{max}	ΔL_{max}	L_{max}	ΔL_{max}
DN100	138	0.106	160	0.122	190	0.146	234	0.18	305	0.234
DN125	171	0.131	198	0.152	235	0.18	289	0.222	375	0.288
DN150	182	0.14	210	0.162	249	0.192	306	0.235	396	0.305
DN200	263	0.202	303	0.233	358	0.276	437	0.337	560	0.432
DN250	275	0.213	317	0.246	373	0.289	454	0.352	579	0.448
DN300	333	0.258	382	0.296	448	0.347	543	0.421	688	0.533
DN350	316	0.246	362	0.282	424	0.33	512	0.398	645	0.502
DN400	317	0.248	363	0.284	424	0.331	510	0.398	640	0.5
DN450	318	0.249	364	0.285	424	0.332	508	0.398	634	0.497
DN500	359	0.281	409	0.32	476	0.373	568	0.445	705	0.553
DN600	351	0.277	399	0.315	462	0.365	549	0.433	676	0.533
DN700	400	0.315	453	0.357	522	0.412	617	0.487	754	0.595
DN800	441	0.348	498	0.393	572	0.451	672	0.53	814	0.642
DN900	540	0.425	608	0.478	696	0.547	813	0.639	977	0.769
DN1000	581	0.458	653	0.514	744	0.586	865	0.681	1033	0.813

注：埋深为管顶覆土深度。

压力 1.0MPa、温差 110℃时过渡段最大长度及热伸长（m）　　　　　　附表 5-12

埋深	1.4m		1.2m		1.0m		0.8m		0.6m	
管径	L_{max}	ΔL_{max}	L_{max}	ΔL_{max}	L_{max}	ΔL_{max}	L_{max}	ΔL_{max}	L_{max}	ΔL_{max}
DN40	73	0.051	85	0.06	102	0.071	126	0.088	166	0.116
DN50	86	0.06	100	0.07	119	0.084	148	0.104	194	0.136
DN65	127	0.089	148	0.104	176	0.123	218	0.153	286	0.2
DN80	131	0.092	152	0.106	180	0.127	223	0.157	292	0.205
DN100	127	0.089	147	0.103	174	0.123	215	0.151	281	0.197
DN125	157	0.111	182	0.128	216	0.152	266	0.188	346	0.244
DN150	168	0.119	195	0.138	231	0.163	283	0.201	367	0.26
DN200	244	0.173	281	0.199	332	0.235	406	0.287	521	0.368
DN250	259	0.184	298	0.212	351	0.25	427	0.304	544	0.387
DN300	313	0.223	359	0.256	422	0.3	511	0.363	647	0.46
DN350	300	0.215	344	0.246	403	0.288	486	0.348	613	0.438
DN400	304	0.218	348	0.25	407	0.292	489	0.351	613	0.44
DN450	308	0.222	352	0.254	411	0.296	492	0.355	614	0.443
DN500	347	0.25	396	0.285	460	0.331	549	0.396	682	0.491
DN600	346	0.251	393	0.285	456	0.331	541	0.393	666	0.483
DN700	394	0.286	446	0.324	515	0.374	608	0.442	743	0.539
DN800	435	0.316	491	0.357	564	0.41	663	0.481	803	0.583
DN900	529	0.383	595	0.431	681	0.493	795	0.575	956	0.692
DN1000	570	0.413	640	0.463	729	0.528	848	0.614	1013	0.733

注：埋深为管顶埋深。

压力 1.0MPa、温差 85℃ 时过渡段最大长度及热伸长（m）　附表 5-13

埋深	1.4m		1.2m		1.0m		0.8m		0.6m	
管径	L_{max}	ΔL_{max}	L_{max}	ΔL_{max}	L_{max}	ΔL_{max}	L_{max}	ΔL_{max}	L_{max}	ΔL_{max}
DN40	57	0.031	66	0.036	78	0.043	97	0.053	128	0.07
DN50	66	0.036	77	0.042	92	0.05	114	0.062	150	0.081
DN65	98	0.053	114	0.062	136	0.074	168	0.091	220	0.119
DN80	101	0.055	117	0.064	139	0.076	172	0.093	225	0.122
DN100	97	0.053	113	0.062	134	0.073	165	0.09	216	0.118
DN125	121	0.066	140	0.077	166	0.091	205	0.112	266	0.145
DN150	129	0.071	150	0.082	177	0.098	218	0.12	282	0.155
DN200	187	0.103	216	0.119	255	0.14	311	0.171	400	0.22
DN250	198	0.11	228	0.127	269	0.149	327	0.181	417	0.231
DN300	240	0.133	275	0.153	323	0.179	391	0.217	496	0.275
DN350	230	0.128	263	0.147	308	0.172	372	0.207	469	0.261
DN400	233	0.13	266	0.149	311	0.174	374	0.209	469	0.263
DN450	235	0.133	269	0.151	313	0.177	376	0.212	469	0.264
DN500	265	0.149	302	0.17	351	0.198	419	0.236	521	0.293
DN600	264	0.15	300	0.17	347	0.197	412	0.234	507	0.288
DN700	300	0.17	340	0.193	392	0.223	463	0.263	566	0.322
DN800	331	0.188	374	0.213	430	0.244	505	0.287	611	0.348
DN900	403	0.228	454	0.257	519	0.294	606	0.343	729	0.413
DN1000	434	0.246	487	0.276	556	0.315	646	0.366	772	0.437

注：埋深为管顶覆土深度。

压力 1.0MPa、温差 75℃ 时过渡段最大长度及热伸长（m）　附表 5-14

埋深	1.4m		1.2m		1.0m		0.8m		0.6m	
管径	L_{max}	ΔL_{max}	L_{max}	ΔL_{max}	L_{max}	ΔL_{max}	L_{max}	ΔL_{max}	L_{max}	ΔL_{max}
DN40	50	0.024	58	0.028	69	0.033	86	0.041	113	0.054
DN50	59	0.028	68	0.033	81	0.039	100	0.048	132	0.063
DN65	86	0.041	100	0.048	119	0.057	148	0.071	194	0.093
DN80	89	0.043	103	0.049	122	0.059	151	0.073	198	0.095
DN100	86	0.041	99	0.048	118	0.057	146	0.07	190	0.092
DN125	106	0.052	123	0.06	146	0.071	180	0.087	234	0.113
DN150	114	0.055	131	0.064	156	0.076	191	0.093	248	0.121
DN200	165	0.08	190	0.093	224	0.109	274	0.133	351	0.171
DN250	174	0.086	201	0.099	236	0.116	287	0.141	366	0.18
DN300	210	0.103	242	0.119	284	0.139	344	0.169	435	0.214
DN350	202	0.1	231	0.114	271	0.134	327	0.161	411	0.203
DN400	204	0.101	233	0.116	272	0.135	328	0.163	411	0.204
DN450	206	0.103	235	0.118	274	0.137	329	0.165	411	0.205

续表

埋深	1.4m		1.2m		1.0m		0.8m		0.6m	
管径	L_{max}	ΔL_{max}	L_{max}	ΔL_{max}	L_{max}	ΔL_{max}	L_{max}	ΔL_{max}	L_{max}	ΔL_{max}
DN500	232	0.116	265	0.132	308	0.154	367	0.184	456	0.228
DN600	231	0.116	262	0.132	303	0.153	360	0.182	444	0.224
DN700	262	0.133	297	0.15	343	0.173	405	0.205	495	0.25
DN800	289	0.146	327	0.165	376	0.19	441	0.223	535	0.27
DN900	353	0.177	397	0.2	454	0.228	530	0.267	638	0.321
DN1000	380	0.191	427	0.215	486	0.245	565	0.285	675	0.34

注：埋深为管顶覆土深度。

压力 1.0MPa、温差 65℃时过渡段最大长度及热伸长（m）　　附表 5-15

埋深	1.4m		1.2m		1.0m		0.8m		0.6m	
管径	L_{max}	ΔL_{max}	L_{max}	ΔL_{max}	L_{max}	ΔL_{max}	L_{max}	ΔL_{max}	L_{max}	ΔL_{max}
DN40	43	0.018	50	0.021	60	0.025	74	0.031	98	0.041
DN50	51	0.021	59	0.024	70	0.029	87	0.036	114	0.047
DN65	75	0.031	87	0.036	103	0.043	128	0.053	167	0.07
DN80	77	0.032	89	0.037	106	0.044	131	0.055	171	0.071
DN100	74	0.031	86	0.036	102	0.043	126	0.053	164	0.069
DN125	92	0.039	106	0.045	126	0.053	155	0.065	202	0.085
DN150	98	0.042	113	0.048	134	0.057	165	0.07	214	0.091
DN200	142	0.06	164	0.07	193	0.082	236	0.1	303	0.129
DN250	150	0.064	173	0.074	203	0.087	247	0.106	316	0.135
DN300	181	0.078	208	0.089	244	0.105	296	0.127	375	0.161
DN350	173	0.075	199	0.086	233	0.1	281	0.121	354	0.153
DN400	175	0.076	200	0.087	234	0.102	282	0.122	353	0.153
DN450	177	0.077	202	0.088	236	0.103	282	0.124	352	0.154
DN500	199	0.087	227	0.099	264	0.115	315	0.138	392	0.171
DN600	198	0.087	224	0.099	260	0.115	309	0.137	380	0.168
DN700	225	0.099	255	0.113	294	0.13	347	0.154	424	0.188
DN800	248	0.11	280	0.124	322	0.142	378	0.167	458	0.203
DN900	302	0.133	340	0.15	389	0.171	455	0.2	547	0.241
DN1000	326	0.144	366	0.161	417	0.184	485	0.214	579	0.255

注：埋深为管顶覆土深度。

压力 1.0MPa、温差 50℃时过渡段最大长度及热伸长（m）　　附表 5-16

埋深	1.4m		1.2m		1.0m		0.8m		0.6m	
管径	L_{max}	ΔL_{max}	L_{max}	ΔL_{max}	L_{max}	ΔL_{max}	L_{max}	ΔL_{max}	L_{max}	ΔL_{max}
DN40	33	0.011	38	0.012	46	0.015	57	0.018	75	0.024
DN50	39	0.012	45	0.014	54	0.017	66	0.021	87	0.028

续表

埋深	1.4m		1.2m		1.0m		0.8m		0.6m	
管径	L_{max}	ΔL_{max}	L_{max}	ΔL_{max}	L_{max}	ΔL_{max}	L_{max}	ΔL_{max}	L_{max}	ΔL_{max}
DN65	57	0.018	66	0.021	79	0.025	98	0.032	128	0.041
DN80	58	0.019	68	0.022	81	0.026	100	0.032	131	0.042
DN100	56	0.018	65	0.021	78	0.025	96	0.031	125	0.041
DN125	70	0.023	81	0.027	96	0.031	118	0.039	154	0.05
DN150	75	0.025	86	0.028	102	0.034	126	0.041	163	0.054
DN200	108	0.036	125	0.041	147	0.049	180	0.059	230	0.076
DN250	114	0.038	131	0.044	154	0.051	188	0.063	239	0.08
DN300	137	0.046	158	0.053	185	0.062	224	0.075	284	0.095
DN350	131	0.044	150	0.051	176	0.059	212	0.072	268	0.09
DN400	132	0.045	151	0.051	177	0.06	212	0.072	266	0.09
DN450	133	0.046	152	0.052	177	0.061	213	0.073	265	0.091
DN500	150	0.051	171	0.059	199	0.068	237	0.081	295	0.101
DN600	148	0.051	168	0.058	195	0.068	231	0.08	285	0.099
DN700	168	0.059	191	0.066	220	0.077	260	0.09	318	0.11
DN800	186	0.065	210	0.073	241	0.084	283	0.099	343	0.119
DN900	227	0.078	255	0.088	292	0.101	341	0.118	410	0.142
DN1000	244	0.085	274	0.095	313	0.108	364	0.126	434	0.15

注：埋深为管顶覆土深度。

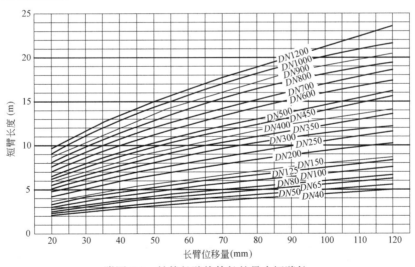

附图 7-1　补偿长臂热伸长的最小短臂长

温差 120℃，R_c＝1.5D 等臂 L 形补偿弯管的最大允许臂长及过渡段长度（m）　附表 7-1

埋深	1.4m		1.2m		1.0m		0.8m		0.6m	
DN	$L_{max,b}$	l_t	$L_{max,b}$	l_t	$L_{max,b}$	l_t	$L_{max,b}$	l_t	$L_{max,b}$	l_t
40	12.7	37	12.3	43	12.0	51	11.6	62	11.4	80
50	14.4	44	14.0	50	13.6	59	13.3	72	13.0	92

埋深	1.4m		1.2m		1.0m		0.8m		0.6m	
DN	$L_{max,b}$	l_t	$L_{max,b}$	l_t	$L_{max,b}$	l_t	$L_{max,b}$	l_t	$L_{max,b}$	l_t
70	16.7	64	16.3	73	16.0	86	15.7	104	15.4	132
80	17.3	65	16.9	74	16.5	87	16.2	106	15.9	134
100	19.5	62	19.0	71	18.5	83	18.1	101	17.7	127
125	22.0	76	21.5	87	21.0	102	20.6	122	20.2	153
150	22.5	82	22.0	93	21.6	109	21.2	130	20.8	163
200	28.2	116	27.7	131	27.3	152	26.8	181	26.4	224
250	32.3	121	31.7	137	31.1	159	30.6	188	30.1	231
300	36.7	145	36.0	163	35.4	188	34.8	221	34.3	270
350	40.3	138	39.4	155	38.6	178	37.9	209	37.3	254
400	44.1	138	43.1	156	42.2	178	41.3	209	40.5	252
450	48.2	139	47.0	156	45.9	179	44.9	209	44.0	251
500	52.0	156	50.7	174	49.6	199	48.6	231	47.7	276
600	60.2	153	58.4	171	56.9	194	55.6	224	54.3	266
700	70.3	171	68.2	191	66.4	215	64.7	247	63.3	291
800	74.4	187	72.4	208	70.6	233	68.9	266	67.5	311
900	80.6	228	78.8	252	77.1	282	75.6	321	74.2	373
1000	87.7	244	85.7	269	83.9	301	82.3	341	80.7	394

注：$L_{max,b}$ 表示最大允许臂长；l_t 表示过渡段长度。

温差 110℃，$R_C = 1.5D$ 等臂 L 形补偿弯管的最大允许臂长及过渡段长度（m）　附表 7-2

埋深	1.4m		1.2m		1.0m		0.8m		0.6m	
DN	$L_{max,b}$	l_t	$L_{max,b}$	l_t	$L_{max,b}$	l_t	$L_{max,b}$	l_t	$L_{max,b}$	l_t
40	14.6	34	14.0	40	13.5	47	13.0	57	12.6	74
50	16.6	40	15.9	46	15.3	54	14.8	66	14.4	85
70	18.9	58	18.4	67	17.9	79	17.5	96	17.1	122
80	19.6	60	19.0	69	18.5	80	18.0	97	17.6	124
100	22.4	57	21.6	66	20.9	77	20.3	93	19.7	117
125	25.1	70	24.3	80	23.6	94	23.0	113	22.4	142
150	25.6	75	24.8	86	24.2	100	23.6	120	23.1	151
200	31.9	107	31.1	121	30.5	140	29.8	167	29.3	207
250	36.6	112	35.7	127	34.8	146	34.1	174	33.4	214
300	41.5	133	40.5	151	39.7	173	38.8	204	38.1	250
350	45.9	127	44.6	143	43.5	164	42.4	193	41.5	235
400	50.6	127	49.0	143	47.6	164	46.4	193	45.2	233
450	55.7	128	53.8	144	52.1	165	50.6	192	49.3	232
500	59.9	143	57.9	161	56.2	183	54.7	213	53.4	255
600	70.5	140	67.5	157	65.1	178	63.0	206	61.1	245

埋深	1.4m		1.2m		1.0m		0.8m		0.6m	
DN	$L_{max,b}$	l_t	$L_{max,b}$	l_t	$L_{max,b}$	l_t	$L_{max,b}$	l_t	$L_{max,b}$	l_t
700	82.9	157	79.2	175	76.2	198	73.7	228	71.4	269
800	87.4	172	83.9	191	80.9	215	78.4	246	76.1	287
900	93.6	210	90.6	232	87.9	260	85.6	297	83.5	345
1000	102.0	225	98.7	248	95.8	277	93.3	315	91.0	365

注：$L_{max,b}$表示最大允许臂长，l_t表示过渡段长度。

温差 85℃，R_c＝1.5D 等臂 L 形补偿弯管的最大允许臂长及过渡段长度（m）

附表 7-3

埋深	1.4m		1.2m		1.0m		0.8m		0.6m	
DN	$L_{max,b}$	l_t	$L_{max,b}$	l_t	$L_{max,b}$	l_t	$L_{max,b}$	l_t	$L_{max,b}$	l_t
40	∞	—	25.3	31	21.1	37	19.1	45	17.8	58
50	∞	—	27.9	36	23.8	43	21.7	52	20.3	67
65	31.5	46	28.3	52	26.3	62	24.8	75	23.6	96
80	32.8	46	29.3	53	27.2	63	25.7	76	24.4	98
100	∞	—	36.2	51	32.1	60	29.6	73	27.8	92
125	45.5	55	38.9	63	35.5	74	33.2	89	31.4	112
150	43.8	58	38.9	67	35.9	78	33.8	94	32.2	119
200	50.7	83	47.0	95	44.4	110	42.3	132	40.6	164
250	60.9	87	55.4	99	51.7	114	49.0	136	46.8	169
300	67.2	104	62.1	117	58.4	136	55.6	161	53.3	197
350	83.1	98	72.2	111	66.3	128	62.2	152	59.0	185
400	∞	—	83.5	111	74.7	128	69.2	151	65.2	183
450	∞	—	100.3	111	84.7	128	77.1	150	72.0	182
500	∞	—	103.9	125	90.5	142	83.1	167	77.9	201
600	∞	—	∞	—	117.6	138	101.1	160	92.4	192
700	∞	—	∞	—	151.8	154	122.4	178	110.3	211
800	∞	—	∞	—	153.9	167	129.2	191	117.4	225
900	∞	—	∞	—	150.6	203	135.9	232	126.3	272
1000	∞	—	∞	—	167.4	216	149.9	247	139.0	287

注："∞"表示管段允许无限长；$L_{max,b}$表示最大允许臂长；l_t表示过渡段长度。

温差 75℃，R_c＝1.5D 等臂 L 形补偿弯管的最大允许臂长及过渡段长度（m）　附表 7-4

埋深	1.4m		1.2m		1.0m		0.8m		0.6m	
DN	$L_{max,b}$	l_t	$L_{max,b}$	l_t	$L_{max,b}$	l_t	$L_{max,b}$	l_t	$L_{max,b}$	l_t
40	∞	—	∞	—	∞	—	24.9	40	21.7	52
50	∞	—	∞	—	∞	—	28.1	46	24.7	59
65	∞	—	45.5	46	34.1	55	30.5	67	28.2	86

续表

埋深	1.4m		1.2m		1.0m		0.8m		0.6m	
DN	$L_{max,b}$	l_t	$L_{max,b}$	l_t	$L_{max,b}$	l_t	$L_{max,b}$	l_t	$L_{max,b}$	l_t
80	∞	—	∞	—	35.5	56	31.7	68	29.3	87
100	∞	—	∞	—	48.7	53	37.9	65	33.9	82
125	∞	—	∞	—	48.6	65	41.8	79	38.1	100
150	∞	—	∞	—	47.8	69	42.2	83	38.8	105
200	∞	—	65.2	84	56.7	97	52.0	117	48.7	146
250	∞	—	∞	—	68.1	101	61.1	121	56.6	150
300	∞	—	89.8	104	75.9	120	69.0	142	64.4	175
350	∞	—	∞	—	93.4	113	79.7	134	72.5	164
400	∞	—	∞	—	∞	—	91.5	133	81.3	162
450	∞	—	∞	—	∞	—	107.4	132	91.5	161
500	∞	—	∞	—	∞	—	114.0	147	98.7	178
600	∞	—	∞	—	∞	—	∞	—	124.4	169
700	∞	—	∞	—	∞	—	∞	—	156.4	186
800	∞	—	∞	—	∞	—	∞	—	165.8	199
900	∞	—	∞	—	∞	—	∞	—	169.2	240
1000	∞	—	∞	—	∞	—	∞	—	189.6	254

注："∞"表示管段允许无限长，未列出管径部分均为"∞"；$L_{max,b}$表示最大允许臂长；l_t表示过渡段长度。

温差120℃，R_c＝3D 等臂 L 形补偿弯管的最大允许臂长及过渡段长度（m）　　附表 7-5

埋深	1.4m		1.2m		1.0m		0.8m		0.6m	
DN	$L_{max,b}$	l_t	$L_{max,b}$	l_t	$L_{max,b}$	l_t	$L_{max,b}$	l_t	$L_{max,b}$	l_t
40	26.1	37	23.3	43	21.6	51	20.4	62	19.4	80
50	29.3	44	26.4	50	24.6	59	23.2	72	22.1	92
70	31.0	64	29.3	73	28.0	86	26.9	104	26.0	132
80	32.2	65	30.4	74	29.0	87	27.9	106	26.9	134
100	38.9	62	35.7	71	33.5	83	31.8	101	30.5	127
125	42.4	76	39.7	87	37.6	102	36.0	122	34.6	153
150	42.6	82	40.2	93	38.3	109	36.8	130	35.5	163
200	52.1	116	49.8	131	48.0	152	46.4	181	45.0	224
250	61.1	121	58.0	137	55.6	159	53.5	188	51.8	231
300	68.7	145	65.7	163	63.1	188	61.0	221	59.1	270
350	79.1	138	74.3	155	70.7	178	67.7	209	65.2	254
400	90.3	138	83.5	156	78.6	178	74.9	209	71.8	252
450	105.0	139	94.4	156	87.8	179	82.9	209	79.1	251
500	110.8	156	101.0	174	94.5	199	89.6	231	85.7	276
600	∞	—	128.5	171	115.1	194	106.8	224	100.7	266
700	∞	—	161.2	191	139.5	215	128.0	247	119.9	291

续表

埋深	1.4m		1.2m		1.0m		0.8m		0.6m	
DN	$L_{max,b}$	l_t	$L_{max,b}$	l_t	$L_{max,b}$	l_t	$L_{max,b}$	l_t	$L_{max,b}$	l_t
800	∞	—	165.6	208	146.8	233	135.7	266	127.8	311
900	189.4	228	167.3	252	154.7	282	145.8	321	138.8	373
1000	213.3	244	185.5	269	170.7	301	160.4	341	152.5	394

注："∞"表示管段允许无限长；$L_{max,b}$表示最大允许臂长；l_t表示过渡段长度。

温差 110℃，$R_C=3D$ 等臂 L 形补偿弯管的最大允许臂长及过渡段长度（m）　附表 7-6

埋深	1.4m		1.2m		1.0m		0.8m		0.6m	
DN	$L_{max,b}$	l_t	$L_{max,b}$	l_t	$L_{max,b}$	l_t	$L_{max,b}$	l_t	$L_{max,b}$	l_t
40	∞	—	29.8	40	25.7	47	23.4	57	21.9	74
50	∞	—	33.3	46	29.1	54	26.7	66	25.0	85
70	38.0	58	34.6	67	32.3	79	30.6	96	29.2	122
80	39.6	60	35.9	69	33.5	80	31.7	97	30.2	124
100	∞	—	44.2	66	39.5	77	36.6	93	34.5	117
125	54.9	70	47.8	80	43.9	94	41.2	113	39.1	142
150	53.3	75	47.9	86	44.5	100	42.0	120	40.0	151
200	62.5	107	58.3	121	55.2	140	52.7	167	50.6	207
250	75.4	112	68.9	127	64.5	146	61.1	174	58.4	214
300	83.6	133	77.5	151	73.0	173	69.6	204	66.8	250
350	103.9	127	90.6	143	83.3	164	78.1	193	74.2	235
400	∞	—	105.5	143	94.3	164	87.3	193	82.2	233
450	∞	—	129.0	144	107.7	165	97.9	192	91.2	232
500	∞	—	133.6	161	115.3	183	105.6	213	98.9	255
600	∞	—	∞	—	155.2	178	130.6	206	118.6	245
700	∞	—	∞	—	∞	—	160.9	228	143.2	269
800	∞	—	∞	—	∞	—	169.6	246	152.5	287
900	∞	—	∞	—	199.6	260	177.1	297	163.6	345
1000	∞	—	∞	—	225.2	277	196.9	315	181.0	365

注："∞"表示管段允许无限长；$L_{max,b}$表示最大允许臂长；l_t表示过渡段长度。

温差 85℃，$R_C=3D$ 等臂 L 形补偿弯管的最大允许臂长及过渡段长度（m）　附表 7-7

埋深	1.4m		1.2m		1.0m		0.8m		0.6m	
DN	$L_{max,b}$	l_t	$L_{max,b}$	l_t	$L_{max,b}$	l_t	$L_{max,b}$	l_t	$L_{max,b}$	l_t
40	∞	—	∞	—	∞	—	∞	—	35.1	58
50	∞	—	∞	—	∞	—	∞	—	40.0	67
70	∞	—	∞	—	∞	—	51.0	75	43.7	96
80	∞	—	∞	—	∞	—	53.5	76	45.5	98

续表

埋深	1.4m		1.2m		1.0m		0.8m		0.6m	
DN	$L_{max,b}$	l_t	$L_{max,b}$	l_t	$L_{max,b}$	l_t	$L_{max,b}$	l_t	$L_{max,b}$	l_t
100	∞	—	∞	—	∞	—	∞	—	55.3	92
125	∞	—	∞	—	∞	—	80.0	89	61.1	112
150	∞	—	∞	—	∞	—	75.1	94	61.6	119
200	∞	—	∞	—	∞	—	87.2	132	76.5	164
250	∞	—	∞	—	∞	—	110.6	136	91.3	169
300	∞	—	∞	—	∞	—	122.1	161	103.8	197
350	∞	—	∞	—	∞	—	∞	—	124.0	185
400	∞	—	∞	—	∞	—	∞	—	150.0	183
450	∞	—	∞	—	∞	—	∞	—	∞	—
500	∞	—	∞	—	∞	—	∞	—	∞	—
600	∞	—	∞	—	∞	—	∞	—	∞	—
700	∞	—	∞	—	∞	—	∞	—	∞	—
800	∞	—	∞	—	∞	—	∞	—	∞	—
900	∞	—	∞	—	∞	—	∞	—	∞	—
1000	∞	—	∞	—	∞	—	∞	—	∞	—

注："∞"表示管段允许无限长；$L_{max,b}$表示最大允许臂长；l_t表示过渡段长度。

温差75℃，$R_c=3DN$等臂L形补偿弯管的最大允许臂长及过渡段长度（m）　附表7-8

埋深	1.4m		1.2m		1.0m		0.8m		0.6m	
DN	$L_{max,b}$	l_t	$L_{max,b}$	l_t	$L_{max,b}$	l_t	$L_{max,b}$	l_t	$L_{max,b}$	l_t
40	∞	—	∞	—	∞	—	∞	—	∞	—
50	∞	—	∞	—	∞	—	∞	—	∞	—
70	∞	—	∞	—	∞	—	∞	—	58.6	86
80	∞	—	∞	—	∞	—	∞	—	61.7	87
100	∞	—	∞	—	∞	—	∞	—	∞	—
125	∞	—	∞	—	∞	—	∞	—	∞	—
150	∞	—	∞	—	∞	—	∞	—	90.1	105
200	∞	—	∞	—	∞	—	∞	—	103.8	146
250	∞	—	∞	—	∞	—	∞	—	141.4	150
300	∞	—	∞	—	∞	—	∞	—	153.9	175
350	∞	—	∞	—	∞	—	∞	—	∞	—
400	∞	—	∞	—	∞	—	∞	—	∞	—
450	∞	—	∞	—	∞	—	∞	—	∞	—
500	∞	—	∞	—	∞	—	∞	—	∞	—
600	∞	—	∞	—	∞	—	∞	—	∞	—
700	∞	—	∞	—	∞	—	∞	—	∞	—
800	∞	—	∞	—	∞	—	∞	—	∞	—

埋深	1.4m		1.2m		1.0m		0.8m		0.6m	
DN	$L_{max,b}$	l_t	$L_{max,b}$	l_t	$L_{max,b}$	l_t	$L_{max,b}$	l_t	$L_{max,b}$	l_t
900	∞	—	∞	—	∞	—	∞	—	∞	—
1000	∞	—	∞	—	∞	—	∞	—	∞	—

注："∞"分表示管段允许无限长，未列出管径部分均为"∞"；对于所有 3DN 弯头，温差在 $\Delta T = t_1 - t_0 \leqslant 70$℃，管顶覆土 $H \geqslant 0.6$m 时的两臂都允许无限长；$L_{max,b}$ 表示最大允许臂长；l_t 表示过渡段长度。

温差 120℃，$R_C = 6D$ 等臂 L 形补偿弯管的最大允许臂长及过渡段长度（m）

附表 7-9

埋深	1.4m		1.2m		1.0m		0.8m		0.6m	
DN	$L_{max,b}$	l_t	$L_{max,b}$	l_t	$L_{max,b}$	l_t	$L_{max,b}$	l_t	$L_{max,b}$	l_t
40	∞	—	∞	—	∞	—	42.1	62	35.9	80
50	∞	—	∞	—	∞	—	47.9	72	41.1	92
70	∞	—	∞	—	58.3	86	50.9	104	46.7	132
80	∞	—	∞	—	61.2	87	53.1	106	48.5	134
100	∞	—	∞	—	∞	—	66.1	101	57.3	127
125	∞	—	∞	—	94.4	102	72.2	122	64.5	153
150	∞	—	∞	—	86.6	109	72.4	130	65.4	163
200	∞	—	∞	—	100.0	152	89.2	181	82.5	224
250	∞	—	∞	—	127.8	159	107.5	188	97.4	231
300	∞	—	∞	—	140.7	188	121.9	221	111.4	270
350	∞	—	∞	—	∞	—	149.0	209	129.1	254
400	∞	—	∞	—	∞	—	191.2	209	149.1	252
450	∞	—	∞	—	∞	—	∞	—	175.8	251
500	∞	—	∞	—	∞	—	∞	—	190.6	276
600	∞	—	∞	—	∞	—	∞	—	∞	—
700	∞	—	∞	—	∞	—	∞	—	∞	—
800	∞	—	∞	—	∞	—	∞	—	∞	—
900	∞	—	∞	—	∞	—	∞	—	∞	—
1000	∞	—	∞	—	∞	—	∞	—	∞	—

注："∞"表示管段允许无限长；$L_{max,b}$ 表示最大允许臂长；l_t 表示过渡段长度。

温差 110℃，$R_C = 6DN$ 等臂 L 形补偿弯管的最大允许臂长及过渡段长度（m）

附表 7-10

埋深	1.4m		1.2m		1.0m		0.8m		0.6m	
DN	$L_{max,b}$	l_t	$L_{max,b}$	l_t	$L_{max,b}$	l_t	$L_{max,b}$	l_t	$L_{max,b}$	l_t
40	∞	—	∞	—	∞	—	∞	—	43.3	74
50	∞	—	∞	—	∞	—	∞	—	49.6	85
70	∞	—	∞	—	∞	—	63.0	96	54.4	122

续表

埋深	1.4m		1.2m		1.0m		0.8m		0.6m	
DN	$L_{max,b}$	l_t	$L_{max,b}$	l_t	$L_{max,b}$	l_t	$L_{max,b}$	l_t	$L_{max,b}$	l_t
80	∞	—	∞	—	∞	—	66.2	97	56.7	124
100	∞	—	∞	—	∞	—	∞	—	69.5	117
125	∞	—	∞	—	∞	—	101.4	113	77.1	142
150	∞	—	∞	—	∞	—	94.7	120	77.6	151
200	∞	—	∞	—	∞	—	110.8	167	96.8	207
250	∞	—	∞	—	∞	—	144.0	174	116.7	214
300	∞	—	∞	—	∞	—	159.3	204	133.3	250
350	∞	—	∞	—	∞	—	∞	—	163.0	235
400	∞	—	∞	—	∞	—	∞	—	208.3	233
450	∞	—	∞	—	∞	—	∞	—	∞	—
500	∞	—	∞	—	∞	—	∞	—	∞	—
600	∞	—	∞	—	∞	—	∞	—	∞	—
700	∞	—	∞	—	∞	—	∞	—	∞	—
800	∞	—	∞	—	∞	—	∞	—	∞	—
900	∞	—	∞	—	∞	—	∞	—	∞	—
1000	∞	—	∞	—	∞	—	∞	—	∞	—

注："∞"表示管段按弯头强度验算允许无限长，未列出管径部分均为"∞"；对于所有6DN弯头，温差在 $\Delta T = t_1 - t_0 \leqslant 100℃$，管顶覆土 $H \geqslant 0.8m$ 时的两臂都允许无限长；温差在 $\Delta T = t_1 - t_0 \leqslant 90℃$，管顶覆土 $H \geqslant 0.6m$ 时的两臂都允许无限长；$L_{max,b}$ 表示最大允许臂长；l_t 表示过渡段长度。

无保护措施最大允许折角 $\phi_{max,n}$　　　　附表8-1

弯头形式	单缝焊接				3D				6D			
温差(℃)	120	110	85	75	120	110	85	75	120	110	85	75
DN40	1.8	1.9	2.6	3.3	2.6	3	4.7	5.8	4	4.8	7.8	10.1
DN50	1.8	1.9	2.6	3.3	2.6	3.1	4.8	5.9	4.1	4.8	7.9	10.2
DN65	1.7	1.9	2.5	3.1	2.5	2.9	4.5	5.5	3.8	4.5	7.3	9.2
DN80	1.6	1.8	2.4	3	2.4	2.8	4.3	5.2	3.6	4.3	6.9	8.7
DN100	1.6	1.8	2.4	3	2.3	2.6	4.1	5	3.5	4.1	6.5	8.2
DN125	1.6	1.8	2.3	2.9	2.2	2.6	4	4.9	3.4	4	6.3	8
DN150	1.5	1.7	2.2	2.8	2.1	2.4	3.7	4.6	3.1	3.7	5.9	7.4
DN200	1.5	1.7	2.3	2.9	2.1	2.5	3.8	4.7	3.2	3.8	6	7.6
DN250	1.4	1.7	2.1	2.7	1.9	2.3	3.5	4.4	2.9	3.5	5.5	6.9
DN300	1.4	1.7	2.2	2.7	2	2.3	3.6	4.4	3	3.5	5.6	7.1
DN350	1.2	1.5	2.1	2.6	1.9	2.2	3.5	4.3	2.8	3.4	5.4	6.8
DN400	1.1	1.4	2	2.4	1.8	2.1	3.3	4.1	2.7	3.2	5.2	6.5
DN450	1	1.3	1.9	2.3	1.7	2	3.2	3.9	2.5	3	4.9	6.2

续表

弯头形式	单缝焊接				3D				6D			
温差(℃)	120	110	85	75	120	110	85	75	120	110	85	75
DN500	1	1.3	2	2.3	1.7	2.1	3.3	4.1	2.6	3.1	5.1	6.5
DN600	0.2	0.9	1.7	2.1	1.6	1.9	3.1	3.9	2.4	2.9	4.7	6.1
DN700	0.2	0.8	1.7	2.1	1.6	1.9	3.1	3.9	2.4	2.9	4.8	6.2
DN800	0.1	0.8	1.7	2.1	1.7	2	3.2	4	2.5	3	4.9	6.3
DN900	0.3	0.8	1.4	1.8	1.8	2.1	3.4	4.3	2.7	3.2	5.3	6.8
DN1000	0.3	0.8	1.4	1.8	1.8	2.1	3.5	4.3	2.7	3.2	5.3	6.8

温差120℃时折角的限制臂长 $L_{max,a}$　　　　　附表 8-2

弯头形式	1.5D						3D											
角度	30°	40°	50°	60°	70°	80°	20°	30°	40°	50°	60°	70°	70°	80°	80°	80°	80°	80°
埋深 mm	1.5	1.5	1.5	1.5	1.5	1.5	1.5	1.5	1.5	1.5	1.5	1.0	1.5	0.6	0.8	1.0	1.2	1.5
（单位 m）	m	m	m	m	m	m	m	m	m	m	m	m	m	m	m	m	m	m
DN40	1.7	2.4	3.4	4.5	5.9	7.7	1.9	3.2	4.6	6.4	8.6	12.0	12.9	13.1	13.5	14.0	14.6	15.7
DN50	1.8	2.6	3.6	4.9	6.4	8.4	2.0	3.2	5.0	6.8	9.3	13.0	13.9	14.4	14.7	15.2	15.8	16.9
DN65	2.1	3.0	4.3	5.8	7.6	9.8	2.3	3.8	5.7	7.9	10.7	15.2	15.9	17.0	17.3	17.7	18.2	19.0
DN80	—	3.0	4.2	5.8	7.7	10.0	2.5	3.7	5.6	7.8	10.8	15.4	16.1	17.4	17.6	18.1	18.6	19.4
DN100	—	2.9	4.2	5.8	7.8	10.3	—	3.5	5.4	7.7	10.8	15.7	16.4	17.9	18.1	18.6	19.1	20.1
DN125	—	3.3	4.7	6.5	8.8	11.7	—	3.9	5.9	8.6	12.1	17.7	18.4	20.4	20.6	21.1	21.6	22.5
DN150	—	3.4	4.9	6.9	9.4	12.6	—	3.9	6.1	9.0	12.8	19.0	19.6	22.0	22.2	22.7	23.3	24.3
DN200	—	4.2	6.2	8.7	11.8	15.7	—	4.9	7.7	11.3	15.9	23.8	24.4	27.7	27.9	28.4	29.0	30.0
DN250	—	—	6.7	9.5	13.1	17.6	—	5.0	8.1	12.2	17.4	26.3	27.0	31.0	31.2	31.8	32.5	33.6
DN300	—	—	7.5	10.8	14.9	19.9	—	5.6	9.1	13.7	19.7	29.8	30.5	35.3	35.4	36.0	36.7	37.9
DN350	—	—	7.8	11.3	15.8	21.4	—	5.9	9.1	14.3	20.7	31.7	32.5	37.7	37.8	38.7	39.5	41.0
DN400	—	—	8.3	12.0	16.9	22.9	—	6.4	9.7	15.0	22.0	33.9	34.8	40.4	40.6	41.5	42.5	44.2
DN450	—	—	8.7	12.7	18.0	24.5	—	6.8	10.2	15.8	23.3	36.2	37.2	43.3	43.5	44.5	45.7	47.6
DN500	—	—	9.4	13.8	19.4	26.4	—	7.3	11.0	17.1	25.1	39.0	39.9	46.6	46.8	47.9	49.0	51.0
DN600	—	—	10.2	15.0	21.3	29.3	—	8.0	11.8	18.5	27.5	43.0	44.2	51.7	51.9	53.2	54.6	57.2
DN700	—	—	11.3	16.6	23.6	32.4	—	8.8	13.0	20.3	30.3	47.5	48.7	57.3	57.5	58.9	60.4	63.0
DN800	—	—	12.4	18.3	26.0	35.6	—	9.6	14.2	22.3	33.3	52.3	53.5	63.2	63.3	64.8	66.4	69.3
DN900	—	—	13.8	20.3	28.8	39.3	—	10.7	15.8	24.8	36.9	58.0	59.0	70.0	70.0	71.4	73.0	75.6
DN1000	—	—	14.9	21.9	31.0	42.3	—	11.6	17.0	26.7	39.7	62.5	63.6	75.6	75.6	77.1	78.7	81.4

弯头形式	6D																		
角度	10°	20°	30°	40°	50°			60°			70°					80°			
埋深	1.5	1.5	1.5	1.5	0.8	1.2	1.5	0.8	1.2	1.5	0.6	0.8	1.0	1.2	1.5	0.6	0.8	1.0	1.2
mm	m	m	m	m	m	m	m	m	m	m	m	m	m	m	m	m	m	m	m
DN40	2.0	3.4	5.7	8.6	11.1	11.8	12.3	16.5	18.0	20.1	19.7	20.8	25.6	29.3	∞	25.2	27.7	36.0	∞
DN50	2.2	3.7	6.1	9.1	12.0	12.6	13.1	17.8	19.3	21.1	21.6	22.6	27.5	30.7	∞	27.6	30.0	37.9	∞
DN65	2.5	4.2	6.9	10.4	14.0	14.5	14.8	20.6	21.6	22.9	25.1	25.8	30.5	32.4	35.8	31.8	33.6	40.1	44.3
DN80	—	3.9	6.7	10.2	13.9	14.4	14.7	20.7	21.7	22.9	25.6	26.3	31.1	33.0	36.3	32.7	34.6	41.3	45.6
DN100	—	3.7	6.4	9.8	13.7	14.2	14.5	20.9	22.1	23.4	26.4	27.2	32.4	34.7	39.4	34.3	36.6	44.2	50.5
DN125	—	4.0	7.0	10.9	15.3	15.8	16.1	23.6	24.6	25.9	30.0	30.8	36.4	38.5	42.2	39.0	41.3	49.3	54.4
DN150	—	3.9	7.0	11.2	16.0	16.5	16.7	25.2	26.2	27.5	32.6	33.4	39.6	41.9	46.1	42.7	45.3	54.2	60.4
DN200	—	4.9	8.6	13.8	20.0	20.5	20.7	31.7	32.7	34.0	41.4	42.2	49.6	51.9	55.3	54.2	56.9	67.0	72.3
DN250	—	—	8.9	14.6	21.6	22.1	22.2	35.2	36.3	37.8	47.3	48.3	57.2	60.3	65.2	62.6	66.2	78.9	87.0
DN300	—	—	10.0	16.4	24.4	25.0	25.1	40.2	41.3	42.9	54.4	55.3	65.4	68.7	73.5	71.9	75.8	89.8	97.9
DN350	—	—	10.1	16.9	25.4	26.1	26.2	43.3	44.7	46.8	60.5	62.0	74.3	79.6	90.0	80.9	86.7	105.9	125.5
DN400	—	—	10.4	17.6	26.8	27.5	27.6	46.7	48.5	51.0	67.1	69.1	84.0	92.0	∞	90.7	98.7	125.1	∞
DN450	—	—	10.7	18.4	28.2	29.0	29.1	50.6	52.7	55.7	74.8	77.5	96.3	110.1	∞	102.3	114.1	162.9	∞
DN500	—	—	11.6	19.8	30.5	31.2	31.3	54.8	56.9	60.0	81.5	84.3	104.3	117.7	∞	111.1	123.2	168.0	∞
DN600	—	—	12.1	21.1	32.9	33.8	33.9	62.4	65.4	70.0	99.6	105.5	144.1	∞	∞	140.8	184.6	∞	∞
DN700	—	—	13.3	23.3	36.4	37.4	37.4	70.0	73.2	78.3	114.5	121.7	167.8	∞	∞	163.1	∞	∞	∞
DN800	—	—	14.5	25.4	39.9	40.9	40.9	78.5	82.2	88.1	133.9	144.5	∞	∞	∞	196.4	∞	∞	∞
DN900	—	—	16.4	28.5	44.6	45.5	45.5	86.9	90.1	95.3	145.3	153.1	209.8	∞	∞	205.3	∞	∞	∞
DN1000	—	—	17.5	30.6	47.9	48.8	48.8	95.2	98.6	104.5	164.5	175.1	236.3	∞	∞	236.8	∞	∞	∞

注："—"表示该条件下不允许出现该角度的折角；"∞"表示该条件下的折角臂长不受限制；最小管顶埋深为 0.6m；当角度为 80°，管顶埋深大于 1.0m 时，折角臂长无限制。

温差110℃时折角的限制臂长 $L_{max,a}$ 附表 8-3

弯头	1.5D						3D										
角度	30°	40°	50°	60°	70°	80°	20°	30°	40°	50°	60°		70°				
埋深	1.5	1.5	1.5	1.5	1.5	1.5	1.5	1.5	1.5	1.5	1.0	1.5	0.6	0.8	1.0	1.2	1.5
mm	m	m	m	m	m	m	m	m	m	m	m	m	m	m	m	m	m
DN40	1.9	2.8	3.8	5.1	6.7	8.8	2.1	3.4	5.1	7.2	9.2	9.8	11.9	12.4	12.8	13.4	14.4
DN50	2.0	2.9	4.1	5.5	7.2	9.5	2.2	3.7	5.5	7.7	9.9	10.6	13.0	13.5	13.9	14.5	15.3
DN65	2.3	3.5	4.8	6.4	8.4	11.0	2.5	4.3	6.3	8.9	11.6	12.1	15.3	15.7	16.1	16.5	17.2
DN80	2.2	3.4	4.7	6.4	8.5	11.2	2.5	4.1	6.2	8.8	11.6	12.1	15.6	15.9	16.3	16.8	17.4
DN100	—	3.3	4.7	6.4	8.7	11.6	—	3.9	6.0	8.7	11.6	12.2	15.9	16.3	16.7	17.2	17.9
DN125	—	3.6	5.2	7.2	9.8	13.1	—	4.3	6.7	9.7	13.0	13.6	18.1	18.5	18.9	19.4	20.0
DN150	—	3.7	5.5	7.7	10.5	14.1	—	4.4	6.9	10.1	13.8	14.4	19.4	19.9	20.4	20.9	21.5
DN200	—	4.7	6.8	9.6	13.1	17.6	—	5.4	8.5	12.6	17.3	17.8	24.6	25.1	25.5	26.1	26.6
DN250	—	5.0	7.4	10.5	14.5	19.7	—	5.6	9.0	13.6	18.9	19.6	27.5	28.0	28.6	29.3	29.9
DN300	—	5.6	8.3	11.9	16.4	22.3	—	6.3	10.2	15.3	21.4	22.1	31.4	32.0	32.6	33.3	33.9
DN350	—	5.7	8.7	12.5	17.4	24.0	—	6.3	10.5	16.0	22.6	23.4	33.7	34.4	35.2	36.1	36.9
DN400	—	6.0	9.2	13.3	18.6	25.8	—	6.5	10.9	16.9	24.0	24.9	36.4	37.2	38.2	39.2	40.1
DN450	—	6.3	9.7	14.1	19.9	27.7	—	6.8	11.4	17.8	25.5	26.5	39.3	40.3	41.3	42.5	43.7
DN500	—	6.8	10.4	15.2	21.4	29.7	—	7.3	12.4	19.2	27.5	28.5	42.5	43.5	44.6	45.8	46.9
DN600	—	7.3	11.3	16.6	23.6	33.2	—	8.0	13.2	20.8	30.1	31.3	48.0	49.3	50.7	52.4	54.1
DN700	—	8.0	12.5	18.4	26.2	36.7	—	8.8	14.6	23.0	33.3	34.6	53.7	55.1	56.6	58.4	60.1
DN800	—	8.8	13.7	20.2	28.8	40.3	—	9.7	16.0	25.2	36.6	38.0	59.8	61.4	63.2	65.2	67.0
DN900	—	9.8	15.2	22.4	31.8	44.4	—	10.8	17.9	28.1	40.7	42.0	66.3	67.8	69.5	71.4	72.8
DN1000	—	10.5	16.4	24.1	34.3	47.8	—	11.6	19.2	30.3	43.9	45.3	72.2	73.9	75.7	77.7	79.3

续表

弯头形式	3D					6D							
角度	80°					10°	20°	30°	40°				
埋深	0.6	0.8	1.0	1.2	1.5	1.5	1.5	1.5	0.6	0.8	1.0	1.2	1.5
DN40	15.3	15.9	16.8	17.9	21.0	3.6	4.7	7.1	9.0	9.3	9.5	9.8	10.4
DN50	16.8	17.3	18.2	19.3	21.9	3.8	5.0	7.5	9.7	10.0	10.2	10.5	11.0
DN65	19.7	20.1	20.8	21.7	23.2	4.1	5.5	8.4	11.3	11.5	11.6	11.9	12.3
DN80	20.2	20.6	21.3	22.2	23.8	3.6	5.2	8.1	11.1	11.3	11.4	11.6	12.0
DN100	20.9	21.4	22.2	23.1	25.1	3.2	4.8	7.8	10.8	11.0	11.1	11.4	11.7
DN125	23.8	24.2	25.1	26.0	27.8	3.5	5.2	8.5	12.1	12.3	12.4	12.6	12.9
DN150	25.8	26.3	27.2	28.2	30.2	—	5.2	8.6	12.5	12.7	12.8	13.0	13.4
DN200	32.7	33.1	34.0	35.0	36.9	—	6.4	10.7	15.8	16.0	16.0	16.3	16.6
DN250	36.9	37.4	38.5	39.8	42.2	—	6.4	11.2	17.0	17.2	17.2	17.4	17.8
DN300	42.2	42.6	43.8	45.1	47.5	—	7.3	12.7	19.4	19.6	19.6	19.8	20.2
DN350	45.8	46.4	47.9	49.6	52.9	—	7.3	13.1	20.3	20.6	20.6	20.9	21.4
DN400	49.7	50.4	52.2	54.4	58.6	—	7.5	13.7	21.6	21.9	21.9	22.2	22.7
DN450	54.0	54.8	57.0	59.6	65.0	—	7.7	14.4	23.0	23.3	23.3	23.7	24.3
DN500	58.3	59.1	61.3	64.0	69.2	—	8.4	15.8	25.1	25.4	25.4	25.8	26.4
DN600	66.5	67.7	70.8	74.7	83.5	—	8.9	17.2	27.9	28.2	28.2	28.7	29.6
DN700	74.4	75.7	79.0	83.2	92.4	—	10.0	19.2	31.3	31.7	31.7	32.2	33.2
DN800	83.1	84.5	88.3	93.1	103.8	—	11.1	21.5	35.1	35.4	35.4	36.1	37.2
DN900	91.6	92.7	96.2	100.3	108.7	—	12.7	24.3	39.5	39.7	39.7	40.4	41.5
DN1000	100.0	101.1	104.9	109.5	118.8	—	13.9	26.5	43.2	43.5	43.5	44.2	45.4

弯头形式	6D																	
角度	50°					60°					70°				80°		
埋深	0.6	0.8	1.0	1.2	1.5	0.6	0.8	1.0	1.2	1.5	0.6	0.8	1.0	1.2	0.6	0.8	1.0
DN40	12.2	12.7	13.3	14.0	15.3	16.0	16.9	18.0	19.7	∞	22.8	25.2	29.9	∞	29.9	35.9	∞
DN50	13.2	13.7	14.3	15.0	16.1	17.4	18.3	19.3	20.8	28.2	24.9	27.2	31.2	∞	32.7	38.0	∞
DN65	15.4	15.8	16.2	16.7	17.4	20.1	20.8	21.7	22.7	27.5	28.5	30.2	32.5	35.1	37.0	40.3	45.8
DN80	15.3	15.7	16.1	16.6	17.2	20.3	21.0	21.8	22.7	27.4	29.1	30.8	33.1	35.7	38.1	41.5	47.4
DN100	15.2	15.6	16.1	16.5	17.2	20.5	21.2	22.1	23.2	28.3	30.2	32.2	35.1	38.7	40.3	44.7	51.8
DN125	17.1	17.5	17.9	18.4	19.0	23.1	23.9	24.7	25.7	30.8	34.3	36.2	38.9	41.7	45.7	49.9	57.1
DN150	18.0	18.4	18.9	19.4	19.9	24.6	25.4	26.3	27.4	32.8	37.2	39.5	42.5	45.8	50.3	55.2	62.2
DN200	22.7	23.2	23.6	24.2	24.6	31.1	31.9	32.9	34.0	39.9	47.3	49.7	52.7	55.3	63.5	68.4	75.9
DN250	24.9	25.4	25.9	26.5	27.0	34.6	35.6	36.7	38.0	44.9	54.4	57.5	61.7	65.7	74.3	81.4	91.6
DN300	28.5	29.0	29.6	30.2	30.7	39.5	40.6	41.8	43.1	50.7	61.4	66.0	70.4	74.3	85.5	92.9	105.6
DN350	30.4	31.0	31.7	32.5	33.1	42.7	44.0	45.5	47.3	56.5	69.1	75.8	83.3	93.5	98.6	112.4	∞
DN400	32.6	33.3	34.2	35.1	35.9	46.2	47.8	49.6	51.9	62.7	77.4	86.6	99.3	∞	113.4	139.5	∞
DN450	35.1	35.9	36.9	38.0	38.9	50.1	52.0	54.2	57.1	70.1	87.4	100.9	120.9	∞	133.2	∞	∞
DN500	38.2	39.1	40.1	41.2	42.1	54.4	56.4	58.7	61.5	75.0	95.4	109.6	128.2	∞	144.7	∞	∞
DN600	43.1	44.3	45.7	47.3	48.7	62.2	65.0	68.5	73.1	94.9	122.3	∞	∞	∞	∞	∞	∞
DN700	48.5	49.9	51.4	53.2	54.6	70.1	73.2	77.1	82.3	106.5	143.3	∞	∞	∞	∞	∞	∞
DN800	54.5	56.1	57.9	60.0	61.7	79.0	82.7	87.4	93.7	125.0	177.0	∞	∞	∞	∞	∞	∞
DN900	60.9	62.5	64.2	66.2	67.5	87.5	91.1	95.3	100.7	125.8	184.1	∞	∞	∞	∞	∞	∞
DN1000	66.8	68.5	70.5	72.8	74.2	96.2	100.2	105.1	111.4	140.6	217.6	∞	∞	∞	∞	∞	∞

注："—"表示该条件下不允许出现该角度的折角；"∞"表示该条件下的折角臂长不受限制；最小管顶埋深为 0.6m；当角度为 70°，埋深大于 1.0m 和角度为 80°，埋深大于 0.8m 时，折角臂长无限制。

温差85℃时折角限制臂长 $L_{max,a}$

附表 8-4

弯头形式	1.5D																3D		
角度	20°	30°	40°	50°	60°	60°	70°	70°	70°	70°	70°	80°	80°	80°	80°	80°	10°	20°	30°
埋深	1.5	1.5	1.5	1.5	1.0	1.5	0.6	0.8	1.0	1.2	1.5	0.6	0.8	1.0	1.2	1.5	1.5	1.5	1.5
DN40	1.8	2.8	4.3	6.0	7.7	8.3	9.4	9.8	10.2	10.6	11.4	12.2	12.8	13.5	14.6	17.0	1.9	3.1	5.1
DN50	2.0	3.0	4.6	6.4	8.3	8.9	10.3	10.6	11.0	11.5	12.2	13.4	14.0	14.7	15.6	17.5	2.0	3.3	5.4
DN65	—	3.6	5.3	7.4	9.6	10.1	12.1	12.4	12.8	13.1	13.6	15.7	16.2	16.8	17.5	18.6	2.4	3.7	6.1
DN80	—	3.4	5.1	7.3	9.7	10.2	12.3	12.6	12.9	13.3	13.8	16.0	16.6	17.2	17.9	19.0	—	3.5	5.9
DN100	—	3.3	5.0	7.3	9.7	10.2	12.5	12.8	13.2	13.6	14.1	16.6	17.1	17.8	18.6	19.9	—	3.3	5.6
DN125	—	3.6	5.6	8.1	10.9	11.4	14.2	14.5	14.9	15.3	15.7	18.8	19.4	20.1	20.8	22.0	—	3.6	6.1
DN150	—	3.7	5.7	8.5	11.6	12.1	15.3	15.6	16.0	16.4	16.9	20.4	21.0	21.7	22.6	23.8	—	3.5	6.2
DN200	—	4.5	7.2	10.6	14.5	15.1	19.2	19.6	19.9	20.4	20.8	25.7	26.3	27.1	27.9	29.0	—	4.4	7.6
DN250	—	—	7.6	11.5	16.0	16.6	21.4	21.8	22.2	22.7	23.2	28.8	29.7	30.5	31.5	32.8	—	—	7.9
DN300	—	—	8.6	13.0	18.1	18.8	24.3	24.8	25.2	25.7	26.2	32.9	33.7	34.6	35.7	36.9	—	—	8.9
DN350	—	—	8.9	13.6	19.2	20.0	26.0	26.5	27.0	27.7	28.3	35.4	36.4	37.6	38.9	40.6	—	—	9.0
DN400	—	—	9.3	14.5	20.5	21.4	27.8	28.4	29.1	29.8	30.5	38.2	39.4	40.7	42.3	44.4	—	—	9.4
DN450	—	—	9.8	15.3	21.9	22.9	29.8	30.5	31.2	32.1	32.9	41.2	42.5	44.1	46.0	48.7	—	—	9.7
DN500	—	—	10.6	16.5	23.6	24.6	32.2	32.9	33.7	34.5	35.2	44.4	45.8	47.4	49.3	51.7	—	—	10.5
DN600	—	—	11.4	18.1	26.1	27.4	35.9	36.7	37.7	38.7	39.7	49.9	51.7	53.8	56.5	60.2	—	—	11.2
DN700	—	—	12.7	20.1	29.0	30.3	39.9	40.8	41.8	42.9	43.9	55.5	57.4	59.7	62.5	66.2	—	—	12.4
DN800	—	—	13.9	22.1	32.0	33.4	44.1	45.1	46.2	47.4	48.5	61.5	63.7	66.2	69.2	73.3	—	—	13.6
DN900	—	—	15.6	24.6	35.5	36.9	48.9	49.9	51.0	52.1	52.9	67.9	69.9	72.2	74.9	78.0	—	—	15.3
DN1000	—	—	16.8	26.5	38.4	39.8	53.0	54.0	55.1	56.4	57.2	73.6	75.8	78.3	81.2	84.4	—	—	16.4

续表

弯头形式：3D

角度	40°		50°					60°					70°					80°	
埋深	1.0	1.5	0.6	0.8	1.0	1.2	1.5	0.6	0.8	1.0	1.2	1.5	0.6	0.8	1.0	1.2	1.5	0.6	1.0
DN40	7.1	7.6	9.3	9.6	10.0	10.4	11.3	13.1	13.9	15.0	16.7	∞	17.9	19.7	23.1	∞	∞	24.0	∞
DN50	7.6	8.1	10.0	10.3	10.7	11.1	11.9	14.3	15.0	16.0	17.5	21.9	19.5	21.2	24.0	∞	∞	26.1	∞
DN65	8.7	9.1	11.6	11.9	12.2	12.5	13.1	16.5	17.1	17.9	18.8	20.3	22.3	23.6	25.3	27.9	∞	29.5	36.8
DN80	8.5	8.9	11.6	11.8	12.1	12.3	12.9	16.6	17.2	18.0	18.9	20.3	22.7	24.0	25.7	28.3	∞	30.3	37.9
DN100	8.3	8.6	11.4	11.7	12.0	12.2	12.8	16.8	17.5	18.3	19.3	21.0	23.5	25.0	27.0	30.4	∞	32.0	43.0
DN125	9.2	9.5	12.8	13.1	13.4	13.6	14.1	19.0	19.6	20.4	21.3	22.7	26.6	28.1	30.0	32.8	∞	36.2	45.1
DN150	9.5	9.8	13.5	13.7	14.0	14.2	14.7	20.2	20.9	21.8	22.7	24.2	28.8	30.4	32.6	35.7	∞	39.7	50.4
DN200	11.8	12.1	16.9	17.2	17.5	17.6	18.1	25.6	26.3	27.1	28.1	29.3	36.4	38.1	40.2	43.0	50.3	49.9	59.2
DN250	12.6	12.8	18.3	18.6	19.0	19.1	19.7	28.4	29.3	30.3	31.5	32.9	41.5	43.6	46.4	50.3	65.0	57.9	72.0
DN300	14.2	14.5	20.8	21.1	21.5	21.5	22.2	32.5	33.4	34.5	35.7	37.1	47.6	49.8	52.7	56.6	68.1	66.4	80.4
DN350	14.8	15.0	21.9	22.3	22.7	22.8	23.5	35.1	36.3	37.6	39.2	41.4	52.9	56.1	60.6	67.9	∞	75.5	102.3
DN400	15.5	15.8	23.2	23.7	24.1	24.2	25.0	38.1	39.4	41.1	43.1	45.9	58.6	62.9	69.3	83.7	∞	85.5	∞
DN450	16.3	16.6	24.7	25.1	25.7	25.8	26.7	41.3	43.0	45.0	47.5	51.4	65.3	71.2	81.4	∞	∞	97.9	∞
DN500	17.7	18.0	26.7	27.2	27.7	27.7	28.7	44.8	46.6	48.6	51.2	54.8	70.9	77.0	87.1	∞	∞	106.0	∞
DN600	19.2	19.5	29.3	29.9	30.6	30.7	31.8	51.5	53.9	57.1	61.3	69.6	86.9	100.0	∞	∞	∞	138.3	∞
DN700	21.3	21.6	32.6	33.3	34.0	34.0	35.3	57.9	60.7	64.2	68.9	77.8	99.7	116.0	∞	∞	∞	164.0	∞
DN800	23.5	23.8	36.1	36.8	37.6	37.6	38.9	65.3	68.6	72.7	78.6	90.9	116.6	145.2	∞	∞	∞	∞	∞
DN900	26.4	26.6	40.3	41.0	41.8	41.8	43.0	72.2	75.3	79.0	83.8	91.0	125.1	142.9	∞	∞	∞	∞	∞
DN1000	28.4	28.7	43.6	44.4	45.2	45.2	46.4	79.4	82.8	87.1	92.7	101.4	141.4	166.7	∞	∞	∞	∞	∞

续表

弯头形式	6D																
角度	20°			30°			40°					50°			60°		
埋深	0.6	1.0	1.5	1.0	1.2	1.5	0.6	0.8	1.0	1.2	1.5	0.6	0.8	1.0	0.6	0.8	1.0
DN40	7.2	8.0	9.8	11.4	12.5	∞	13.9	15.0	17.0	21.8	∞	19.0	21.9	∞	29.4	∞	∞
DN50	7.8	8.6	10.1	12.1	13.1	15.5	14.9	16.1	17.8	21.4	∞	20.5	23.1	30.6	31.5	∞	∞
DN65	8.6	9.1	9.8	13.0	13.6	14.4	16.8	17.6	18.7	20.0	22.9	22.9	24.6	27.0	33.6	38.8	∞
DN80	8.1	8.5	9.1	12.4	13.0	13.6	16.5	17.3	18.2	19.4	21.6	22.8	24.4	26.6	34.0	39.1	∞
DN100	7.5	7.9	8.4	12.0	12.4	13.1	16.2	17.0	17.9	19.2	21.6	23.0	24.6	27.2	35.5	42.6	∞
DN125	8.2	8.6	8.9	13.1	13.5	14.0	18.0	18.8	19.7	20.7	23.2	25.6	27.2	29.4	39.7	45.5	∞
DN150	8.0	8.3	8.7	13.2	13.6	14.0	18.7	19.5	20.3	21.4	23.7	27.1	28.7	31.0	43.0	49.7	78.6
DN200	10.2	10.6	10.8	16.6	17.0	17.4	23.7	24.5	25.4	26.5	28.6	34.2	35.9	38.1	54.4	60.9	∞
DN250	10.3	10.6	10.8	17.5	17.9	18.2	25.8	26.6	27.6	28.9	31.3	38.0	40.1	42.9	63.8	74.3	∞
DN300	11.9	12.2	12.4	20.0	20.5	20.8	29.6	30.5	31.6	32.9	35.5	43.7	45.9	48.9	73.9	85.4	∞
DN350	12.1	12.5	12.8	21.2	21.8	22.2	31.8	33.1	34.5	36.4	40.3	48.1	51.3	55.9	90.0	∞	∞
DN400	12.5	13.0	13.2	22.6	23.3	23.8	34.4	35.9	37.7	40.1	45.8	52.9	57.2	63.9	113.9	∞	∞
DN450	13.1	13.5	13.8	24.2	25.1	25.6	37.4	39.2	41.5	44.7	54.8	58.7	64.5	76.0	∞	∞	∞
DN500	14.7	15.2	15.5	26.8	27.7	28.3	41.1	43.1	45.6	49.1	59.6	64.3	70.6	82.5	∞	∞	∞
DN600	16.0	16.7	17.0	30.8	32.1	33.2	48.1	51.3	56.0	62.9	∞	79.2	92.0	∞	∞	∞	∞
DN700	18.4	19.2	19.6	35.4	37.1	38.3	55.3	59.3	65.1	70.1	∞	92.2	104.8	∞	∞	∞	∞
DN800	21.2	22.3	22.7	41.1	43.4	45.2	64.4	69.8	79.0	∞	∞	111.3	∞	∞	∞	∞	∞
DN900	25.0	26.3	26.7	46.8	49.1	50.5	72.1	77.3	85.2	∞		120.0	∞	∞	∞	∞	∞
DN1000	28.1	29.7	30.2	52.9	55.9	58.0	81.5	88.3	99.8	∞		139.8	∞	∞	∞	∞	∞

注："—"表示该条件下不允许出现该角度的折角；"∞"表示该条件下的折臂长不受限制，最小管顶埋深为0.6m，当角度为60°，埋深大于1.0m和角度度大于60°时，折臂长无限制。

附表 8-5

温差 75℃ 时折角限制臂长 $L_{max,a}$

弯头形式	1.5D																			
角度	20°	30°	40°	50°		60°					70°					80°				
埋深	0.6	0.6	0.6	0.6	1.2	0.6	0.8	1.0	1.2	1.5	0.6	0.8	1.0	1.2	1.5	0.6	0.8	1.0	1.2	1.5
DN40	2.0	3.3	4.7	6.4	7.0	8.5	8.8	9.2	9.7	10.5	11.2	11.8	12.5	13.6	16.8	15.3	16.7	19.1	∞	∞
DN50	2.2	3.5	5.1	6.9	7.5	9.3	9.6	9.9	10.4	11.1	12.2	12.7	13.5	14.4	16.6	16.8	18.1	20.2	24.2	∞
DN65	2.6	4.0	5.9	8.1	8.5	10.8	11.1	11.4	11.7	12.2	14.2	14.7	15.3	16.0	17.1	19.4	20.5	21.8	23.7	29.8
DN80	2.5	3.9	5.8	8.1	8.5	10.9	11.2	11.4	11.8	12.2	14.4	14.9	15.5	16.2	17.2	19.9	21.0	22.4	24.4	30.5
DN100	—	3.8	5.6	8.0	8.4	10.9	11.2	11.5	11.9	12.4	14.7	15.3	15.9	16.6	17.9	20.8	22.0	23.7	26.3	33.3
DN125	—	4.1	6.3	8.9	9.4	12.4	12.6	12.9	13.3	13.7	16.7	17.2	17.8	18.5	19.6	23.6	24.8	26.4	28.6	34.8
DN150	—	4.2	6.5	9.4	9.8	13.1	13.4	13.7	14.1	14.5	17.9	18.5	19.1	19.9	21.0	25.7	27.1	28.9	31.4	39.3
DN200	—	5.2	8.1	11.7	12.2	16.5	16.8	17.1	17.5	17.9	22.5	23.1	23.8	24.5	25.5	32.5	33.9	35.6	37.9	42.1
DN250	—	5.4	8.6	12.7	13.2	18.2	18.5	18.9	19.3	19.7	25.1	25.8	26.6	27.5	28.6	37.1	38.9	41.1	44.2	51.1
DN300	—	6.1	9.7	14.4	15.0	20.7	21.1	21.4	21.9	22.2	28.6	29.3	30.1	31.0	32.1	42.4	44.3	46.6	49.7	55.5
DN350	—	6.2	10.1	15.1	15.7	22.0	22.4	22.9	23.4	23.9	30.7	31.6	32.6	33.8	35.3	46.8	49.4	52.8	57.8	∞
DN400	—	6.4	10.5	16.0	16.7	23.5	24.0	24.5	25.1	25.7	33.0	34.1	35.3	36.6	38.5	51.5	54.8	59.4	67.2	∞
DN450	—	6.8	11.1	17.0	17.7	25.1	25.7	26.3	26.9	27.6	35.5	36.8	38.2	39.8	42.1	56.9	61.1	67.6	77.6	∞
DN500	—	7.3	12.0	18.4	19.2	27.1	27.7	28.3	29.0	29.6	38.4	39.6	41.0	42.7	44.8	61.5	65.8	72.1	80.4	∞
DN600	—	8.0	13.0	20.1	21.1	30.1	30.8	31.6	32.5	33.3	43.1	44.7	46.6	48.9	52.2	73.0	80.5	91.3	∞	∞
DN700	—	8.8	14.4	22.4	23.4	33.6	34.3	35.1	36.1	36.8	48.0	49.7	51.8	54.2	57.5	82.5	90.9	102.4	∞	∞
DN800	—	9.7	15.9	24.7	25.8	37.2	38.0	38.9	39.9	40.7	53.3	55.2	57.5	60.2	63.8	94.0	104.6	122.5	∞	∞
DN900	—	10.8	17.8	27.6	28.7	41.3	42.1	43.0	43.9	44.6	58.9	60.7	62.8	65.2	68.0	101.8	110.4	125.0	∞	∞
DN1000	—	11.6	19.2	29.8	31.0	44.7	45.6	46.6	47.6	48.3	63.9	65.9	68.1	70.8	73.7	112.6	122.7	141.3	∞	∞

续表

| 弯头形式 | 3D | | | | | | | | | | | | | | | | | | |
| 角度 | 10° | 20° | 30° | 40° | | 50° | | | | | 60° | | | | 70° | | | 80° | |
埋深	1.5	1.5	1.5	1.0	1.5	0.6	0.8	1.0	1.2	1.5	0.6	0.8	1.0	1.2	0.6	0.8	1.0	0.6	0.8
DN40	3.7	4.1	6.3	8.7	10.0	11.1	11.8	12.6	13.9	∞	16.1	17.9	21.0	∞	22.7	29.8	∞	32.2	∞
DN50	4.0	4.6	6.7	9.3	10.4	12.0	12.6	13.4	14.5	17.3	17.4	19.1	21.5	∞	24.5	29.8	∞	34.2	∞
DN65	4.0	4.3	7.4	10.5	11.2	13.8	14.3	14.9	15.6	16.8	19.8	21.1	22.3	24.6	27.2	30.1	35.7	37.1	44.0
DN80	3.5	4.0	7.1	10.2	10.9	13.7	14.2	14.8	15.4	16.5	20.0	21.2	22.3	24.5	27.8	30.6	36.2	38.2	45.6
DN100	3.1	4.3	6.8	10.0	10.6	13.6	14.1	14.7	15.4	16.5	20.3	21.6	23.0	25.6	29.0	32.5	43.2	41.2	56.9
DN125	3.3	4.2	7.4	11.0	11.6	15.3	15.7	16.3	16.9	17.8	22.8	24.1	25.2	27.4	32.6	35.9	42.1	45.0	55.1
DN150	3.5	5.2	7.4	11.4	11.9	16.0	16.5	17.1	17.7	18.5	24.4	25.8	27.0	29.3	35.4	39.1	46.6	49.7	63.0
DN200	4.4	5.2	9.2	14.2	14.7	20.1	20.6	21.1	21.8	22.5	30.7	32.1	33.2	35.2	44.6	48.2	53.9	61.6	71.4
DN250	4.9	5.9	9.5	15.1	15.6	21.9	22.4	23.0	23.7	24.6	34.5	36.1	37.4	40.1	51.5	56.5	65.9	73.2	92.0
DN300	—	6.0	10.7	17.1	17.6	24.9	25.5	26.1	26.8	27.6	39.4	41.2	42.4	45.1	59.0	64.3	73.4	83.5	101.2
DN350	—	6.4	11.0	17.9	18.5	26.3	27.0	27.8	28.7	29.7	43.1	45.5	47.5	51.7	67.4	76.8	∞	101.0	∞
DN400	—	3.9	11.4	18.9	19.5	28.1	28.8	29.8	30.8	32.0	47.2	50.3	52.9	59.1	76.8	93.6	∞	126.3	∞
DN450	—	—	11.9	20.0	20.7	29.9	30.9	31.9	33.1	34.5	51.9	55.8	59.5	70.4	89.1	∞	∞	∞	∞
DN500	—	—	12.9	21.7	22.3	32.5	33.4	34.5	35.7	37.0	56.4	60.4	64.1	74.0	96.9	∞	∞	∞	∞
DN600	—	—	13.8	23.8	24.6	36.1	37.3	38.7	40.4	42.3	66.8	74.0	83.6	∞	∞	∞	∞	∞	∞
DN700	—	—	15.3	26.5	27.3	40.3	41.6	43.1	44.9	46.9	76.0	84.3	96.1	∞	∞	∞	∞	∞	∞
DN800	—	—	16.9	29.3	30.2	44.8	46.3	48.0	50.1	52.2	87.3	97.7	∞	∞	∞	∞	∞	∞	∞
DN900	—	—	19.0	32.8	33.6	49.9	51.4	53.0	54.9	56.6	95.1	104.3	∞	∞	∞	∞	∞	∞	∞
DN1000	—	—	20.5	35.5	36.4	54.3	55.8	57.6	59.7	61.5	106.0	117.5	∞	∞	∞	∞	∞	∞	∞

2.5MPa，覆土 1.0m，不同安装温差下的局部膨胀和压缩长度（m）（一）　附表 9-1

	120℃		110℃		85℃		75℃	
	L_1''	L_2''	L_1''	L_2''	L_3''	L_4''	L_5''	L_6''
	膨胀	压缩	膨胀	压缩	膨胀	压缩	膨胀	压缩
50/40	12.6	11.7	11.9	11	9.3	8.6	8.2	7.6
65/50	17.1	14.1	16.3	13.4	12.6	10.4	11.2	9.2
80/65	7.6	7.5	7.8	7.7	6.1	6	5.4	5.3
100/80	8.9	9.1	9.3	9.5	7.3	7.4	6.5	6.6
125/100	18.5	16.6	18.5	16.6	14.4	12.9	12.8	11.5
150/125	10.2	9.9	11.3	10.9	8.9	8.6	7.9	7.6
200/150	49.2	41	49.4	41.1	38.5	32.1	34.2	28.5
250/200	18.4	17.8	18.4	17.8	17	16.5	15.2	14.7
300/250	35.8	32.7	35.8	32.7	29	26.4	25.8	23.5
350/300	13.9	14.2	13.9	14.2	13.8	14	12.3	12.6
400/350	11	10.9	11	10.9	11.5	11.4	10.3	10.3
450/400	10.1	10	10.1	10	11.2	11.1	10	10
500/450	24.6	23.3	24.6	23.3	21.2	20	18.8	17.8
600/500	16	16	16	16	19.3	19.3	17.4	17.4
700/600	31.8	29.9	31.8	29.9	29.3	27.6	26.2	24.6
800/700	32.2	30.8	32.2	30.8	30.3	28.9	27.1	25.9
900/800	51.8	47.3	51.8	47.3	43.6	39.8	38.8	35.4
1000/900	32.5	31.4	32.5	31.4	30.2	29.1	26.9	26

1.6MPa，覆土 1.0m，不同安装温差下的局部膨胀和压缩长度（m）（一）　附表 9-2

	120℃		110℃		85℃		75℃	
	L_1''	L_2''	L_1''	L_2''	L_3''	L_4''	L_5''	L_6''
	膨胀	压缩	膨胀	压缩	膨胀	压缩	膨胀	压缩
50/40	12.8	11.9	11.9	11.0	9.2	8.5	8.1	7.5
65/50	17.4	14.3	16.2	13.3	12.5	10.3	11.1	9.1
80/65	7.9	7.8	7.7	7.6	6.0	5.9	5.3	5.2
100/80	9.3	9.5	9.2	9.3	7.2	7.3	6.4	6.5
125/100	19.1	17.1	18.3	16.4	14.2	12.7	12.6	11.3
150/125	10.8	10.5	11.0	10.7	8.6	8.3	7.7	7.4
200/150	50.9	42.4	48.8	40.6	37.9	31.6	33.6	28.0
250/200	19.8	19.2	21.0	20.3	16.4	15.9	14.6	14.2
300/250	37.3	34.0	36.5	33.3	28.4	25.9	25.2	23.0

续表

	120℃		110℃		85℃		75℃	
	L_1''	L_2''	L_1''	L_2''	L_3''	L_4''	L_5''	L_6''
	膨胀	压缩	膨胀	压缩	膨胀	压缩	膨胀	压缩
350/300	15.3	15.7	16.8	17.2	13.2	13.5	11.8	12.0
400/350	12.3	12.2	13.0	13.0	11.0	10.9	9.8	9.7
450/400	11.4	11.3	11.4	11.3	10.6	10.5	9.5	9.4
500/450	26.1	24.7	26.1	24.7	20.6	19.5	18.3	17.3
600/500	18.8	18.8	18.8	18.8	18.2	18.3	16.3	16.3
700/600	34.3	32.2	34.3	32.2	28.4	26.7	25.2	23.7
800/700	35.0	33.4	35.0	33.4	29.2	27.9	26.0	24.9
900/800	54.5	49.7	54.5	49.7	42.6	38.8	37.8	34.5
1000/900	35.2	34.0	35.2	34.0	29.1	28.1	25.9	25.0

1.0MPa，覆土1.0m，不同安装温差下的局部膨胀和压缩长度（m）（一）　　附表9-3

	120℃		110℃		85℃		75℃	
	L_1''	L_2''	L_1''	L_2''	L_3''	L_4''	L_5''	L_6''
	膨胀	压缩	膨胀	压缩	膨胀	压缩	膨胀	压缩
50/40	12.9	11.9	11.8	10.9	9.2	8.5	8.1	7.5
65/50	17.5	14.4	16.1	13.2	12.5	10.3	11	9.1
80/65	8.3	8.2	7.6	7.5	5.9	5.8	5.2	5.1
100/80	9.7	9.9	9.1	9.2	7.1	7.2	6.3	6.3
125/100	19.5	17.5	18.1	16.3	14.1	12.6	12.4	11.2
150/125	11.3	10.9	10.9	10.5	8.5	8.2	7.5	7.3
200/150	51.8	43.2	48.4	40.3	37.5	31.3	33.2	27.7
250/200	20.8	20.2	20.6	20	16.1	15.6	14.2	13.8
300/250	38.3	35	36.1	33	28.1	25.6	24.8	22.7
350/300	16.2	16.5	16.5	16.8	12.9	13.1	11.4	11.6
400/350	13.3	13.2	13.6	13.5	10.6	10.6	9.5	9.4
450/400	12.3	12.3	13.1	13	10.2	10.2	9.1	9
500/450	27.1	25.6	26	24.6	20.3	19.2	17.9	17
600/500	20.6	20.7	22.3	22.3	17.5	17.5	15.6	15.6
700/600	35.9	33.8	35.5	33.4	27.7	26.1	24.6	23.1
800/700	36.9	35.3	36.6	35	28.5	27.3	25.3	24.2
900/800	56.2	51.3	53.9	49.2	41.9	38.2	37.1	33.9
1000/900	36.9	35.6	36.5	35.3	28.5	27.5	25.3	24.4

2.5MPa，覆土1.0m，不同安装温差下的局部膨胀和压缩长度（m）（二）　　附表 9-4

	120℃		110℃		85℃		75℃	
	L1″	L2″	L1″	L2″	L3″	L4″	L5″	L6″
	膨胀	压缩	膨胀	压缩	膨胀	压缩	膨胀	压缩
65/40	33.1	25.2	31.5	26.1	24.4	18.6	21.6	16.4
80/50	24.2	19.7	23.6	20.9	18.4	14.9	16.3	13.2
100/65	16.2	16.2	16.7	18.2	13.1	13.1	11.6	11.7
125/80	29	26.4	29.3	29	22.9	20.8	20.3	18.5
150/100	28.9	25.1	30	28.3	23.5	20.4	20.9	18.1
200/125	61.5	49.5	62.6	54.8	48.9	39.4	43.5	35
250/150	66.7	54	66.9	50.4	55.3	44.7	49.2	39.8
300/200	56.2	49.8	56.2	43.8	47.5	42.1	42.3	37.4
350/250	47.2	43.9	47.2	43.9	41	38.2	36.6	34
400/300	24.9	25.3	24.9	25.3	25.4	25.8	22.8	23.1
450/350	21	20.8	21	20.8	22.7	22.4	20.4	20.1
500/400	35.6	33.4	35.6	33.4	33	31	29.5	27.7
600/450	39.4	37.3	39.4	37.3	39.9	37.7	35.7	33.8
700/500	49.5	46.6	49.5	46.6	49.9	47	44.7	42.1
800/600	64.8	58.2	64.8	58.2	60.4	54.2	54	48.5
900/700	87.5	76.2	87.5	76.2	76.7	66.8	68.4	59.6
1000/800	84.9	74.8	84.9	74.8	74.5	65.6	66.4	58.5

1.6MPa，覆土1.0m，不同安装温差下的局部膨胀和压缩长度（m）（二）　　附表 9-5

	120℃		110℃		85℃		75℃	
	L1″	L2″	L1″	L2″	L3″	L4″	L5″	L6″
	膨胀	压缩	膨胀	压缩	膨胀	压缩	膨胀	压缩
65/40	33.7	25.6	31.3	25.9	24.2	18.4	21.4	16.3
80/50	24.8	20.2	23.4	20.7	18.2	14.8	16.1	13.1
100/65	16.9	16.9	16.5	18	12.8	12.9	11.4	11.4
125/80	30	27.3	28.9	28.7	22.5	20.5	19.9	18.2
150/100	30.1	26.1	29.6	27.9	23	20	20.4	17.7
200/125	63.8	51.4	61.8	54.2	48.1	38.7	42.6	34.3
250/150	70	56.6	69.4	61.1	54.1	43.8	48	38.8
300/200	59.2	52.4	59.4	57.2	46.4	41.1	41.2	36.4
350/250	50.1	46.7	51.1	51.7	39.9	37.2	35.5	33
400/300	27.8	28.2	29.9	21.9	24.3	24.7	21.7	22
450/350	23.7	23.4	24.4	15.7	21.6	21.3	19.3	19
500/400	38.4	36.1	38.4	36.1	31.9	30	28.4	26.6
600/450	43.8	41.4	43.8	41.4	38.2	36.2	34.1	32.2
700/500	54.8	51.5	54.8	51.5	47.9	45.1	42.7	40.2
800/600	70.1	63	70.1	63	58.4	52.4	51.9	46.6
900/700	93.1	81.1	93.1	81.1	74.6	65	66.2	57.7
1000/800	90.4	79.6	90.4	79.6	72.4	63.8	64.3	56.7

1.0MPa，覆土1.0m不同安装温差下的局部膨胀和压缩长度（m）（二）　　附表9-6

	120℃		110℃		85℃		75℃	
	L_1''	L_2''	L_1''	L_2''	L_3''	L_4''	L_5''	L_6''
	膨胀	压缩	膨胀	压缩	膨胀	压缩	膨胀	压缩
65/40	33.9	25.8	31.1	25.8	24.1	18.3	21.3	16.2
80/50	25.3	20.6	23.2	20.6	18	14.6	15.9	12.9
100/65	17.6	17.6	16.3	17.8	12.7	12.7	11.2	11.2
125/80	30.8	28.1	28.7	28.5	22.2	20.3	19.7	17.9
150/100	31	26.9	29.3	27.7	22.7	19.7	20.1	17.4
200/125	65.3	52.5	61.2	53.7	47.5	38.3	42.1	33.9
250/150	72	58.2	68.6	60.4	53.3	43.1	47.2	38.2
300/200	61.3	54.2	58.7	56.6	45.6	40.4	40.4	35.8
350/250	52	48.4	50.4	51	39.2	36.5	34.7	32.3
400/300	29.6	30	30.2	33.3	23.6	23.9	21	21.3
450/350	25.6	25.3	26.7	28.6	20.9	20.6	18.6	18.3
500/400	40.4	37.9	40	40.8	31.2	29.3	27.7	26
600/450	46.6	44.1	47.5	48.9	37.1	35.1	33	31.2
700/500	58.3	54.9	59.5	60.9	46.5	43.8	41.3	38.9
800/600	73.8	66.3	73.1	71.4	57	51.2	50.6	45.4
900/700	96.8	84.3	94	89.1	73.2	63.7	64.8	56.5
1000/800	93.8	82.7	91.2	87.5	71	62.6	63	55.5

管顶覆土1.0m，直管道最大控制温差 $\Delta T_{max,g}$ 和一级变径管最大允许温差 ΔT_{max}　　附表9-7

变径规格	$\Delta T_{max,g}$（℃）			ΔT_{max}（℃）		
DN	2.5MPa	1.6MPa	1.0MPa	2.5MPa	1.6MPa	1.0MPa
50/40	145.5	147.8	149.3	120.8	122.6	123.8
65/50	144.9	147.4	149.1	119.9	121.7	122.9
80/65	143.5	146.5	148.5	135.6	137.7	139.2
100/80	141.6	145.3	147.8	132.6	135.1	136.8
125/100	140.8	144.8	147.4	121	124	126
150/125	138.5	143.3	146.5	130.4	134.3	136.5
200/150	138.2	143.1	146.4	100.2	103.7	106.2
250/200	134.6	140.8	145	126.6	130.7	133.3
300/250	134.6	140.8	144.9	114.7	120.1	123.6
350/300	131.7	138.9	143.8	127.4	132.8	136.5
400/350	129	137.2	142.7	125.9	132.5	136.8
450/400	126.1	135.4	141.5	123.8	131.3	136.3
500/450	126.1	135.4	141.5	114.1	122.7	128.4
600/500	121.6	132.5	139.7	119.2	127	132.2
700/600	121.4	132.4	139.7	107.8	117.6	124.2
800/700	121	132.1	139.5	108.9	118.8	125.3
900/800	121	132.1	139.5	103.4	113.6	120.5
1000/900	122.9	133.3	140.3	113.7	123.2	129.5

管顶覆土 1.0m，直管道最大控制温差 $\Delta T_{\text{max,g}}$ 和二级变径管最大允许温差 ΔT_{max}　附表 9-8

变径规格	$\Delta T_{\text{max,g}}$（℃）			ΔT_{max}（℃）		
DN	2.5MPa	1.6MPa	1.0MPa	2.5MPa	1.6MPa	1.0MPa
65/40	144.9	147.4	149.1	99.5	101.2	102.3
80/50	143.5	146.5	148.5	110.4	112.4	113.7
100/65	141.6	145.3	147.8	124.8	126.5	127.7
125/80	140.8	144.8	147.4	111.1	113.8	115.5
150/100	138.5	143.3	146.5	109.4	112.7	114.9
200/125	138.2	143.1	146.4	96.4	99.6	101.7
250/150	134.6	140.8	145	93	96.9	99.6
300/200	134.6	140.8	144.9	105	109.2	112.1
350/250	131.7	138.9	143.8	107.8	112.1	115.1
400/300	129	137.2	142.7	121.7	126.5	129.7
450/350	126.1	135.4	141.5	120.7	126.6	130.4
500/400	126.5	135.6	141.7	111.5	118.4	122.9
600/450	121.6	132.5	139.7	106.9	114.1	118.9
700/500	121.4	132.4	139.7	105.1	112	116.5
800/600	121	132.1	139.5	94.8	103.5	109.7
900/700	121.4	132.4	139.7	92.1	101.1	107.1
1000/800	121	132.1	139.5	93.7	103.4	109.6

热力网路水力计算表（一）　　　　　　　　　　　　附表 13-1

公称直径(mm)		DN40		DN50		DN65		DN80		DN100		DN125		DN150	
内径(mm)		42.4		53		68		81		100		125		150	
Q	G	R	v	R	v	R	v	R	v	R	v	R	v	R	v
32	1.1	20.6	0.22												
64	2.2	90.1	0.44	24.6	0.28										
96	3.3	202.8	0.66	61.6	0.42	15.1	0.26								
128	4.4			109.5	0.56	25.9	0.34	10.8	0.24						
160	5.5			171.0	0.70	39.3	0.43	16.4	0.30						
192	6.6			246.3	0.85	55.3	0.51	23.1	0.36						
224	7.7					88.9	0.60	35.1	0.42						
256	8.8					116.1	0.69	45.8	0.48	13.8	0.32				
288	9.9					146.9	0.77	57.9	0.54	17.2	0.36				
320	11.0					181.3	0.86	71.5	0.60	21.0	0.40				
352	12.1					219.4	0.94	86.6	0.66	28.3	0.44				
384	13.2					261.1	1.03	103.0	0.72	33.7	0.48				
416	14.3					306.4	1.11	120.9	0.78	39.5	0.51				
448	15.4							140.2	0.84	45.8	0.55	12.9	0.35		
480	16.5							161.0	0.91	52.6	0.59	14.7	0.38		

公称直径(mm)	DN40		DN50		DN65		DN80		DN100		DN125		DN150	
内径(mm)	42.4		53		68		81		100		125		150	
Q	G	R	v	R	v	R	v	R	v	R	v	R	v	R	v
512	17.6							183.1	0.97	59.8	0.63	16.6	0.41		
544	18.7							206.7	1.03	67.6	0.67	20.7	0.43		
576	19.8							231.8	1.09	75.7	0.71	23.2	0.46		
608	20.9							258.2	1.15	84.4	0.75	25.9	0.48	9.2	0.33
640	22.0							286.1	1.21	93.5	0.79	28.7	0.51	10.2	0.35
672	23.1									103.1	0.83	31.6	0.53	11.2	0.37
704	24.2									113.1	0.87	34.7	0.56	12.2	0.39
736	25.3									123.7	0.91	37.9	0.58	13.3	0.40
768	26.4									134.7	0.95	41.3	0.61	15.7	0.42
800	27.5									146.1	0.99	44.8	0.63	17.1	0.44
832	28.6									158.0	1.03	48.5	0.66	18.5	0.46
864	29.7									170.4	1.07	52.3	0.68	19.9	0.48
896	30.8									183.3	1.11	56.2	0.71	21.4	0.49
928	31.9									196.6	1.15	60.3	0.73	23.0	0.51
960	33.0									210.4	1.19	64.5	0.76	24.6	0.53
1024	35.2									239.4	1.27	73.4	0.81	28.0	0.56
1088	37.4									270.2	1.35	82.9	0.86	31.6	0.60
1152	39.6									303.0	1.43	92.9	0.91	35.4	0.63
1216	41.8											103.5	0.96	39.5	0.67
1280	44.0											114.7	1.01	43.7	0.70
1344	46.2											126.4	1.06	48.2	0.74
1408	48.4											138.8	1.12	52.9	0.77
1472	50.6											151.7	1.17	57.8	0.81
1536	52.8											165.2	1.22	63.0	0.84

公称直径(mm)	DN125		DN150		DN200		DN250		DN300		DN350		DN400	
内径(mm)	125		150		207		261		311		363		412	
Q	G	R	v	R	v	R	v	R	v	R	v	R	v	R	v
1600	55.0	179.2	1.27	68.3	0.88	12.5	0.46								
1664	57.2	193.8	1.32	73.9	0.92	13.5	0.48								
1728	59.4	209.0	1.37	79.7	0.95	14.6	0.50								
1792	61.6	224.8	1.42	85.7	0.99	15.7	0.52								
1856	63.8	241.1	1.47	91.9	1.02	16.8	0.54								
1920	66.0	258.1	1.52	98.4	1.06	18.0	0.55								
2048	70.5	293.6	1.62	111.9	1.13	20.4	0.59								
2176	74.9	331.5	1.72	126.4	1.20	23.1	0.63								
2304	79.3	371.6	1.82	141.7	1.27	25.9	0.67								

续表

公称直径(mm)	DN125		DN150		DN200		DN250		DN300		DN350		DN400	
内径(mm)	125		150		207		261		311		363		412	
Q	G	R	v	R	v	R	v	R	v	R	v	R	v	R	v
2432	83.7			157.9	1.34	28.8	0.70								
2560	88.1			174.9	1.41	31.9	0.74								
2688	92.5			192.8	1.48	35.2	0.78	10.4	0.49						
2816	96.9			211.6	1.55	38.7	0.81	11.4	0.51						
2944	101.3			231.3	1.62	42.3	0.85	12.5	0.53						
3072	105.7			251.9	1.69	46.0	0.89	13.6	0.56						
3200	110.1			273.3	1.76	49.9	0.92	14.7	0.58						
3520	121.1					60.4	1.02	17.8	0.64						
3840	132.1					71.9	1.11	21.2	0.70						
4160	143.1					84.4	1.20	24.9	0.76	9.9	0.53				
4480	154.1					97.8	1.29	28.9	0.81	11.5	0.57				
4800	165.1					112.3	1.39	33.1	0.87	13.2	0.61				
5120	176.1					127.8	1.48	37.7	0.93	15.0	0.66				
5440	187.1					144.3	1.57	42.5	0.99	16.9	0.70				
5760	198.1					161.7	1.66	47.7	1.05	19.0	0.74				
6080	209.2					180.2	1.76	53.1	1.10	21.1	0.78				
6400	220.2					199.7	1.85	58.9	1.16	23.4	0.82	10.4	0.60		
6720	231.2					220.1	1.94	64.9	1.22	25.8	0.86	11.5	0.63		
7040	242.2					241.6	2.03	71.2	1.28	28.3	0.90	12.6	0.66		
7360	253.2					264.1	2.13	77.9	1.34	31.0	0.94	13.7	0.69		
7680	264.2					287.5	2.22	84.8	1.40	33.7	0.98	15.0	0.72		
8000	275.2							92.0	1.45	36.6	1.02	16.2	0.75		
8320	286.2							99.5	1.51	39.6	1.06	17.6	0.78		
8640	297.2							107.3	1.57	42.7	1.11	18.9	0.81		
8960	308.2							115.4	1.63	45.9	1.15	20.4	0.84	10.5	0.65
9280	319.2							123.8	1.69	49.2	1.19	21.8	0.87	11.2	0.68
9600	330.2							132.5	1.74	52.7	1.23	23.4	0.90	12.0	0.70
9920	341.2							141.5	1.80	56.3	1.27	25.0	0.93	12.8	0.72
10240	352.3							150.7	1.86	59.9	1.31	26.6	0.96	13.7	0.75
10560	363.3							160.3	1.92	63.7	1.35	28.3	0.99	14.5	0.77
10880	374.3							170.2	1.98	67.7	1.39	30.0	1.02	15.4	0.79

续表

公称直径(mm)	DN250		DN300		DN350		DN400		DN450		DN500		DN600	
内径(mm)	261		311		363		412		464		513		614	
Q	G	R	v	R	v	R	v	R	v	R	v	R	v	R	v
11200	385.3	180.3	2.03	71.7	1.43	31.8	1.05	16.4	0.82						
11520	396.3	190.8	2.09	75.9	1.47	33.7	1.08	17.3	0.84						
11840	407.3	201.5	2.15	80.1	1.51	35.6	1.11	18.3	0.86						
12160	418.3	212.6	2.21	84.5	1.56	37.5	1.14	19.3	0.89	10.3	0.70				
12480	429.3	223.9	2.27	89.0	1.60	39.5	1.17	20.3	0.91	10.9	0.72				
12800	440.3	235.5	2.33	93.7	1.64	41.6	1.20	21.4	0.93	11.5	0.74				
13440	462.3	259.7	2.44	103.3	1.72	45.8	1.26	23.6	0.98	12.6	0.77				
14080	484.4	285.0	2.56	113.3	1.80	50.3	1.32	25.9	1.03	13.9	0.81				
14720	506.4			123.9	1.88	55.0	1.38	28.3	1.07	15.1	0.85				
15360	528.4			134.9	1.97	59.8	1.44	30.8	1.12	16.5	0.88				
16000	550.4			146.3	2.05	64.9	1.50	33.4	1.17	17.9	0.92	10.6	0.75		
16640	572.4			158.3	2.13	70.2	1.56	36.1	1.21	19.4	0.96	11.4	0.78		
17280	594.4			170.7	2.21	75.7	1.62	39.0	1.26	20.9	0.99	12.3	0.81		
17920	616.4			183.6	2.29	81.5	1.68	41.9	1.31	22.5	1.03	13.3	0.84		
18560	638.5			196.9	2.37	87.4	1.74	44.9	1.35	24.1	1.07	14.2	0.87		
19200	660.5			210.7	2.46	93.5	1.80	48.1	1.40	25.8	1.10	15.2	0.90		
19840	682.5			225.0	2.54	99.8	1.86	51.3	1.45	27.5	1.14	16.3	0.93		
20480	704.5			239.8	2.62	106.4	1.92	54.7	1.49	29.3	1.18	17.3	0.96		
21120	726.5			255.0	2.70	113.1	1.98	58.2	1.54	31.2	1.21	18.4	0.99		
21760	748.5			270.7	2.78	120.1	2.04	61.8	1.59	33.1	1.25	19.6	1.02		
22400	770.6			286.8	2.87	127.3	2.10	65.5	1.63	35.1	1.29	20.7	1.05		
23040	792.6					134.6	2.16	69.3	1.68	37.1	1.32	21.9	1.08		
23680	814.6					142.2	2.22	73.2	1.73	39.2	1.36	23.2	1.11		
24320	836.6					150.0	2.28	77.2	1.77	41.4	1.40	24.4	1.14		
24960	858.6					158.0	2.34	81.3	1.82	43.6	1.43	25.7	1.17	10.0	0.82
25600	880.6					166.2	2.40	85.5	1.87	45.8	1.47	27.1	1.20	10.6	0.84
26240	902.7					174.6	2.46	89.8	1.91	48.1	1.51	28.4	1.23	11.1	0.86
26880	924.7					183.3	2.52	94.3	1.96	50.5	1.54	29.8	1.26	11.6	0.88
27520	946.7					192.1	2.58	98.8	2.01	53.0	1.58	31.3	1.29	12.2	0.90
28160	968.7					201.1	2.64	103.4	2.05	55.4	1.62	32.8	1.32	12.8	0.92
28800	990.7					210.4	2.70	108.2	2.10	58.0	1.66	34.3	1.35	13.4	0.95
29440	1012.7					219.8	2.76	113.1	2.15	60.6	1.69	35.8	1.38	14.0	0.97
30080	1034.8					229.5	2.82	118.0	2.19	63.3	1.73	37.4	1.41	14.6	0.99
30720	1056.8					239.4	2.88	123.1	2.24	66.0	1.77	39.0	1.44	15.2	1.01
31360	1078.8					249.4	2.94	128.3	2.29	68.8	1.80	40.6	1.47	15.8	1.03
32000	1100.8					259.7	3.00	133.6	2.33	71.6	1.84	42.3	1.50	16.5	1.05
33280	1144.8					280.9	3.13	144.5	2.43	77.4	1.91	45.7	1.56	17.8	1.09
34560	1188.9							155.8	2.52	83.5	1.99	49.3	1.62	19.2	1.13
35840	1232.9							167.6	2.61	89.8	2.06	53.0	1.69	20.7	1.18
37120	1276.9							179.8	2.71	96.3	2.13	56.9	1.75	22.2	1.22

续表

公称直径(mm)		DN400		DN450		DN500		DN600	
内径(mm)		412		464		513		614	
Q	G	R	v	R	v	R	v	R	v
38400	1321.0	192.4	2.80	103.1	2.21	60.9	1.81	23.7	1.26
39680	1365.0	205.4	2.89	110.1	2.28	65.0	1.87	25.4	1.30
40960	1409.0	218.9	2.99	117.3	2.35	69.3	1.93	27.0	1.34
42240	1453.1	232.8	3.08	124.7	2.43	73.7	1.99	28.7	1.39
43520	1497.1	247.1	3.17	132.4	2.50	78.2	2.05	30.5	1.43
44800	1541.1	261.8	3.27	140.3	2.57	82.9	2.11	32.3	1.47
46080	1585.2	277.0	3.36	148.5	2.65	87.7	2.17	34.2	1.51
47360	1629.2	292.6	3.45	156.8	2.72	92.6	2.23	36.1	1.55
48640	1673.2			165.4	2.80	97.7	2.29	38.1	1.60
49920	1717.2			174.2	2.87	102.9	2.35	40.1	1.64
51200	1761.3			183.3	2.94	108.3	2.41	42.2	1.68
52480	1805.3			192.6	3.02	113.7	2.47	44.4	1.72
53760	1849.3			202.1	3.09	119.4	2.53	46.5	1.76
55040	1893.4			211.8	3.16	125.1	2.59	48.8	1.81
56320	1937.4			221.8	3.24	131.0	2.65	51.1	1.85
57600	1981.4			232.0	3.31	137.0	2.71	53.4	1.89
58880	2025.5			242.4	3.38	143.2	2.77	55.8	1.93
60160	2069.5			253.0	3.46	149.5	2.83	58.3	1.97
61440	2113.5					155.9	2.89	60.8	2.02
62720	2157.6					162.5	2.95	63.4	2.06
64000	2201.6					169.2	3.01	66.0	2.10
65280	2245.6					176.0	3.07	68.6	2.14
66560	2289.7					183.0	3.13	71.3	2.18
67840	2333.7					190.1	3.19	74.1	2.23
69120	2377.7					197.3	3.25	76.9	2.27
70400	2421.8					204.7	3.31	79.8	2.31
71680	2465.8					212.2	3.37	82.7	2.35
72960	2509.8					219.8	3.43	85.7	2.39
74240	2553.9					227.6	3.49	88.8	2.44

注：管壁当量粗糙度 $k=0.5$mm，供水温度 $t_g=95$℃，回水温度 $t_h=70$℃；Q 为负荷，kW；G 为流量，t/h；R 为比摩阻，Pa/m；v 为流速，m/s。

热力网路水力计算表（二）

公称直径(mm)		DN40		DN50		DN65		DN80		DN100		DN125		DN150	
内径(mm)		42.4		53		68		81		100		125		150	
Q	G	R	v	R	v	R	v	R	v	R	v	R	v	R	v
64	1.1	19.8	0.23												
96	1.7	52.0	0.34	13.8	0.22										
128	2.2	92.4	0.45	28.1	0.29										
160	2.8	144.5	0.56	43.9	0.36	10.3	0.22								
192	3.3	208.0	0.68	63.2	0.43	16.7	0.26								
224	3.9	283.1	0.79	86.0	0.51	22.8	0.31								
256	4.4			112.3	0.58	29.8	0.35	10.4	0.25						
288	5.0			142.1	0.65	37.7	0.40	14.9	0.28						
320	5.5			175.5	0.72	46.5	0.44	18.3	0.31						
352	6.1			212.3	0.80	56.3	0.48	22.2	0.34						
384	6.6			252.7	0.87	67.0	0.53	26.4	0.37						
416	7.2			296.5	0.94	78.6	0.57	31.0	0.40	10.1	0.26				
448	7.7					91.2	0.61	36.0	0.43	11.8	0.28				
480	8.3					104.6	0.66	41.3	0.46	13.5	0.30				
512	8.8					119.1	0.70	47.0	0.50	15.3	0.32				
544	9.4					134.4	0.75	53.0	0.53	17.3	0.35				
576	9.9					150.7	0.79	59.4	0.56	19.4	0.37				
608	10.5					167.9	0.83	66.2	0.59	21.6	0.39				
640	11.0					186.0	0.88	73.4	0.62	24.0	0.41				
704	12.1					225.1	0.97	88.8	0.68	29.0	0.45				
768	13.2					267.9	1.05	105.7	0.74	34.5	0.49	10.6	0.31		
832	14.3					314.4	1.14	124.0	0.80	40.5	0.53	12.4	0.34		
896	15.4							143.8	0.87	47.0	0.57	14.4	0.36		
960	16.5							165.1	0.93	54.0	0.61	16.5	0.39		
1024	17.6							187.9	0.99	61.4	0.65	18.8	0.42		
1088	18.7							212.1	1.05	69.3	0.69	21.3	0.44		
1152	19.8							237.8	1.11	77.7	0.73	23.8	0.47		
1216	20.9							264.9	1.18	86.6	0.77	26.5	0.49	10.1	0.34
1280	22.0							293.6	1.24	95.9	0.81	29.4	0.52	11.2	0.36
1344	23.1									105.8	0.85	32.4	0.55	12.4	0.38
1408	24.2									116.1	0.89	35.6	0.57	13.6	0.40
1472	25.3									126.9	0.93	38.9	0.60	14.8	0.42
1536	26.4									138.1	0.97	42.4	0.62	16.2	0.43
1600	27.5									149.9	1.02	46.0	0.65	17.5	0.45
1664	28.6									162.1	1.06	49.7	0.68	19.0	0.47
1728	29.7									174.8	1.10	53.6	0.70	20.4	0.49
1792	30.8									188.0	1.14	57.7	0.73	22.0	0.51
1856	31.9									201.7	1.18	61.8	0.75	23.6	0.52
1920	33.0									215.9	1.22	66.2	0.78	25.2	0.54
1984	34.1									230.5	1.26	70.7	0.81	26.9	0.56
2048	35.2									245.6	1.30	75.3	0.83	28.7	0.58

续表

公称直径(mm)		DN100		DN125		DN150		DN200		DN250		DN300	
内径(mm)		100		125		150		207		261		311	
Q	G	R	v	R	v	R	v	R	v	R	v	R	v
2112	36.3	261.2	1.34	80.1	0.86	30.5	0.60						
2176	37.4	277.3	1.38	85.0	0.88	32.4	0.61						
2240	38.5	293.8	1.42	90.1	0.91	34.3	0.63						
2304	39.6			95.3	0.94	36.3	0.65						
2368	40.7			100.7	0.96	38.4	0.67						
2432	41.8			106.2	0.99	40.5	0.69						
2496	42.9			111.9	1.01	42.6	0.70						
2560	44.0			117.7	1.04	44.9	0.72						
2688	46.2			129.7	1.09	49.5	0.76						
2816	48.4			142.4	1.14	54.3	0.79	9.9	0.42				
2944	50.6			155.6	1.20	59.3	0.83	10.8	0.44				
3072	52.8			169.4	1.25	64.6	0.87	11.8	0.46				
3200	55.0			183.9	1.30	70.1	0.90	12.8	0.47				
3328	57.2			198.9	1.35	75.8	0.94	13.8	0.49				
3456	59.4			214.4	1.40	81.8	0.97	14.9	0.51				
3584	61.6			230.6	1.46	87.9	1.01	16.1	0.53				
3712	63.8			247.4	1.51	94.3	1.05	17.2	0.55				
3840	66.0			264.8	1.56	100.9	1.08	18.4	0.57				
3968	68.2			282.7	1.61	107.8	1.12	19.7	0.59				
4096	70.5			301.2	1.66	114.8	1.16	21.0	0.61				
4224	72.7					122.1	1.19	22.3	0.63				
4352	74.9					129.7	1.23	23.7	0.64				
4480	77.1					137.4	1.26	25.1	0.66				
4736	81.5					153.5	1.34	28.0	0.70				
4992	85.9					170.6	1.41	31.2	0.74				
5248	90.3					188.5	1.48	34.4	0.78	10.2	0.49		
5504	94.7					207.4	1.55	37.9	0.82	11.2	0.51		
5760	99.1					227.1	1.62	41.5	0.85	12.2	0.54		
6016	103.5					247.8	1.70	45.3	0.89	13.3	0.56		
6400	110.1					280.4	1.81	51.2	0.95	15.1	0.60		
6720	115.6					309.1	1.90	56.5	1.00	16.6	0.63		
7040	121.1							62.0	1.04	18.3	0.66		
7360	126.6							67.7	1.09	20.0	0.69		
7680	132.1							73.7	1.14	21.7	0.72		
8000	137.6							80.0	1.19	23.6	0.75	9.4	0.52
8320	143.1							86.5	1.23	25.5	0.78	10.1	0.55
8640	148.6							93.3	1.28	27.5	0.81	10.9	0.57
8960	154.1							100.4	1.33	29.6	0.83	11.8	0.59
9280	159.6							107.7	1.37	31.8	0.86	12.6	0.61
9600	165.1							115.2	1.42	34.0	0.89	13.5	0.63
9920	170.6							123.0	1.47	36.3	0.92	14.4	0.65
10240	176.1							131.1	1.52	38.7	0.95	15.4	0.67

公称直径(mm)		DN200		DN250		DN300		DN350		DN400		DN450		DN500	
内径(mm)		207		261		311		363		412		464		513	
Q	G	R	v	R	v	R	v	R	v	R	v	R	v	R	v
10560	181.6	139.4	1.56	41.1	0.98	16.3	0.69								
10880	187.1	148.0	1.61	43.6	1.01	17.4	0.71								
11200	192.6	156.8	1.66	46.2	1.04	18.4	0.73								
11520	198.1	165.9	1.71	48.9	1.07	19.5	0.76								
11840	203.6	175.3	1.75	51.7	1.10	20.6	0.78								
12160	209.2	184.9	1.80	54.5	1.13	21.7	0.80								
12480	214.7	194.7	1.85	57.4	1.16	22.8	0.82	10.1	0.60						
12800	220.2	204.9	1.90	60.4	1.19	24.0	0.84	10.7	0.62						
13120	225.7	215.2	1.94	63.5	1.22	25.2	0.86	11.2	0.63						
13440	231.2	225.8	1.99	66.6	1.25	26.5	0.88	11.8	0.65						
13760	236.7	236.7	2.04	69.8	1.28	27.8	0.90	12.3	0.66						
14080	242.2	247.9	2.09	73.1	1.31	29.1	0.92	12.9	0.68						
14400	247.7	259.3	2.13	76.5	1.34	30.4	0.94	13.5	0.69						
14720	253.2	270.9	2.18	79.9	1.37	31.8	0.97	14.1	0.71						
15040	258.7	282.8	2.23	83.4	1.40	33.2	0.99	14.7	0.72						
15360	264.2			87.0	1.43	34.6	1.01	15.3	0.74						
16000	275.2			94.4	1.49	37.5	1.05	16.7	0.77						
17280	297.2			110.1	1.61	43.8	1.13	19.4	0.83	10.0	0.65				
18560	319.2			127.0	1.73	50.5	1.22	22.4	0.89	11.5	0.69				
19840	341.2			145.1	1.85	57.7	1.30	25.6	0.96	13.2	0.74				
21120	363.3			164.5	1.97	65.4	1.39	29.0	1.02	14.9	0.79				
22400	385.3			185.0	2.09	73.6	1.47	32.6	1.08	16.8	0.84				
23680	407.3			206.7	2.21	82.2	1.55	36.5	1.14	18.8	0.89	10.1	0.70		
24960	429.3			229.7	2.33	91.3	1.64	40.5	1.20	20.8	0.93	11.2	0.74		
26240	451.3			253.9	2.44	100.9	1.72	44.8	1.26	23.0	0.98	12.3	0.77		
27520	473.3			279.2	2.56	111.0	1.81	49.3	1.33	25.3	1.03	13.6	0.81		
28800	495.4			305.8	2.68	121.6	1.89	54.0	1.39	27.8	1.08	14.9	0.85		
30080	517.4					132.7	1.97	58.9	1.45	30.3	1.12	16.2	0.89		
31360	539.4					144.2	2.06	64.0	1.51	32.9	1.17	17.6	0.92	10.4	0.76
32640	561.4					156.2	2.14	69.3	1.57	35.6	1.22	19.1	0.96	11.3	0.79
33920	583.4					168.7	2.23	74.8	1.63	38.5	1.27	20.6	1.00	12.2	0.82
35200	605.4					181.7	2.31	80.6	1.70	41.5	1.32	22.2	1.04	13.1	0.85
36480	627.5					195.1	2.39	86.6	1.76	44.5	1.36	23.9	1.08	14.1	0.88
37760	649.5					209.0	2.48	92.8	1.82	47.7	1.41	25.6	1.11	15.1	0.91
39040	671.5					223.5	2.56	99.2	1.88	51.0	1.46	27.3	1.15	16.1	0.94
40320	693.5					238.4	2.65	105.8	1.94	54.4	1.51	29.2	1.19	17.2	0.97
41600	715.5					253.7	2.73	112.6	2.00	57.9	1.56	31.0	1.23	18.3	1.00
42880	737.5					269.6	2.81	119.6	2.07	61.5	1.60	33.0	1.26	19.5	1.03
44160	759.6					285.9	2.90	126.9	2.13	65.2	1.65	35.0	1.30	20.7	1.07
45440	781.6					302.7	2.98	134.3	2.19	69.1	1.70	37.0	1.34	21.9	1.10
46720	803.6							142.0	2.25	73.0	1.75	39.1	1.38	23.1	1.13

公称直径(mm)		DN350		DN400		DN450		DN500		DN600		DN700		DN800	
内径(mm)		363		412		464		513		614		702		800	
Q	G	R	v	R	v	R	v	R	v	R	v	R	v	R	v
48000	825.6	149.9	2.31	77.1	1.79	41.3	1.42	24.4	1.16						
50000	860.0	162.6	2.41	83.6	1.87	44.8	1.47	26.5	1.21	10.3	0.84				
52000	894.4	175.9	2.50	90.5	1.94	48.5	1.53	28.6	1.25	11.2	0.88				
54000	928.8	189.7	2.60	97.6	2.02	52.3	1.59	30.9	1.30	12.0	0.91				
56000	963.2	204.0	2.70	104.9	2.09	56.2	1.65	33.2	1.35	13.0	0.94				
58000	997.6	218.8	2.79	112.6	2.17	60.3	1.71	35.6	1.40	13.9	0.98				
60000	1032.0	234.2	2.89	120.5	2.24	64.6	1.77	38.1	1.45	14.9	1.01				
62000	1066.4	250.1	2.99	128.6	2.32	68.9	1.83	40.7	1.50	15.9	1.04				
64000	1100.8	266.5	3.08	137.0	2.39	73.5	1.89	43.4	1.54	16.9	1.08				
66000	1135.2	283.4	3.18	145.7	2.47	78.1	1.95	46.1	1.59	18.0	1.11				
68000	1169.6	300.8	3.28	154.7	2.54	82.9	2.00	49.0	1.64	19.1	1.14				
70000	1204.0			163.9	2.62	87.9	2.06	51.9	1.69	20.2	1.18	10.0	0.90		
72000	1238.4			173.5	2.69	93.0	2.12	54.9	1.74	21.4	1.21	10.6	0.93		
74000	1272.8			183.2	2.77	98.2	2.18	58.0	1.78	22.6	1.25	11.2	0.95		
76000	1307.2			193.3	2.84	103.6	2.24	61.2	1.83	23.9	1.28	11.8	0.98		
78000	1341.6			203.6	2.92	109.1	2.30	64.4	1.88	25.1	1.31	12.5	1.00		
80000	1376.0			214.1	2.99	114.8	2.36	67.8	1.93	26.4	1.35	13.1	1.03		
82000	1410.4			225.0	3.07	120.6	2.42	71.2	1.98	27.8	1.38	13.8	1.06		
84000	1444.8			236.1	3.14	126.5	2.48	74.7	2.03	29.1	1.41	14.5	1.08		
86000	1479.2			247.5	3.22	132.6	2.54	78.3	2.07	30.6	1.45	15.2	1.11		
88000	1513.6			259.1	3.29	138.9	2.59	82.0	2.12	32.0	1.48	15.9	1.13		
90000	1548.0			271.0	3.37	145.3	2.65	85.8	2.17	33.5	1.52	16.6	1.16		
92000	1582.4			283.2	3.44	151.8	2.71	89.7	2.22	35.0	1.55	17.3	1.18		
94000	1616.8			295.6	3.51	158.5	2.77	93.6	2.27	36.5	1.58	18.1	1.21		
96000	1651.2					165.3	2.83	97.6	2.32	38.1	1.62	18.9	1.24		
98000	1685.6					172.2	2.89	101.7	2.36	39.7	1.65	19.7	1.26		
100000	1720.0					179.3	2.95	105.9	2.41	41.3	1.68	20.5	1.29	10.3	0.99
102000	1754.4					186.6	3.01	110.2	2.46	43.0	1.72	21.3	1.31	10.8	1.01
104000	1788.8					194.0	3.07	114.6	2.51	44.7	1.75	22.2	1.34	11.2	1.03
106000	1823.2					201.5	3.13	119.0	2.56	46.4	1.78	23.0	1.37	11.6	1.05
108000	1857.6					209.2	3.18	123.6	2.60	48.2	1.82	23.9	1.39	12.1	1.07
110000	1892.0					217.0	3.24	128.2	2.65	50.0	1.85	24.8	1.42	12.5	1.09
112000	1926.4					224.9	3.30	132.9	2.70	51.8	1.89	25.7	1.44	13.0	1.11
114000	1960.8					233.1	3.36	137.7	2.75	53.7	1.92	26.6	1.47	13.4	1.13
116000	1995.2					241.3	3.42	142.5	2.80	55.6	1.95	27.6	1.49	13.9	1.15
118000	2029.6					249.7	3.48	147.5	2.85	57.5	1.99	28.5	1.52	14.4	1.17
120000	2064.0					258.2	3.54	152.5	2.89	59.5	2.02	29.5	1.55	14.9	1.19
122000	2098.4							157.7	2.94	61.5	2.05	30.5	1.57	15.4	1.21
124000	2132.8							162.9	2.99	63.5	2.09	31.5	1.60	15.9	1.23
126000	2167.2							168.2	3.04	65.6	2.12	32.5	1.62	16.4	1.25

续表

公称直径(mm)		DN500		DN600		DN700		DN800		DN900		DN1000		DN1200	
内径(mm)		513		614		702		800		896		994		1192	
Q	G	R	v	R	v	R	v	R	v	R	v	R	v	R	v
128000	2201.6	173.5	3.1	67.7	2.2	33.6	1.6	16.9	1.27	9.4	1.01	5.4	0.82	2.1	0.57
145500	2502.6	224.2	3.5	87.4	2.4	43.4	1.9	21.9	1.44	12.1	1.15	7.0	0.93	2.7	0.65
163000	2803.6			109.7	2.7	54.4	2.1	27.5	1.62	15.2	1.29	8.8	1.05	3.4	0.73
180500	3104.6			134.6	3.0	66.7	2.3	33.7	1.79	18.6	1.43	10.8	1.16	4.2	0.81
198000	3405.6			161.9	3.3	80.3	2.6	40.5	1.96	22.4	1.57	13.0	1.27	5.0	0.88
215500	3706.6			191.8	3.6	95.1	2.8	48.0	2.14	26.6	1.70	15.4	1.38	6.0	0.96
233000	4007.6					111.2	3.0	56.1	2.31	31.0	1.84	18.0	1.50	7.0	1.04
250500	4308.6					128.6	3.2	64.9	2.48	35.9	1.98	20.9	1.61	8.1	1.12
268000	4609.6					147.1	3.5	74.3	2.66	41.1	2.12	23.9	1.72	9.2	1.20
285500	4910.6							84.3	2.83	46.6	2.26	27.1	1.83	10.5	1.28
303000	5211.6							94.9	3.01	52.5	2.40	30.5	1.95	11.8	1.35
320500	5512.6							106.2	3.18	58.7	2.53	34.1	2.06	13.2	1.43
338000	5813.6							118.1	3.35	65.3	2.67	38.0	2.17	14.7	1.51
355500	6114.6							130.7	3.53	72.3	2.81	42.0	2.28	16.3	1.59
373000	6415.6									79.5	2.95	46.2	2.40	17.9	1.67
390500	6716.6									87.2	3.09	50.7	2.51	19.6	1.74
408000	7017.6									95.2	3.23	55.3	2.62	21.4	1.82
425500	7318.6									103.5	3.36	60.2	2.73	23.3	1.90
443000	7619.6									112.2	3.50	65.2	2.85	25.3	1.98
460500	7920.6											70.5	2.96	27.3	2.06
478000	8221.6											75.9	3.07	29.4	2.14
495500	8522.6											81.6	3.18	31.6	2.21
513000	8823.6											87.5	3.30	33.9	2.29
530500	9124.6											93.5	3.41	36.2	2.37
548000	9425.6											99.8	3.52	38.7	2.45
565500	9726.6													41.2	2.53
583000	10027.6													43.8	2.60
600500	10328.6													46.4	2.68
618000	10629.6													49.2	2.76
635500	10930.6													52.0	2.84
653000	11231.6													54.9	2.92
670500	11532.6													57.9	3.00
688000	11833.6													60.9	3.07
705500	12134.6													64.1	3.15
723000	12435.6													67.3	3.23
740500	12736.6													70.6	3.31
758000	13037.6													74.0	3.39
775500	13338.6													77.4	3.46

注：管壁当量粗糙度 $k=0.5mm$，供水温度 $t_g=120℃$，回水温度 $t_h=70℃$，水物性计算温度 $t_{jj}=100℃$；Q 为负荷，kW；G 为流量，t/h；R 为比摩阻，Pa/m；v 为流速，m/s。

参 考 文 献

[1] 北京煤气热力工程设计所等. 热力管道直埋敷设试验研究. 1980.

[2] 北京煤气热力工程设计院. 热力管道无补偿直埋敷设设计与计算. 1987.

[3] 穆树芳编著. 实用直埋供热管道技术. 徐州：中国矿业大学出版社，1993.

[4] (苏) B. B罗巴钦. 热力网的建筑结构及其计算. 苏联高等教育部依凡诺夫斯基市列宁动力学院. 1959.

[5] (日) 植树益次. 纤维增强塑料设计手册. 北京玻璃钢研究所译. 北京：中国建筑工业出版社，1986.

[6] (丹麦) 皮特·兰德劳夫著. 区域供热手册. 贺平，王刚译. 哈尔滨：哈尔滨工程大学出版社，1998.

[7] 王飞. 直埋供热管砂箱实验台研制及力学性能实验：[硕士学位论文]. 哈尔滨：哈尔滨工业大学，1988.

[8] 张建伟，王飞等. 大口径预制直埋供热管摩擦系数的研究. [J]. 太原理工大学学报，2003，34 (6).

[9] 王飞，张建伟. 大口径预制直埋供热管摩擦系数的研究. [J]. 建筑热能通风空调，2006，12.

[10] 王飞，张建伟. 大口径预制直埋供热管摩擦系数的研究 [J]. 建筑热能通风空调，2007.

[11] 贺平，孙刚，王飞等. 供热工程. 北京：中国建筑工业出版社，2009.

[12] 王飞，王国伟，孙刚，吴华新. 直埋管道预热安装的安全性研究 [J]. 材料科学与工艺 2009，(2)

[13] 王飞，王国伟. 直埋供热管道固定墩用于保护三通时的优化设计 [J]. 建筑热能通风空调，2009，(5).

[14] 王国伟，王飞. 直埋供热管道变径处的受力分析与保护 [J]. 建筑热能通风空调，2009，(5).

[15] 王国伟. 大口径直埋供热管道90°弯头疲劳寿命的有限元分析 [S]. 太原理工大学，2010.

[16] 王飞，王国伟，邹平华. 基于平均应力的直埋供热管道预热温度的研究 [J]. 哈尔滨工业大学学报. 2010. 12.

[17] 高晔明，王国伟，王飞. 基于遗传算法的直埋供热弯管的优化设计 [J]. 太原理工大学学报，2011. 07.

[18] 杜保存. 大口径供热直埋椭圆弯头的有限元分析 [S]. 太原理工大学，2012.

[19] 王飞，杜保存，王国伟. 椭圆度对直埋供热弯头应力的影响 [J]. 太原理工大学学报，2012. 01.

[20] 王飞，钱保娴，王国伟. 直埋供热多折角曲管的数值分析 [J]. 建筑热能通风空调，2012，(5).

[21] 杜保存，王飞. 位移荷载下椭圆度对直埋供热弯头应力的影响 [J]. 煤气与热力. 2012. (6).

[22] 刘桢彬，王飞，王国伟，雷勇刚. 直埋供热管道"L"形管段的受力分析 [J]. 太原理工大学学报，2013. 01.

[23] 杜光. 大口径供热直埋管道小于弹性臂长弯头的有限元计算 [S]. 太原理工大学，2013.

[24] 刘桢彬. 直埋供热管道Z形补偿器的弯头受力分析 [S]. 太原理工大学，2013.

[25] 余国强. 大口径供热直埋管道小于弹性臂长弯头的有限元计算 [S]. 太原理工大学，2014.

[26] 贾泽. 供热直埋焊制三通应力的有限元分析 [S]. 太原理工大学，2014.

[27] 张婧. 基于有限元的直埋供热管道变径处的应力分析 [S]. 太原理工大学，2014.

[28] 钱保娴. 供热直埋小折角管段的有限元分析 [S]. 太原理工大学，2014.

[29] Optimization analysis for preheating temperature and pipe wall thickness of large-diameter directly buried heating pipes Wang，Fei；Wang，Guowei Source：Proc. International Conference on Pipe-

lines and Trenchless Technology 2009，ICPTT 2009：Advances and Experiences with Pipelines and Trenchless Technology for Water，Sewer，Gas，and Oil Applications，v 361，p 1467-1478，2009.

[30]　Treatment on big fold angle of Towing pipes on the directly buried Heating Pipe Wang，Fei；Wang，Guowei；Du，Baocun Source：ICPTT 2011：Sustainable Solutions for Water，Sewer，Gas，and Oil Pipelines - Proceedings of the International Conference on Pipelines and Trenchless Technology 2011，p 10-17，2011.